图解 OLED显示技术

TUJIE
OLED
XIANSHI
JISHU

田民波　编著

化学工业出版社
·北京·

“名师讲科技前沿系列”是作者在清华大学长期授课教案的归纳和扩展。《图解OLED显示技术》是其中的一个分册，内容包括OLED发展简介、OLED如何实现发光和显示、如何提高OLED的发光效率、OLED的结构和材料、OLED是如何制造的、OLED的现状和未来等，涉及OLED的方方面面。

针对OLED的入门者、制作者、研究开发者等多方面的需求，本书在汇集大量资料的前提下，采用图文并茂的形式，全面且简明扼要地介绍OLED的新工艺、新进展、新应用。可作为化学、材料、微电子、显示技术、精密仪器等学科学生和技术人员参考。

图书在版编目（CIP）数据

图解OLED显示技术 / 田民波编著. —北京：化学工业出版社，2019.8 （2023.1重印）
（名师讲科技前沿系列）
ISBN 978-7-122-34377-2

Ⅰ. ①图… Ⅱ. ①田… Ⅲ. ①电致发光—发光器件—图解 Ⅳ. ①TN383-64

中国版本图书馆CIP数据核字（2019）第081034号

责任编辑：邢 涛　　文字编辑：陈 喆
责任校对：王鹏飞　　装帧设计：王晓宇

出版发行：化学工业出版社（北京市东城区青年湖南街13号 邮政编码100011）
印　　装：北京新华印刷有限公司
880mm×1230mm 1/32 印张9 字数307千字 2023年1月北京第1版第6次印刷

购书咨询：010-64518888　　售后服务：010-64518899
网　　址：http://www.cip.com.cn
凡购买本书，如有缺损质量问题，本社销售中心负责调换。

定　　价：49.80元

前　言

白川英树、艾伦·黑格、艾伦·马克迪尔米德因发现导电高分子而获得2000年诺贝尔化学奖。有机发光二极管（OLED）的发明无论在理论上还是在实际应用上都具有划时代意义。

在人们的印象中，有机材料可被利用的电气功能几乎都是被动的（Passive），包括绝缘性和介电性。今天，塑料作为结构材料在我们身边几乎无处不在，但由于其不导电，在电气和电子领域难以发挥核心和关键作用。

最早被利用的有机能动（Active）材料也许是光刻胶，它已成为支撑现代集成电路产业中光刻技术的基础材料。光刻胶，即感光材料，利用其光照射部分与未照射部分在溶液中的溶解度差异而刻蚀出电路图形。但是，光刻胶在最终产品中并无残留。

稍晚于光刻胶，人们开发出真正意义上的能动电子器件——OLED，并于1997年实现了商品化。从任职于柯达公司的美籍华人邓青云博士1987年发表论文算起，正好经过了10年。

1997年人们正在开发利用无机材料的半导体发光二极管（LED）及无机EL等发光器件。通常情况下，在已有同类产品存在的情况下，除非在克服其缺点或降低价格方面具有明显优势，否则难以进入市场。当时，蓝光LED仍在开发之中，' 强度及光色都不够理想；同属面发光体的无机EL的发光也相当暗。在这种背景下，受益于基础研究方面的雄厚积蓄，OLED在10年的时间内实现了商品化。2007年11月日本索尼公司最早将OLED电视投入市场。又经过10多年努力，目前OLED面临难得的发展机遇。

基于以下优势，OLED被认为是TFT LCD替代CRT后显示领域的又一次重大变革。

① 主动发光，无需背光源，利于实现器件的低功耗、超薄、柔性等目标。

② 低功耗，能有效提高移动设备的使用时间和待机时间。

③ 响应速度快，能及时捕捉到动态画面的每一个细节，无拖尾现象。

④ 超薄且超轻，若采用聚合物基板，可充分展现便携性、柔性和可弯曲性。

⑤ 宽温度特性，在很低的温度下能正常运行，可满足特殊需求。

⑥ 高对比度和宽视角，尤其是高分辨率，这些优点带来良好的视觉体验。

除了显示领域的应用外，OLED在固态照明领域的应用也具有极好的前景。OLED照明具有能大面积制作，用印刷方式生产等优势，可大幅降低制造成本；任意形状、可透明化、搭配软性基板具有可弯曲性（柔性）；效能高，是面发光，亮度色温可调，光质更接近于白炽灯，光色柔和，其光谱是目前所有光源中最接近太阳光的，而且不含紫外线等，一问世便引起关注。

目前的现状是，一方面OLED正日益广泛、深入和快速地应用到现代社会的各个领域，而另一方面，人们对OLED的了解，对其本质的认识却不够深入，一知半解的不少。由于涉及大量尖端技术，难度极高，且OLED制作封闭于“与世隔绝”的超净工作间，普通人很难了解其中的奥妙。由于多学科交叉，即使某一学科的专家，也难以做到“一专百通”。面对涉及面广、发展快、内容新的OLED技术，迫切需要深入浅出、通俗易懂的“科普”读物。

《图解OLED显示技术》是“名师讲科技前沿系列”中的一个分册。内容包括OLED发展简介、OLED如何实现发光和显示、如何提高OLED的发光效率、OLED的结构和材料、OLED是如何制造的、OLED的现状和未来等，涉及OLED的方方面面。

本书在汇集大量资料的前提下，采用图文并茂的形式，全面且简明扼要地介绍OLED工作原理，OLED材料、制作工艺、OLED的新进展、新应用及发展前景等。采用每章之下“书角茶桌”的论述方式，前文后图，图文对照，并给出“本节重点”。以资料满载的方式，献给在OLED及相关产业领域的读者，帮助他们了解OLED技术的全貌。同时也以技术推移和最尖端为焦点，对今后的发展进行了展望和预测。

本书可作为化学、材料、微电子、显示技术、精密仪器等学科学生及技术人员参考。

本书得到清华大学本科教材立项资助并受到清华大学材料学院的全力支持。原稿承蒙段炼教授审阅，并采纳了他的宝贵意见，在此表示衷心感谢。

OLED涉及化学、材料、电路、设计、制作、封装、测试等各个方面。作者水平有限，不妥之处恳请读者批评指正。

田民波

目 录

第 1 章 OLED 发展简介

书角茶桌

第2章 OLED如何实现发光和显示

书角茶桌

第 3 章　如何提高 OLED 的发光效率

第 4 章 OLED 的结构和材料

书角茶桌

第 5 章　OLED 是如何制造的

第 6 章　OLED 的现状和未来

第 1 章

OLED 发展简介

1.1 OLED 成功发光的关键——采用超薄膜和多层结构
1.2 OLED 的进展和发展前景
1.3 OLED的发光原理——载流子注入、复合、激发和发光

书角茶桌

最优显示技术和效果

1.1 OLED 成功发光的关键——采用超薄膜和多层结构

1.1.1 OLED 的发明和实用化的历史

有机 EL，即有机电致发光，其概念是相对于无机 EL（Electro Luminescence）而言的，指电流通过有机材料而产生发光的现象。近些年来，欧美和中国业界多使用 OLED（Organic Light Emitting Diode，有机发光二极管）的称呼指代有机电致发光或显示器，而日本学者至今多称其为有机 EL，可能是由于二者侧重点不同：OLED 更强调“发光二极管”的特征；有机 EL 则更强调“有机电致发光”的特性。为论述方便，本书中这两个名称通用。

有机 EL 尽管在名称上与无机 EL 更为相似，但前者在发光原理上是有别于后者的电致发光，而是与半导体 LED 的发光原理相同。无机 EL 的电致发光属于本征 EL，而有机 EL（OLED）与半导体 LED 同属于载流子注入型，因此也称为注入型 EL。关于三者的区别请见 1.3 节。下面先简要回顾电致发光及器件的发展史（见图 1-1）。

上述三类器件中，最早是在 1923 年发明的半导体 LED。无机 EL 稍微晚一些，于 1936 年发明。

有机电致发光元件的研究起始于布里奇曼（Bridgman）法有机单晶的制作，20 世纪 50 年代后期以后，研究继续进行。有人采用 LB 膜，将小分子先在水面上展开，再将其移至基板表面，便可得到单分子膜。若能做出高纯度的单晶，将其解理（劈开），两侧装上电极，外加电压，便可以观察到电致发光。但是，单晶解理得到的试样厚度较厚，大致在毫米量级，最薄也在数百微米，要想实现 1MV/cm 左右的电场，需要非常高的电压。

外加高电压，不仅在试样中，而且在试样外部也会产生电场，从而产生流经试样外部的电流（表面漏电流）。最终，由于试样表面严重放电，致使试样内部不能施加所需要的电压。为了解决这一难题，尝试将试样减薄以降低外加电压，采用薄膜的方法，但发光强度远不能满足要求。正当世界范围内的研究“山穷水尽疑无路”时，1987 年邓青云博士发表的开创成果给人们送来“柳暗花明又一村”。

本节重点

(1) 由电能变换为光能的方式有哪些。
(2) 简述无机 EL、LED、有机 EL（OLED）的发展史。
(3) 请分析至今仍存在“OLED”和“有机 EL”两种名称的原因。

图 1-1　电致发光及器件的发展史

年	无机 EL	半导体 LED	有机电致发光元件（OLED）
1923		SiC 单晶的 EL	
1936	发自 ZnS 粉末的 EL		
1952	面状光源的发表（美国希尔弗尼亚公司）	Ge pn 结的红外发光	
1953			锰氯酸盐的发光
1955		GaP 的橙色发光	
1956			(Bridgeman 法制成有机单晶)
1959			蒽单晶的 EL
1962		LED 的发明（N.Holonyak）	
1967	两层绝缘层结构的提出		
1968		$GaAs_{1-x}P_x$ 红光 LED 的制品化（美 GE 公司）	
1974		GaP：N 绿光 LED 的制品化	
1983	橙黄色屏制品化（日夏普）		PVCz 铸型膜的 EL
1985		低温缓冲层导入	
1987			Tang&VanSlyke 的文章（Alq_3 的 EL）
1989		SiC 蓝光 LED 发表 pn 型 GaN 蓝光 LED 的发表	Tang 色素掺杂元件发表
1990			PPV 的 EL 的发表
1992			高辉度蓝光有机 EL 的发表（出光興産）
1993		InGaN/AlGaN 高辉度蓝光LED发表	
1994		全色 LED 系统的实用化	
1995		蓝光半导体激发的发表	
1997			绿光有机 EL 制品化（先锋公司） 利用光变换的彩色显示器（出光興産）
1998			RGB 并置的彩色显示器（先锋公司）
1999	彩色显示器制品化（iFire）	蓝光半导体激光器制品化	白色＋滤色膜的彩色显示器（TDK）
2000			[诺贝尔化学奖（导电性高分子）]
2003			AM 方式的商品化（SKD）
2005	显示器开发中止		40 in 显示器（Samsung）
2007			有机 EL 电视商品化（索尼）
2009			155 in 有机 EL 显示器（三菱电机 · 先锋）
2010			OLED 电视商品化（三菱电机 · 先锋）
2012			55 in 有机 EL 电视（Samsung，LG） 有机 EL 照明屏的面市（各公司）
2013			56V 型 4K 有机 EL 电视开发（索尼） 55 in 有机 EL 电视面市（Samsung，LG）
2014		诺贝尔物理学奖（蓝光 LED）	55 in 4K 有机 EL 电视面市（LG）

名词解释

LED：Light-Emitting Diode 的缩略语。原指无极发光二极管，而OLED 指有机发光二极管。
劈开：解理。使单晶体由容易分割的晶面分开。金刚石也可由解理面简易地劈开。
LB 膜：Langmuir-Blodgett 膜的简称。一般是先在水面上展开，再将其移至基板表面，便可得到单分子膜。

1.1.2 OLED 成功发光的关键——“超薄膜”和“多层结构”

有机电致发光的研究起始于 20 世纪 50 年代，W.Helfrich 等人于 60 年代观测到直流电场下的有机电致发光，并基本上确定了电荷注入型 EL 的概念。尽管这被认为是有机 EL 发光的最初成果，但早期的有机电致发光技术停留在高驱动电压、低亮度、低效率的水平上，有机 EL 投入实际应用仍不切实际，这使得有机 EL 的研究工作一直没有得到重视。直到 1987 年，任职于美国柯达公司的邓青云博士等人发表了以真空镀膜法制成多层膜结构的 OLED 组件，大幅提高了有机 EL 性能后，才掀起了此领域的研究热潮。

邓青云博士等人于 1983 年申请专利的有机 EL 元件原型如图 1-2 所示。由于有机 EL 元件原型中的膜层可以做到极薄，使其流过电流需要施加的电压大大降低，同时膜层质量极高、无针孔，再加上发光层采用两层结构而不是一层结构，因此可靠性及寿命大大提高。此外，超薄膜结构还可以尽量保证发光层发出的光透射到外部而不是被器件本身吸收。

由此可以看出，OLED 成功发光的关键就在于由邓青云博士等人提出并实现的“超薄膜”“多层结构”创意。这些设计仍然是现在人们进行有机 EL 开发的基础。后人所称的“柯达专利”就主要包括“超薄膜”“多层结构”等内容。

图 1-3 所示为最早由柯达公司和九州大学发表的小分子空穴传输材料，给出了分子结构、玻璃化温度（T_g）、离化势（I_p）等。最早开发的材料因玻璃化温度太低而限制了实际应用，但此后成功应用的材料都是在此基础上发展起来。选择材料和器件的关键指标是发光效率和工作寿命。

本节重点

（1）今日的有机 EL（OLED）与过去的有机场致发光器件有何差异。
（2）发光层厚度若达毫米量级会引发何种问题。
（3）邓青云博士首先对 OLED 获得突破的关键是什么。

图 1-2　邓青云博士开发的有机 EL 元件原型

阴极
复合
复合
复合
电子输运层
发光层
有机膜层
（两层）
空穴输运层
ITO 电极（阳极）
玻璃基板
发光

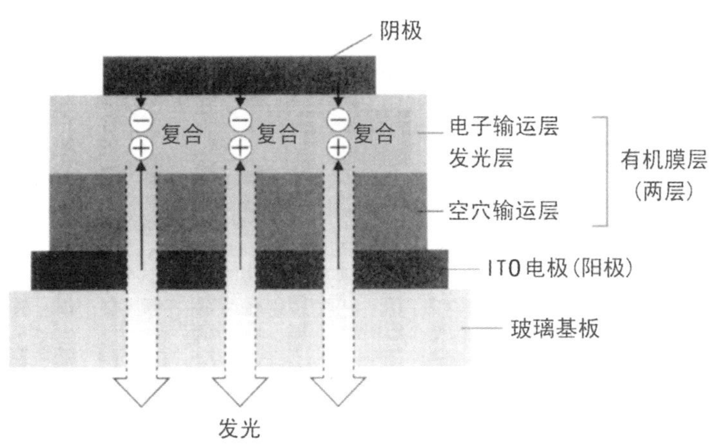

图 1-3　最早由柯达公司和九州大学发表的小分子空穴传输材料

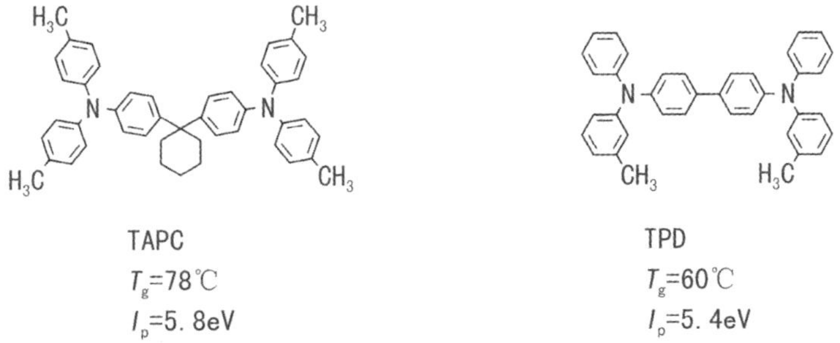

TAPC
T_g=78℃
I_p=5.8eV
TPD
T_g=60℃
I_p=5.4eV

最早开发的材料因玻璃化温度（T_g）太低而限制了实际应用，但此后成功应用的材料都是在此基础上发展起来。选择材料和器件结构的关键指标是发光效率和工作寿命

1.1.3 OLED 的原理及特征

1987 年，当时任职于美国柯达公司的研究员邓青云博士发表的论文题目是 “Organic Electroluminescent Diodes”，OLED 正是源于此。图 1-4 所示为最初的 OLED 元件。

实际上，此前的有机电致发光研究一直未获得实质性进展，发光极弱，即使在完全黑暗的环境中，由其发出的光也很难被发现。而据邓青云论文报道，超过 $1000cd/m^2$ 的光强度在 10V 以下的直流电压下得以实现。更令人们吃惊的是，试样的膜厚如果只算有机层，不足 200nm，即使再加上阳极和阴极，也不足 1μm。电致发光在如此之薄的有机材料中实现，此前是无法想象的。尽管在此之前有人做出过厚度 1μm 左右的元件，但是在不是很高的电压下，由于高场强很容易引起绝缘破坏。但是，邓青云制作的元件即使施加 1MV/cm 以上的电场，元件也不会发生绝缘破坏，电流得以顺畅流过。

尽管刚刚起步，但当时人们就看好有机 EL 的下述特征：

① 相对于发光材料，组合使用空穴传输材料（功能分离）。

② 膜层不是采用原来的多晶态，而是采用非晶态的。

③ 通过减薄膜厚实现高电场强度，使膜厚减薄至 100nm 左右（高场强的实现）。

④ 载流子复合区域离开电极附近，以减弱金属消光的影响。

⑤ 使与有机膜间的结合性差但功函数低的 Mg 与 Ag 合金化，实现了稳定的阴极。

实际上，利用积层结构的创意（Idea）曾经有人提出过，但由于当时的膜层组合尚不完善，因此未能实现令人满意的性能。

本节重点

(1) 超薄膜、多层化、积层结构和功能分离。
(2) 非晶态薄膜的采用。
(3) 阴极采用 Mg：Ag 合金。

图 1-4　最初的 OLED 元件

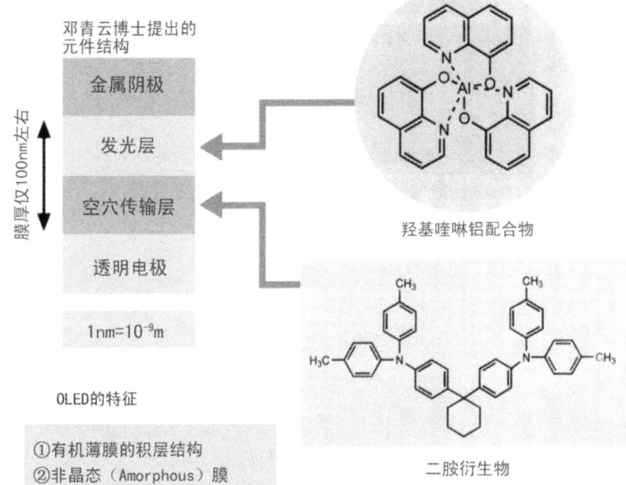

羟基喹啉铝配合物

二胺衍生物

OLED的特征

①有机薄膜的积层结构
②非晶态（Amorphous）膜
③驱动采用10V左右的直流电压
④Mg：Ag阴极

使作为空穴传输材料的二胺衍生物与作为发光材料的羟基喹啉铝配合物相组合，实现了即使在明亮场所清晰确认发光的有机电致发光元件

采用的是由透明电极注入空穴，由阴极注入电子，使二者在有机层中间附近发光的原理（黄绿色发光）。尽管当时的发光效率不高，但作为开创性器件，意义非凡。

邓青云博士发表以前的有机发光元件发光极暗，只有在暗室才能确认其发光。邓博士以后的积层型有机电致发光元件，为与过去的形式相区别，特称为“有机EL元件”。邓博士发表以前的元件，即使是电致发光元件，也不称为有机EL。现在除了日本之外，都称有机EL为OLED（有机发光二极管）。

名词解释

绝缘破坏：在施加电压的电极间，由于试样发生的焦耳热等，使其组成、结构难以维持，进而发生短路的现象。

金属消光：处于激发态的分子不发光而是产生热，进而返回基态的现象称为消光。由于金属是造成消光的原因，故称金属消光，氧和水等也可以是消光的原因。

1.1.4 OLED 器件的多层结构

OLED 是由多层有机、无机材料构成的（见图 1-5），每种材料发挥各自的功能，分别起不同的作用。至少，或阳极或阴极必须是透明的，以便使器件发出的光透过。通常，这是由作为阳极的透明电极实现的。

由阳极要进行空穴注入（与从元件侧的有机材料夺走电子相同），承担这一任务的是空穴注入层（Hole Injection Layer，HIL）。

空穴注入层的下一层是空穴传输层（Hole Transporting Layer，HTL）。为此，通常采用空穴迁移率高的材料。另外，对从发光层流出的电子进行阻挡也非常重要。为了阻挡电子，要求空穴传输层的 LUMO 要比发光层的低，而且电子迁移率要非常小。此外，依元件不同而异，采用两种以上空穴传输材料的情况也是有的。下一层是发光层，尽管有采用单独一种材料的情况，但更多的是采用两种以上的发光材料，“主”“客”相组合（见 3.3 节）。

发光层中不仅要注入空穴，还要注入电子。从阴极向发光层供应电子的任务，由电子传输层（Electron Transporting Layer，ETL）承担。从能量上讲，电子传输层材料的 LUMO 比发光层的高为好。为了抑制从发光层的空穴的流出，电子传输材料的 HOMO 比发光层的高为好。而且，电子传输材料的电子迁移率高些为好。尽管目前仍有不利用电子传输层的发光元件，但大多都利用电子注入层（Electron Injection Layer，EIL），以促进由阴极的电子注入。

最后是阴极。一般采用功函数低的金属，但是近年来为了实现阴极侧透明，也常用极薄的金属层与透明电极相组合的透明阴极结构。

尽管图 1-5 中所示有机 EL 的结构及层数有所不同，但由以上分析即可看出每层材料各起各的作用。

本节重点

(1) OLED 是由多层有机、无机材料积层构成。
(2) 空穴注入层的下一层是空穴传输层。
(3) 发光层中不仅要注入空穴，还要注入电子。

图 1-5　按有机膜层数对有机 EL 元件结构的分类

①单层型

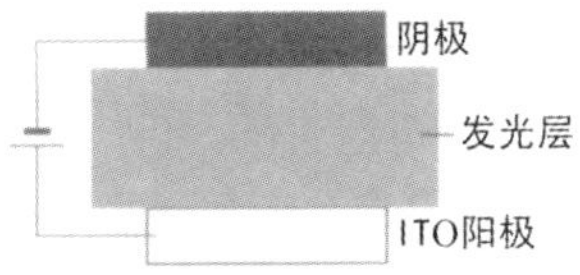

◎仅有一层有机层作为发光层，最早采用的模式

◎即使现在，在高分子系(聚合物系)有机EL(PLED)中，仍多为采用

◎由于仅有一层发光层，制作简单，发光效率高，但进一步改良提高的余地不大

②2层型

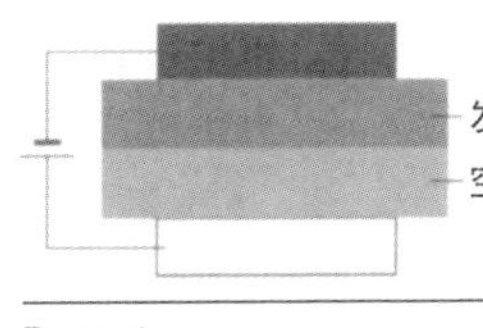

◎增设与ITO阳极相容性好，又具有优良空穴输运性的膜层

◎发光层兼作电子输运层

③3层型

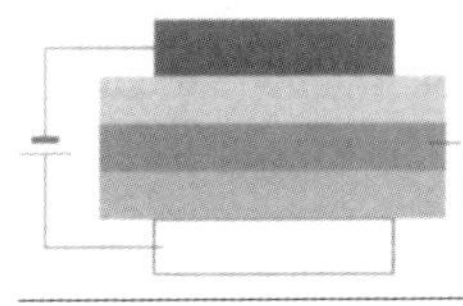

◎设置独立的有机发光层

◎在阴极侧设置电子输运性好的电子输运层

◎在阳极侧设置空穴输运性好的空穴输运层

④4层型

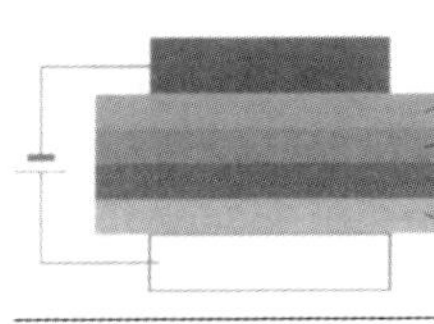

◎考虑到与ITO的相容性，增设空穴注入层

◎实际上，小分子系有机EL(OLED)采用最多的是这种形式

⑤5层型

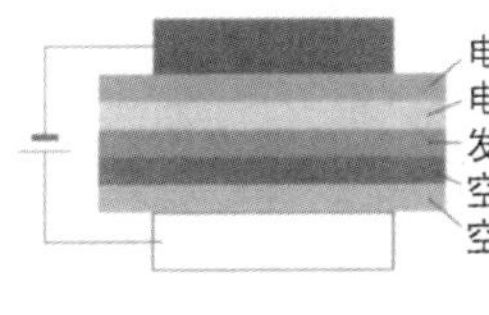

◎作为电子注入层，采用掺杂碱金属的有机层，目的是降低工作电压

1.1.5 OLED 器件中所用的材料系列

图 1-6、图 1-7 给出 OLED 器件中所有材料及组装结构，其中要利用载流子传输层，决定这种材料好坏的参数之一是载流子迁移率。作为载流子迁移率的测量方法，已知的有下面四个。

①飞行时间（Time-Of-Flight，TOF）法；②电荷衰减；(Charge-Attenuation，CA) 法③场效应三极管 (Field-Effect Transistor，FET) 法；④时分解微波电导测量（Time-Resolved Microwave Conductivity，TRMC）法。

其中，电荷衰减法是先通过电晕放电得到表面电荷，再通过测量表面电荷的光衰减过程，估计载流子迁移率。FET 法是将有机薄膜做成场效应三极管，再评价该材料的载流子迁移率。由于这种方法是以薄膜的形式测量的，因此明显优于其他方式，但是这种方法的难点是，电极形状的几何参数对 FET 迁移率会产生影响。TRMC 法不像其他方法那样需要电极，能进行无电极测量，十分方便。

有人利用 TOF 法测量了几种空穴传输材料的空穴迁移率。无论哪种情况，都可观察到非分散型的、近似过渡型的光电流波形，而且空穴迁移率的大小与电场强度相关，尽管相关性不是很强。若在电场强度为 10^5V/cm（相当于施加几伏的电压）下进行比较，TDP 的空穴迁移率为 $1\times10^{-3}cm^2/(V\cdot s)$，a-NPD 略高些，为 $1.4\times10^{-3}cm^2/(V\cdot s)$，而 TPTE1 为 $4\times10^{-3}cm^2/(V\cdot s)$。说明多量化确实能在一定程度上提高空穴迁移率。

这种方法最早在有机电子学中的应用，是从人们关注有机感光体开始的，此后在研究有机材料的载流子传输机制时多有采用。但是，TOF 法的最大缺点是要求使用的试样厚度必须在微米量级，是相当厚的。作为必要条件，光激发的载流子片的宽度与膜厚相比是相当薄的。为做成厚膜，材料需要一定的结构。假如能得到便宜而且大量的有机材料，制作厚膜问题不大，但在只有少量且昂贵的材料的情况下，制作微米量级的膜层有点不太现实。

本节重点

(1) 载流子注入需要注入层。

(2) 载流子传输需要传输层。

(3) 发光需要发光层，发光层是 OLED 器件核心中的核心。

图 1-6　OLED 器件中所用的材料

	低分子系	高分子系
阴　极	Al(铝) Ag:Li(银：锂)合金 Mg:Ag(镁：银)合金	Al(铝)
电　子 注入层	锂等碱金属 氟化锂 氧化锂 锂配合物 碱金属掺杂的有机层	Ba(钡) Ca(钙)
电　子 传输层	铝配合物 噁嗪氮杂茂类 三氮杂茂类 菲绕啉，二氮杂茂类	—
发光层	铝配合物 蒽类 稀土配合物 铱配合物 各种荧光色素	π 共轭系 聚苯乙烯类 多氟类 聚噻吩类 含色素的聚合物系(非共轭系) 侧链型聚合物 主链型聚合物
空　穴 传输层	芳基胺类	—
空　穴 注入层	芳基胺类 酞菁染料类 路易斯酸掺杂有机层	聚苯胺+有机酸 聚噻吩+聚合物酸
阳　极	ITO(铟锡氧化物)	
基　板	玻璃，塑料	

图 1-7　OLED 器件组装结构

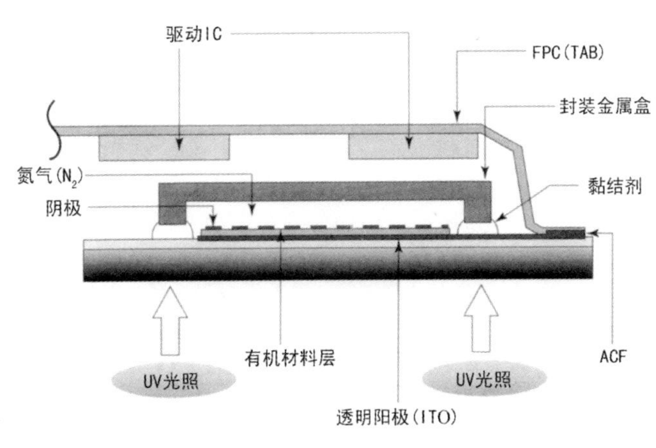

1.1.6 OLED 器件的高性能化

图 1-8 表示如何实现 OLED 器件高性能化的途径。发光层是 OLED 中最为核心的部分，其中使用的材料决定着发光效率。迄今为止的开发对象仍主要集中于小分子荧光色素、高分子以及金属配合物等。选择发光层材料主要的考虑因素是能发挥高的发光量子效率、成膜性好、载流子传输性优良等。

有机 EL 的发展史可以说是探求发光材料的历史。要制作有机 EL，除了玻璃基板和电极之外，还需要发光材料、载流子传输材料、载流子注入材料等。每种材料都不可或缺，但其中最重要的当数发光材料。但满足发光效率、色纯度、寿命等要求的发光材料很少。作为发光材料通常使用的有小分子荧光色素、荧光性高分子荧光色素、金属配合物等，但都必须至少满足以下 3 个条件。

① 在外加电场时，从阳极侧应能注入空穴，从阴极侧应能注入电子。

② 能使注入的载流子移动，且为空穴与电子的复合提供场所。

③ 发光效率高。

图 1-9 表示发光材料应具备的条件。为了满足这些条件，在材料制作方面，要能按要求设计发光、预测材料的成分和结构，并按设计的步骤进行材料合成，通过升华、提纯等实现材料的高纯化；在膜层制作方面，能形成稳定的膜层，膜层平整、光滑，无针孔，能通过共蒸镀进行发光客材料掺杂；在材料性能方面，具有良好的发光性能，发光光谱符合要求且可控，兼具载流子（空穴、电子）传输性，不会形成激发态络合物，具有高的玻璃转化温度，高的荧光量子效率等。

除了以上基本条件外，在有机 EL 屏制作过程中，还必须满足真空蒸镀的条件、材料制作的条件、元件形成的条件等。换句话说，在固体状态下的量子效率要高，成膜性优良，载流子传输性能好等。

作为小分子系的发光体，开始开发的有八羟基喹啉铝配合物 Alq_3、发绿光的 BeBq、发蓝光的 DTVBi 等。

本节重点

（1）从元件结构入手如何实现 OLED 器件的高性能化。
（2）从材料制作入手如何实现 OLED 器件的高性能化。
（3）从材料性能入手如何实现 OLED 器件的高性能化。

图 1-8　实现 OLED 器件的高性能化的途径

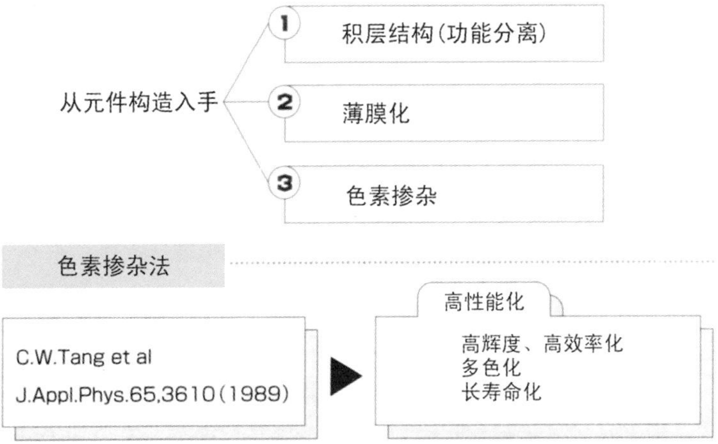

从元件构造入手

1. 积层结构(功能分离)
2. 薄膜化
3. 色素掺杂

色素掺杂法

C.W.Tang et al
J.Appl.Phys.65,3610(1989)

▶ 高性能化

高辉度、高效率化
多色化
长寿命化

图 1-9　发光材料应具备的条件

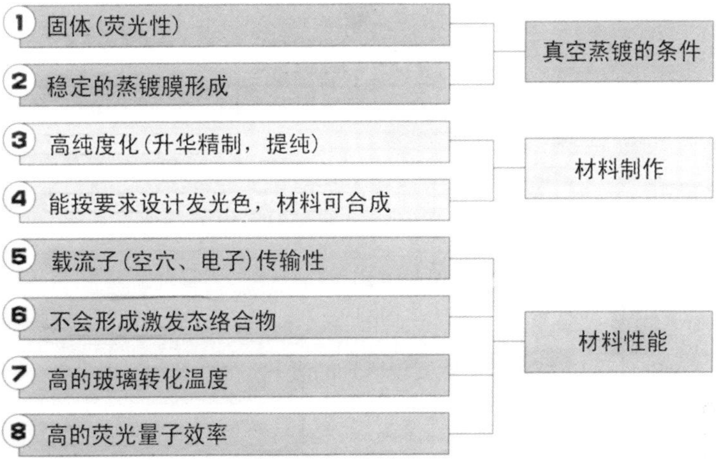

真空蒸镀的条件
1. 固体(荧光性)
2. 稳定的蒸镀膜形成

材料制作
3. 高纯度化(升华精制，提纯)
4. 能按要求设计发光色，材料可合成

材料性能
5. 载流子(空穴、电子)传输性
6. 不会形成激发态络合物
7. 高的玻璃转化温度
8. 高的荧光量子效率

1.1.7 色素掺杂在 OLED 中的应用

为了实现高画质、高发光效率，人们开发了色素掺杂法（见图 1-10）。所谓色素掺杂法是将 1% 或其以下的微量有机色素（客，掺杂剂）分散于有机层（主）中，使掺杂剂发光的方法。采用色素掺杂法，借由掺杂的有机色素可以提高发光效率、改变发光波长，还能提高器件寿命。

通常，使光的三原色 RGB 混合，即可得到白光。若简单地考虑，一般都会认为，在聚合物中使三种发光色不同的 RGB 相混合，肯定会产生白光。但是，在 OLED 世界，“即便使 RGB 混合，也不出白光”的情况并非罕见。这是由于，发光色不同的色素相混合，激发时的能级会向着最低的状态转移，从而转变为能级最低的色。能级按蓝、绿、红的顺序下降。蓝光的能级最高。

这样的结果，“蓝 + 绿”会变成什么色呢？即使对于分子来说，所谓蓝光色素激发的状态，要比绿光的高，这是由于前者的激发能量高所致。能量是从高能量处向着低能量处流动，正像河水从高处向低处，从势能高的地方向势能低的地方流动一样。

因此，若使蓝光和绿光相混合，并非变成“蓝和绿的中间色”，而是落实在绿的一端，这是有理由的。在蓝和绿共同存在的情况下，若双方都被激发，蓝光色素会向能级低的绿光色素转移能量，整体上，落到绿端。同样地，在绿光色素和红光色素混合并被激发，绿光色素的能量会转移到红光色素。这样，无论使何种种类的色素相混合使之发光，都会转移到最低能量所对应的光色素发光。

实际上，理论已经证明，能量的转移与距离的六次方成反比。若使掺杂浓度变稀，能量转移必然急剧变小。当掺杂浓度稀薄到色素间的能量转移可以忽略不计时，便可获得 RGB 三色发光，其结果是白光。

如此，在一种聚合物中加入几种色素，通过对浓度进行控制，既可以发出白光（浓度极低时），又可以发出最长波长色素所对应的光（浓度高时），还可以发出所需要色的光（依个别色素的浓度而定）。

通过采用掺杂剂，膜性能由主材料决定，发光效率通过掺杂剂的浓度加以调整。向长波长的转移也可以通过掺杂剂的浓度加以调整。图 1-11 所示为从材料角度看色素掺杂法的优点。通过改变客材料和主材料，既能实现良好的效率，又能实现长寿命。

本节重点

（1）何谓色素掺杂，色素掺杂中主、客材料的选取原则。
（2）对色素掺杂有哪些要求，如何实现色素掺杂。
（3）色素掺杂在 OLED 中有哪些效果。

图 1-10　用于 OLED 发光层的色素掺杂法

将微量的有机色素(掺杂剂，客)分散于有机层(主)中

使掺杂剂发光

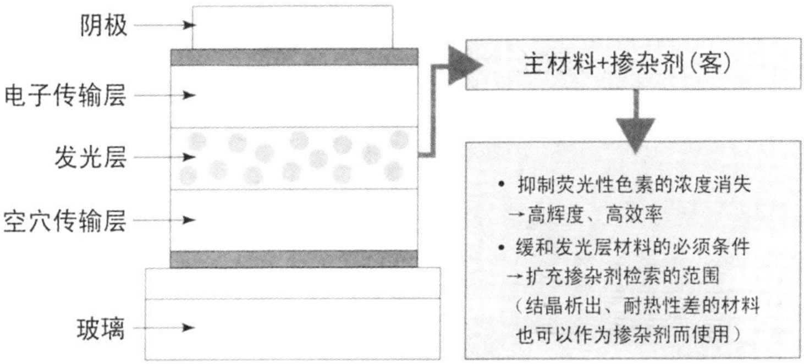

阴极
电子传输层
发光层
空穴传输层
玻璃

主材料+掺杂剂(客)

- 抑制荧光性色素的浓度消失
  →高辉度、高效率
- 缓和发光层材料的必须条件
  →扩充掺杂剂检索的范围
  (结晶析出、耐热性差的材料也可以作为掺杂剂而使用)

图 1-11　从材料角度看色素掺杂法的优点

满足OLED的应用条件

1. 成膜稳定性高
2. 耐热性强
3. 具有载流子传输性
4. 荧光量子效率高等

通过掺杂可以缓和一些制约因素

优点

① 膜性——主要决定主材料的膜性能
② 高率化——通过掺杂浓度进行调整
③ 长波长——通过掺杂进行调整

1.2 OLED 的进展和发展前景

1.2.1 决定 OLED 特性的各种因素

图 1-12 所示为 OLED 与无机 EL 及 LED 发展的比较，图 1-13 所示为照明用 OLED 元件的结构及白光 OLED 屏实例。

决定 OLED 特性的因素主要有：①发光材料；②器件结构；③光的取出。下面，先讨论 OLED 器件的外部量子效率。

OLED 器件的外部量子效率（*EQE*）可用内部量子效率（*IQE*）与光取出效率（*LEE*）的乘积表示，见式（1-1）。所谓 *IQE*，是指所产生发光的光子数与注入元件的电荷数之比（$\Phi_{radiation}$），*LEE* 是指向外部取出的光占全发光量的比率（$\Phi_{external}$），如式（1-2）所示。

$$EQE = IQE \times LEE \tag{1-1}$$

$$= \Phi_{radiation} \times \Phi_{external} \tag{1-2}$$

首先，讨论所产生发光的光子数与注入元件的电荷数之比（$\Phi_{radiation}$）。为了提高 $\Phi_{radiation}$，可通过采用高效率发光材料，以及载流子平衡的调整等，借由减少不产生发光的电荷的比率（$\Phi_{non\text{-}radiation}$）来实现。即使如此，由于存在所谓耗散（Evanescent） 模式——金属电极中由于能量迁移而产生的非发光损失（$\Phi_{evanescent}$），有式（1-3）和式（1-4）的关系成立。

$$\Phi_{radiation} = 1 - \Phi_{non\text{-}radiation} - \Phi_{evanescent} \tag{1-3}$$

对于 $\Phi_{non\text{-}radiation} \approx 0$ 的情况，有

$$\Phi_{radiation} = 1 - \Phi_{evanescent} \tag{1-4}$$

由此可以看出，为使内部量子效率 *IQE*，即 $\Phi_{radiation}$ 增大，需要在以下两方面采取措施。

①提高发光体的性能（通过发光材料及器件结构的改良）。

②降低光耗散模式。

从另一方面讲，由外部取出的光占全发光量的比率（外部模式：$\Phi_{external}$）与基板模式（$\Phi_{substrate}$）和波导模式（$\Phi_{waveguide}$），及由光吸收等造成的损失（$\Phi_{absorption}$）之间，有式（1-5）所示的关系。

$$\Phi_{evanescent} = 1 - \Phi_{substrate} - \Phi_{waveguide} - \Phi_{absorption} \tag{1-5}$$

由此可以看出，为使内部量子效率 *IQE*，即 $\Phi_{radiation}$ 增大，需要采取下述三项措施。

①波导模式的降低。

②基板模式的降低（增大光取出的比率）。

③降低光吸收损失。

整理式（1–2）～式（1–5），得到式（1–6）。

$$EQE = (1 - \Phi_{evanescent}) \times (1 - \Phi_{substrate} - \Phi_{waveguide} - \Phi_{absorption}) \tag{1-6}$$

本节重点

（1）何谓 OLED 器件的外部量子效率（*EQE*），如何提高。

（2）何谓 OLED 器件的内部量子效率（*IQE*），如何提高。

（3）何谓 OLED 器件的光取出效率（*LEE*），如何提高。

图 1-12　OLED 与无机 EL 及 LED 发展的比较

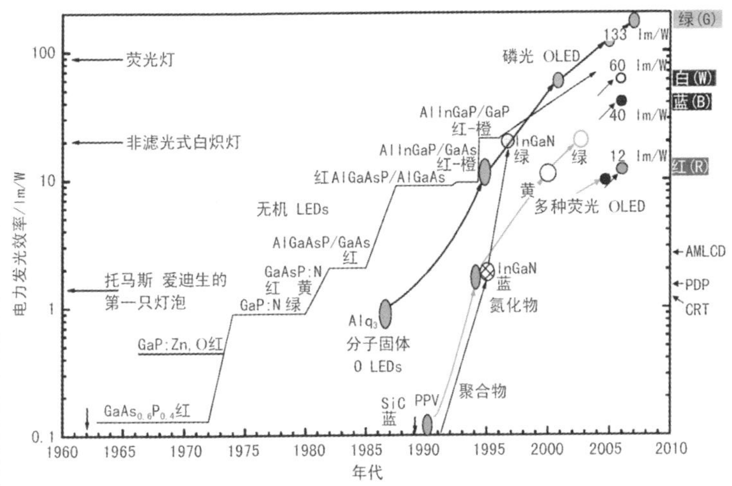

[Updated from J. R. Sheats et al., Science 273, 884(1996)]

图 1-13　照明用 OLED 元件的结构及白光 OLED 屏实例

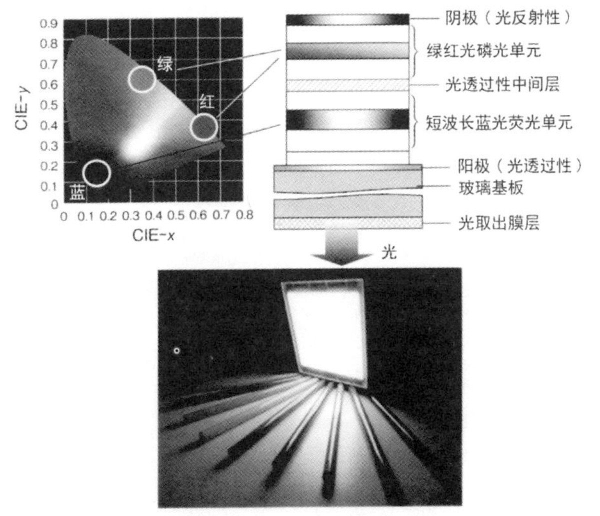

1.2.2 如何高效率取出光

由式（1-2）可以看出，实现有机 EL 高效率化的手段之一是提高光取出效率。

对于一般的有机 EL 来说，发光在高折射率的有机发光层（折射率大致在 1.8 ～ 2.0）中产生，而且，由于采用玻璃基板（折射率 1.5），因此会在折射率突变的有机发光层 - 基板间及基板 - 外界（空气）间发生全反射，二者分别作为波导模式（被高折射率层封闭的光）、基板模式（被基板封闭的光）的结果，使外部取出光的比率 $\Phi_{external}$ 在 20% 左右［见图 1-14（a）］。

通过在基板外侧设置具有凹凸结构的膜层等，增加光向基板外部散射［见图 1-14（b）］，以抑制基板 - 空气界面的全反射，使基板模式的一部分光取出，可使 $\Phi_{external}$ 提高至大约 30%。

为了进一步实现高效率，还需要利用取出光的波导模式。作为一例，是采用与有机发光体及透明电极具有同等程度的高折射率基板，以抑制基板与发光体及电极界面的全反射，将波导模式变换为基板模式。在这种情况下，通过与高折射率结构的并用［见图 1-14（c）］，光取出效率 $\Phi_{external}$ 有可能达到 40%。

图 1-14 以实例表示各种不同结构的有机 EL 元件，以及各自的光分配情况。

图 1-15 所示为积层式光取出基板的结构以及光路图。由于从光取出层到透明电极的层具有与有机发光层同等程度的高折射率，有机层内发生的光在传输过程中，在到达具有凹凸形状的光取出层之前，受到的全反射损失少，并在光取出层 - 玻璃基板间存在的低折射率层中被取出。这种结构的最大特征是，由低折射率层中取出的光全反射少，特别是在低折射率层中存在空隙的场合，由于全反射少，光顺利通过玻璃基板。

本节重点

（1）解释采用高折射率基板提高光取出效率的原因。
（2）解释采用高折射率凹凸结构夹层提高光取出效率的原因。
（3）请设计高光取出效率的积层结构。

图 1-14 不同结构 OLED 中的光路对比

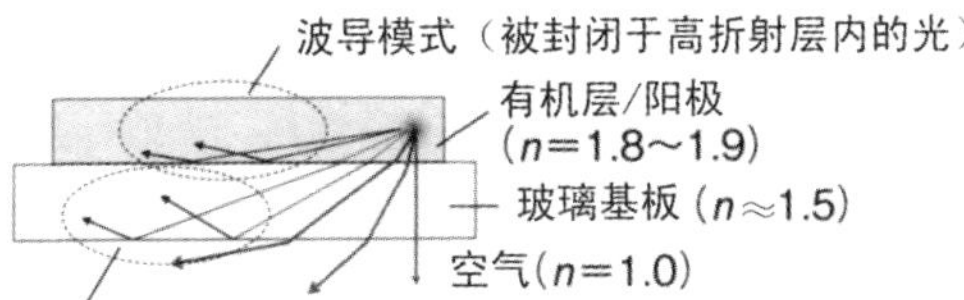

（a）通常结构

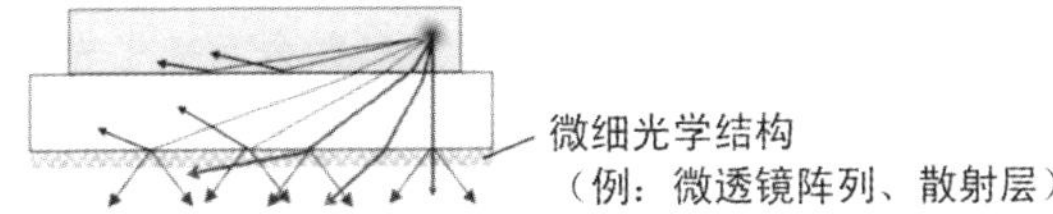

（b）原来的光取出结构

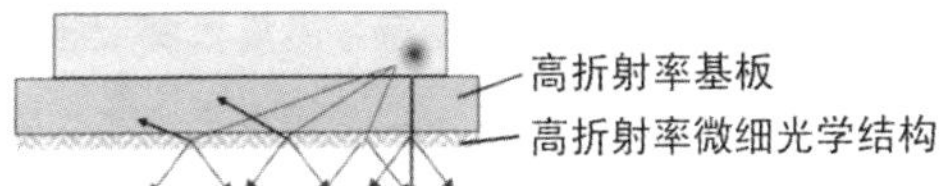

（c）采用高折射率基板的结构

图 1-15 积层式光取出基板的结构以及光路图

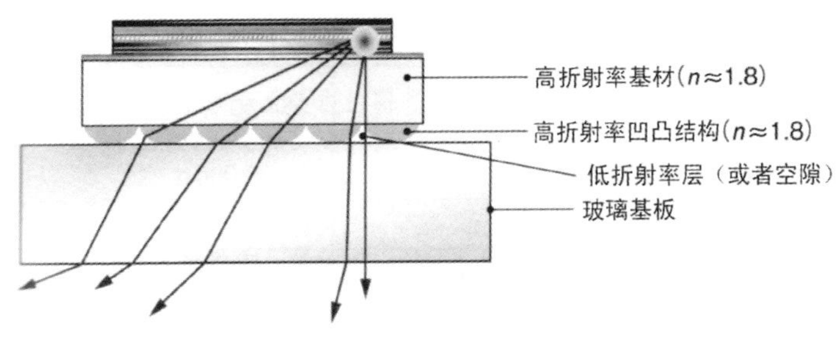

1.2.3 超高效率白光 OLED 屏

为了获得适合照明用的具有高显色性的白光，特别是为了实现所谓亮白光的高色温度，需要采用短波长的蓝光。但是，目前兼具短波长、高效率、长寿命的蓝光材料尚未发现，因此，在暂缓考虑显色性及色温度的前提下，可选择效率和寿命都高，即可使二者折中的较长波长的蓝光（淡蓝色，峰值波长 480nm），在较低色温度下可获得高效率的白光元件。

而且，在低色温度的白光中，蓝：绿：红的发光强度大致为 1：1：2，但由于高效率材料的选用致使蓝光发光强度增大，采用蓝光单元与红绿单元相串联的组合方式则难以获得所希望的发光强度。为此，选定了由磷光蓝光材料与含红光材料的磷光发光单元与绿红光磷光发光单元组合而成的新的二单元型结构。

通过 *IQE* 的提高、低电压化以及光学的最佳设计（配光图案及积层式光取出基板等），城户淳二等制作出 100cm^2 的白光有机 EL 屏（见图 1-16）。该屏实现了电力效率 133 lm/W（辉度 1000cd/m^2 时）、外部量子效率 112% 的超高效率。图 1-17 所示为试制的超高效率白光 OLED 屏的特性。

所谓外部量子效率达到大约 112%，意味着最低也达到大约 56%（112÷2，假定两个发光单元的内部量子效率每个都达到 100%）的极高的光取出效率。无论是电力效率还是光取出效率，均达到迄今为止所报道的最高值。这为照明应用显示了良好的前景。

本节重点

(1) 请介绍超高效率白光 OLED 屏的最新进展。
(2) 目前照明用白光 OLED 屏在配光方面有哪些考虑。
(3) 对外部量子效率超过 100% 如何解释。

图 1-16　白光有机 EL 屏

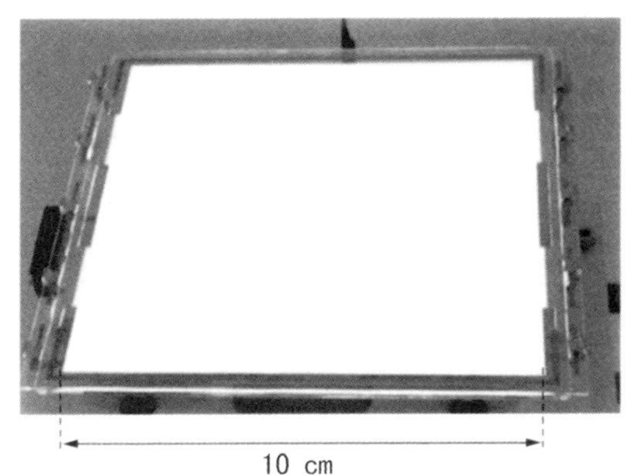

图 1-17 试制的超高效率白光 OLED 屏的特性

辉　度	1000cd/m²
电力效率	133lm/W
外部量子效率	112%
光取出效率（推定）	＞56%
辉度减半的寿命	＞150000h
驱动电压	5.4V
显色性指数R_a	84
色度坐标	(0.48，0.43)
色温度	2600K
发光面积	100cm²

1.2.4 OLED 显示器难得的发展机遇

OLED 显示器作为一种新型发光技术（见图 1-18），与目前占据绝对市场份额的 LCD 相比具有以下优势（见图 1-19）。

① 主动发光，无需背光源，利于实现器件的低功耗、超薄、柔性等目标。

② 低功耗，能有效提高移动设备的使用时间和待机时间。

③ 响应速度快，能及时捕捉到动态画面的每一个细节，无拖尾现象。

④ 超薄加超轻，尤其是基于聚合物基板的 OLED 柔性器件，充分展现了便携性。

⑤ 宽温度特性，在很低的温度下能正常运行，可满足特殊需要。

⑥ 高对比度和宽视角，尤其是高分辨率，这些优点带来良好的视觉体验。

基于上述优点，OLED 被认为是 TFE LCD 替代 CRT 后显示领域又一次重大变革，OLED 面临难得的发展机遇。

除了显示领域的应用外，OLED 在固态照明领域的应用也具有极好的应用前景。OLED 照明具有能大面积制作，用印刷方式生产等优势，可大幅降低制造成本；任意形状、可透明化、若搭载在柔性基板上则具有可弯曲性；效能高，是面发光，亮度色温可调，光质更接近于白炽灯，光色柔和，其光谱是目前所有光源中最接近太阳光的，而且不含紫外线等。另外，它本身还可以作为灯具，不须外加灯罩、散热装置等，节能环保，颇具发展潜力，一问世便引起关注。

本节重点

(1) 终极显示器应具备哪些特质。

(2) OLED 比之 LCD 显示器有哪些优点和不足。

(3) 你对二者的竞争前景有何看法，并说明理由。

图 1-18 OLED 显示器应具备的特质

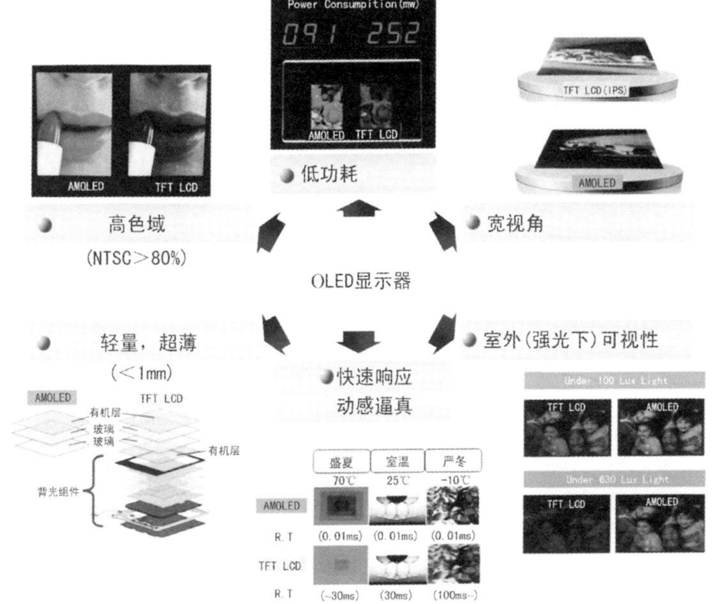

图 1-19 OLED 的优势（与 LCD 比较）

- 自发光，不需背光源，发光效率高。
- 直流低电压驱动。
- 具有快响应特性（微秒级）。
- 宽视角（视角超过 170°）。
- 宽温度特性（在 -40 ~ 70℃范围内都可正常工作）。
- 易于实现软屏柔软显示。
- 由于采用的是有机发光材料，为电流驱动，纳米薄膜等，对水、氧敏感，对 ITO 薄膜等缺陷敏感，对洁净度敏感。

1.3 OLED 的发光原理 ——载流子注入、复合、激发和发光

1.3.1 无机 EL 的发光原理

无机 EL 的结构很简单，在两块电极之间由绝缘层夹持无机荧光体（发光）层组成。无机荧光体层是在 ZnS 等半导体主材料中分散有金属氧化物形成的。发光色由添加的金属氧化物的种类决定。最初达到实用化的橙色显示器中使用的是锰的氧化物。现在常见的有蓝、蓝绿、黄绿、白等发光色。

无机 EL 的发光原理为**本征电致发光**，对此，在 1.1.1 节已简要说明。图 1-20 所示为无机 EL 的发光原理及工作机制，下面做简要说明。

与有机材料的情况不同，无机 EL 在主材料的半导体中存在自由载流子。当由外部对其施加电压时，发光层中也会产生电场 E，在此电场作用下，电子被加速。称电子在材料中不发生碰撞而被加速的平均距离为**平均自由程** λ。平均自由程越长，电子由电场中得到的能量（$eE\lambda$）越大，这种由电场获得的能量变为电子的动能，电子与主材料中存在的发光中心发生碰撞。电子将动能传给发光中心而失去动能，而发光中心变为高能量状态（激发态）。这种状态是不稳定的，会放出多余的能量返回原来的稳定状态（基态）。如果这时放出的电磁波是可见光，则人们就可以看到发光。

但是，如果所加的电压是直流（极性正负固定），情况又将如何呢？即使对于最靠近阴极的电子来说，其引起发光的次数等于膜厚除以电子平均自由程所得的倍数，更不用说那些离阴极远的电子，因此发光强度不高，难以用于发光器件。

因此，无机 EL 需要采用交流电源驱动，借由电源极性的正负转换，使高亮度发光得以持续。通常，无机 EL 采用 100V 上下的电压及几百至几千赫兹频率的高频电源驱动。

本节重点

(1) 无机 EL 利用的是电极间的电子。

(2) 无机 EL 驱动电源为交流。

(3) 无机 EL 电子的动能十分重要。

图 1-20　无机 EL 的发光原理及工作机制

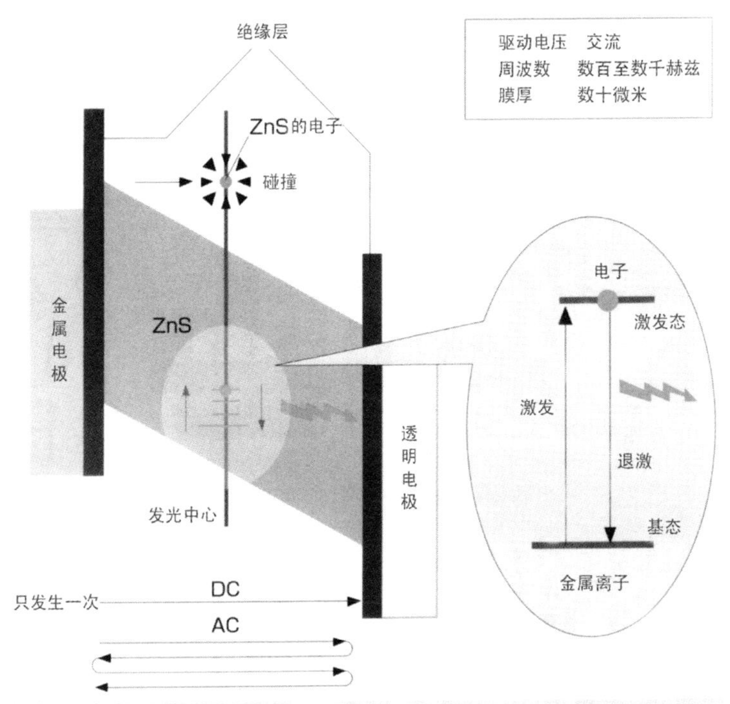

采用AC，电子可数次往返，故发光次数增加 ➡ 发光强度强

电子由电场获得的能量 $= eE\lambda$ ⬅ 此能量是激发能量之源

e——电子电量；λ——平均自由程；E——场强

假如提高周波数，发光强度会一直变强吗？若在电压反转前电子未能完全地加速，即使与发光中心发生碰撞，也不给予其足够的能量。相对于周波数来说，发光强度显示极大值，周波数再高，发光强度反而下降

名词解释

主材料：这里指构成膜结构的母材。与之相对的是容材料，它作为掺杂剂添加于母材中。

1.3.2 半导体 LED 的发光原理

半导体中有**本征半导体**和**掺杂半导体**之分，前者由于载流子密度低而基本上为绝缘体，而且，尽管电子密度与空穴密度极低，但二者是等量存在的。后者通过添加（掺杂）ppm 量级的杂质，获得载流子，因此载流子的密度高。提供电子的杂质称为**施主**（Donor），提供空穴的杂质称为**受主**（Acceptor）。借由杂质而增加的载流子称为**多数载流子**，而相对数量少的另一种载流子称为**少数载流子**。以电子为多数载流子的半导体为 **N 型半导体**，以空穴为多数载流子的半导体为 **P 型半导体**。而且，从结构上，若使 P 型半导体与 N 型半导体相接触，就能形成 PN 结。这种 PN 结是半导体元件能动性（Activity）之源。

如果在 PN 结上外加电压，会出现什么情况呢？若在 P 型侧施加正（+）电压，将有电流顺畅流过（顺方向），但若施加负（–）电压，则几乎无电流流过（顺方向）。称此为 PN 结对电流方向的“整流”或显示“二极管特性”。

但是，在界面附近，一旦在 P 型区域有作为少数载流子的电子流入，便会与空穴发生复合。由于这种载流子的**复合**，在电子与空穴失去能量之际，会放出电磁波和热。图 1-21 表示半导体 LED 的发光原理，图 1-22 是半导体 LED 的结构与有机 EL 结构的比较。

但是，对于由硅制作的 PN 结来说，即使顺向流过电流也几乎不会发光。这是因为硅是间接跃迁型半导体所致。对于间接跃迁型半导体来说，复合产生的能量大部分转变为晶格振动（声子），最终以热的形式耗散掉。若想多输出光，需要采取哪些措施呢？首要的一条是采用直接跃迁型半导体。

GaAs（红外）、GaP（红～绿）、GaN（蓝）等化合物半导体就是直接跃迁型的。发光色依电子与空穴失去的能量而异。可放出的最大能量决定于半导体能隙宽度。

本节重点

(1) 试解释半导体 LED 的发光原理，何谓直接跃迁型半导体。
(2) 指出半导体 LED 与 OLED 发光原理的同异。
(3) GaAs（红外）、GaP（红～绿）、GaN（蓝）等化合物半导体。

图 1-21　半导体 LED 的发光原理

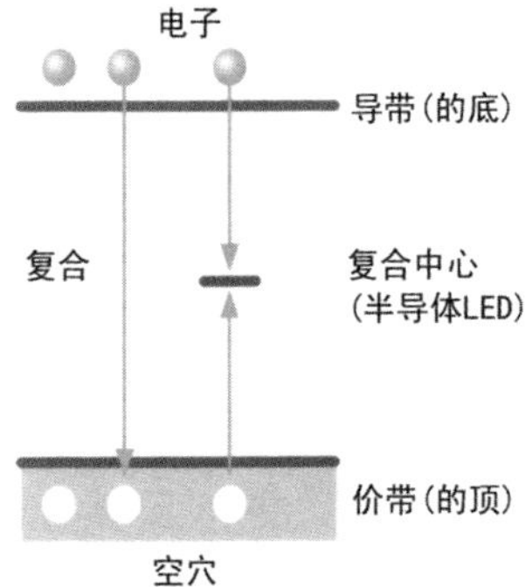

半导体通过10^{-6}量级的杂质掺杂而实现载流与密度的控制

多数载流子为空穴[正(Positive)的载流子]的为P型半导体
多数载流子为电子[负(Negative)的载流子]的为N型半导体

半导体的功能由PN结来实现
二极管、LED、三极管、太阳电池等的功能都通过PN结实现

图 1-22　半导体 LED 的结构与有机 EL 结构的比较

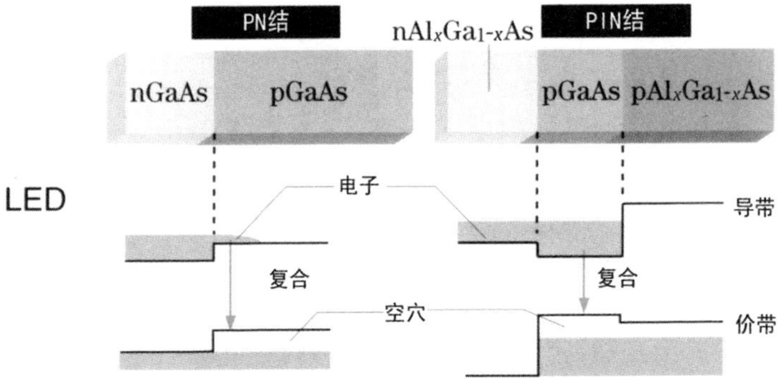

在PN结处由于载流子的注入效率不高，因此在PN结中间组合以本征半导体，构成PIN结构。也就是说，P型区和N型区分别作为空穴和电子的供给层，I层作为载流子的复合层。这与有机EL相类似

ETL：电子传输层　二者均可兼
HTL：空穴传输层　做发光层

EM：发光层

名词解释

载流子：从电学角度，指输运电荷的载体；从微电子学角度，载流子有电子和空穴之分，此外还有离子等。

间接迁移型半导体：导带底与价带顶的动量坐标发生偏移的半导体。

直接迁移型半导体：导带底与价带顶的动量坐标不发生偏移的半导体。

能带间隙（带隙，禁带宽度）：在能带模型中所形成的各带间的间隙。从电子状态讲，指导带与价带间的能量间隙。

1.3.3 原子、分子的激发和退激发光

分子及原子的能量并非呈取任意值的连续状态，而只取一些特定的值（呈离散状态）。

无论在原子中还是在分子中，电子都是从能量最低的轨道起，按能量从低到高的顺序，依次填充，由此构成**基态**。在稳定状态下，当电子从能量较低的轨道跃迁至无电子存在的、上方空的状态时，则变为**激发态**。一般说来，所谓激发态是不稳定的非平衡状态，电子要放出获得的多余能量，返回原来的基态，称此为**退激**（失活）。此时多余的能量会以光和热的形式放出（见图 1-23）。这种光，特别是人眼可视认的可见光便是“**发光**”。图 1-24 所示为各种不同模式的发光。

从基态转换为激发态需要能量，按这种能量是以何种方法给予的，可以对发光方式进行区别。如果靠的是电能，则为电致发光（Electroluminescence，EL）。如果利用的是光，则为光致发光（Photoluminescence，PL）。荧光笔及蓄光片是我们身边的例子。另外，房屋装修时，屋顶设置的暗光源（紫外线源）以及衣服增白用的荧光剂等大概也都属于此。如果利用的是化学反应，则为化学发光（Chemiluminescence，CL），祭祀日和庙会上卖的荧光环就属于此。另外，还有生物发光（Bioluminescence，BL），具体的例子有萤火虫、闪烁萤乌贼、发光细菌等。

除此以外的刺激也能给予能量。如果是热，则为热致发光（Thermoluminescence，TL），如果是放射线，则为放射性发光。

不太多见的是利用力（力学能量）激发，则为力学发光（Mechanaoluminescence，ML）。尽管能量的给予方式可以各式各样，引起发光的所有现象都是伴随激发→基态（退激或失活）的能量放出过程。

本节重点

(1) 何谓基态和激发态。
(2) 具有过剩能量的分子（原子）是不稳定的。
(3) 由激发态返回基态时会发射电磁波及放出热。

图 1-23　激发和退激（失活）

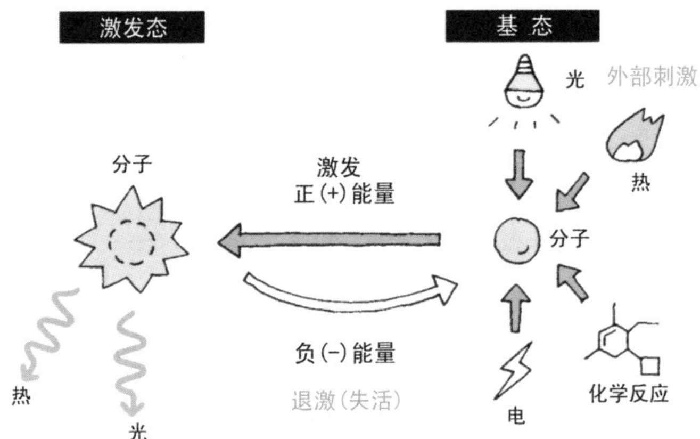

图 1-24　各种不同模式的发光

刺激	发光类型和名称
电场(电能)	电致发光(Electroluminescence)
光	光致发光(Photoluminescence) (荧光笔、屋顶的暗光源)
化学反应	化学发光(夜店的闪光环等)
生物反应	生物发光（萤火虫、闪烁萤乌贼、发光细菌等）
热	热致发光（闪烁石）
放射线	放射性发光(Raldioluminescence)
力	力学发光（闪光冰糖）

名词解释

玻尔的原子模型：与电子能量连续值的古典原子模型相对，电子只能占据满足量子条件（能量从低到高仅取一个个分立的数值）的轨道的原子模型。

1.3.4　OLED 的发光原理

在有机 EL 中，借由电子与空穴在有机分子上发生的复合，使有机分子处于激发状态。为了将更多的光取出，需要在元件中流过更多的电流。但是，仅使一种载流子增加并不能奏效。

图 1-25（a）所示是忽略能量状态，仅从几何学表示的载流子流动和复合的关系。从左侧（阳极侧）输送空穴，从右侧（阴极侧）输送电子，二者相遇发生复合。当两个不同极性的载流子不相遇时，二者分别向着对面的电极通过。发生复合的空穴和电子成为其路径中的激子（用火花符号表示）。但是，并非所有电子和空穴都对应着激子的产生，例如，图 1-25（b）所示的 5 条路径中只有两条路径对复合有贡献。

如此看来，为实现一次载流子复合需要一个电子与一个空穴，如果每单位时间内只要电子和空穴等数量地流动，而且彼此间能发生复合，就存在使其最高效率发光的可能性。那么“存在可能性”的意思是什么呢？

对于半导体 LED 来说，假如电子与空穴能 100% 复合，则能以几乎全部发光的形式取出。即复合 = 发光。但是，对于有机物来说就并非如此。由于与无机物相比，达到退激要经历很长的激发状态。在有机材料中，借由复合，产生 75% 的三线态激子，25% 的单线态激子，如图 1-26 所示。单纯地讲，在荧光发光的场合，即使载流子复合为 100%，实际上只有 25% 变成光。

对于有机分子来说，处于激发态的分子称为**激子**（Exciton），分别为**三线态激子**（Triplet Exciton）和**单线态激子**（Singlet Exciton）。激子本身并不带电荷。而且，由于有机材料的激子寿命较长，退激失活前会向其他分子发生能量迁移并发生扩散。

本节重点

（1）载流子复合而导致激发状态。
（2）有机激子意味着激发状态。
（3）三线态与单线态之比为 3 ∶ 1。

图 1-25　载流子的流动与复合

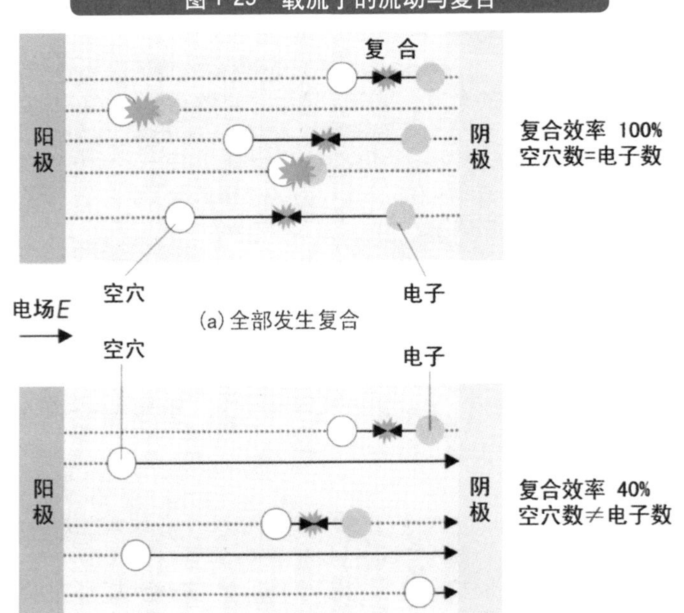

在电场作用下，空穴(电子)从阳极(阴极)向阴极(阳极)流动，流动的空穴和电子一旦发生复合，外电路中则会有电子流。例如，上下两图中外电路中流动的载流子数均为5个

(b) 部分发生复合

图 1-26　载流子复合与激子生成数之比

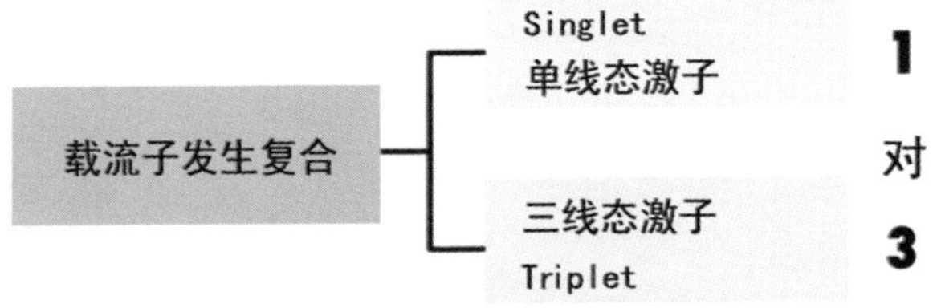

由于载流子复合，会生成单线态激子和三线态激子

在半导体中，所谓激子(Excition)，也称为电子-空穴对，但其不带电荷，因此是电中性。由于这种电子与空穴间的束缚能小，室温下是非常不稳定的。与半导体中激子相同的概念，在有机分子中并不存在

1.3.5 有机材料中为什么会有电流流动

在外电路中流动的电流并不能区分为与载流子复合相关的电流还是无关的电流。从与定常状态下的 OLED 相连接的外电路，可检测出电流。电流强度（安培：A）的定义是单位时间（时间：s）流经试样的电荷量（库仑：C）。但由于没有考虑导体面积，在有些情况下不好对大小做定量比较。若考虑每单位面积的电流量，则需要引入电流密度。

在 SI 单位制中，电流密度以 A/m^2 为单位，但在小型电子器件中更常以 A/cm^2 为单位。假设仅有一种载流子，则电流密度 J 可由载流子电荷量 q× 载流子密度 n× 载流子迁移率（载流子移动的难易程度）μ× 电场强度 E 来表示。请见图 1-27 所示载流子电流密度的公式表示。

如果场强增大，流动的电流就会变大，但功耗也会增加。另外，为使载流子的电荷增加，可以离子的方式利用，但不会发光。对于 OLED 来说，为了有更多的电流流动，只能采用使电子性的载流子数量（密度）增加和迁移率增大这两种办法。

但是，由于有机材料基本上是绝缘体，几乎不存在载流子。因此需要由电极向有机材料注入电子及空穴。但只靠载流子注入仍难以形成电流，还需要利用 π 电子共轭系发达的迁移率比较高的有机材料。

在此特别重要的是，当电压施加于元件时，元件内要能实现高场强。对于 100nm 左右的薄膜来说，只要有灰尘类的沾污及膜层的少许不均匀，便会简单地发生绝缘破坏。

绝缘性比较强的材料在 MV/cm 级别的场强下才会引起绝缘破坏，但对于 OLED 来说，即使施加的电压低，但由于膜厚极薄，仍能以这种量级的场强作为驱动电压。

本节重点

（1）载流子由电极注入。
（2）有机材料依载流子注入量不同会产生电流差。
（3）真迁移率不一定很大。

图 1-27　载流子电流密度的公式表示

在外电路中流动的电流，并不能区分为与载流子复合相关还是无关的电流

电流强度=单位时间流经试样的电荷量

【A(安培)】=【C（库仑）】/【s（秒）】

电流密度J=
单位时间、单位面积流经试样的电荷量(A/m^2)

设单位体积中仅存在n个电荷量为q的载流子，当其平均速度为v时，移动的电荷量(电流密度)为

$$J=qnv$$

该平均速度用平均场强E与载流子迁移率μ的乘积μE表示，则

$$J=qn\mu E \quad \text{(1种载流子的情况)}$$

$$=\sum qn_i\mu_i E \quad \text{(i种载流子的情况)}$$

为使J提高，需要：
① 增大载流子密度
② 提高载流子迁移率
③ 增加电场强度

若使q增大，离子变为载流子，致使迁移率变慢。
对于有机物来说，无论载流子密度还是迁移率都难以变大。

即使场强增大，尽管J会提高，但由于载流子数没有变化，对于有机EL来说，也没有实际意义，相反还容易引发击穿。

名词解释

π电子共轭系：两个以上的π电子相结合的系统。

1.3.6 OLED 发光的基本物理过程

OLED 属载流子注入型发光，是分别从阴极和阳极注入的电子和空穴在有机物中复合而产生的发光，它涉及载流子的注入、输运以及激子的扩散等一系列物理过程（见图 1-28）。OLED 器件中从空穴和电子注入开始到器件对外发出光来，可分为以下五个阶段。

① **载流子注入** 对器件施加适当正向偏压，电子和空穴克服界面能垒后，经由阴极和阳极注入。从化学上讲，在阴极界面处，有机分子被还原（即有机分子被赋予电子）；在阳极界面处，有机分子被氧化（即有机分子被夺走电子）。

② **载流子迁移** 载流子分别从电子传输层和空穴传输层向发光层迁移。在有机固体中，分子间轨道交叠较少，不存在无机晶态半导体那样的连续能带，电子能级呈局域化，载流子迁移以跳跃（Hopping）方式进行。

③ **载流子复合产生激子** 空穴和电子在发光层中相遇、复合形成单线态（单重态）激子和三线态（三重态）激子。如图 1-29 所示，电子自旋方向决定激发状态（激子）是单线态还是三线态。

④ **激子复合产生光子** 由正负载流子复合产生的激子不是立即复合而产生光子，一般来说要经过弛豫、扩散、迁移的过程。单线态激子在扩散迁移过程中，或者直接跃迁到基态产生荧光，或者经系间窜跃（Intersystem Crossing）转化成为三线态激子，也可以发射多个声子而无辐射地弛豫到基态；三线态激子跃迁到基态产生磷光。

⑤ **光子逃离发光层产生发光** 发光区中产生的光子经由透明电极发射出去而产生发光。光子在穿过有机层及透明电极时，大部分要受到反射而损失。

本节重点

（1）OLED 属载流子注入型发光。
（2）OLED 器件中从空穴和电子注入开始到器件对外发出光。
（3）请叙述 OLED 发光的基本物理过程。

图 1-28 OLED 发光的基本物理过程

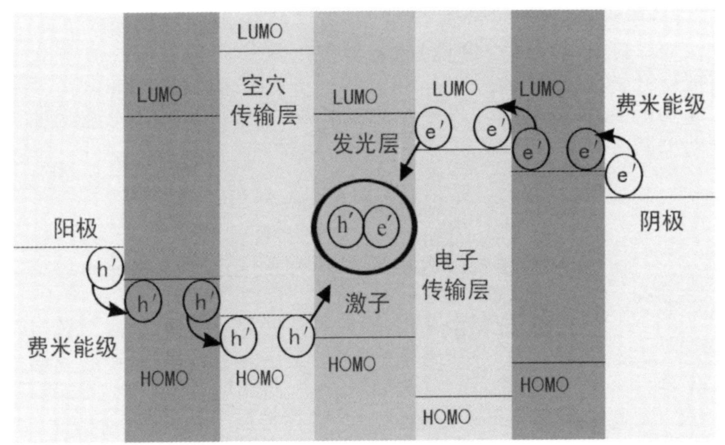

图 1-29 电子自旋方向决定激发状态

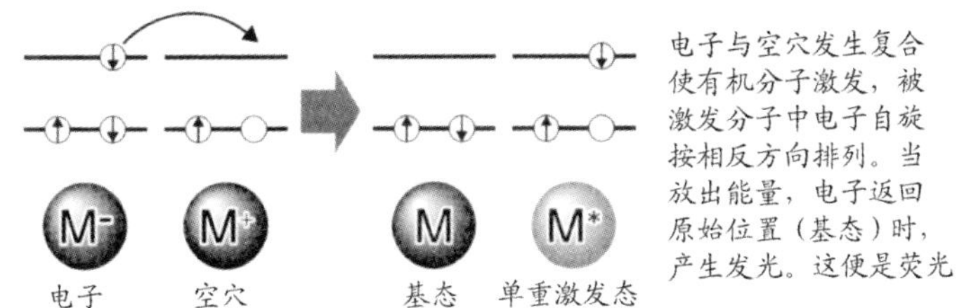

电子
空穴
基态
单重激发态
电子与空穴发生复合使有机分子激发，被激发分子中电子自旋按相反方向排列。当放出能量，电子返回原始位置（基态）时，产生发光。这便是荧光

(a) 电子自旋相反的状态对应单重激发态

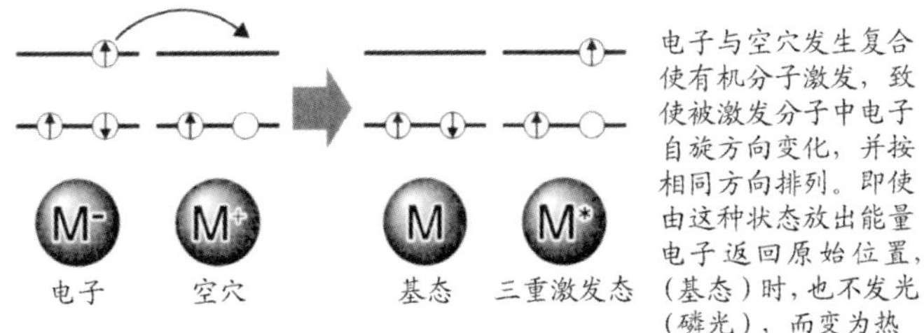

电子
空穴
基态
三重激发态
电子与空穴发生复合使有机分子激发，致使被激发分子中电子自旋方向变化，并按相同方向排列。即使由这种状态放出能量电子返回原始位置，（基态）时，也不发光（磷光），而变为热

(b) 电子自旋相同的状态对应三重激发态

1.3.7 载流子注入复合发光的原理

下面，让我们看看 OLED 中各层所使用的材料的特征。首先，在小分子系材料的场合需要用真空蒸镀成膜，积层是很容易的。具体而言，OLED 元件是在阴极和阳极界面间形成薄薄的三明治结构，其中心为发光层，两侧由担当不同功能的不同种材料所构成。具体而言，包括

① 发光层。

② 传输层（电子传输层，空穴传输层）。

③ 注入层（电子传输层，空穴传输层）。

由于各自所要求的性能不同，为满足这些性能要通过材料设计，特殊合成等。

① 发光层的作用 藉由注入载流子所发生的复合而被激发，进而高效率发光。因此，发光层要使用具有荧光性或磷光性发光特性非常强的化合物。由于发光层担当发强光的重任，因此是 OLED 的核心部位。尽管其他层有可能使用无机物质，但发光层必须是有机物质。这也许是“OLED”和“有机 EL”等名称中，将表征有机材料的“O”和“有机”摆在前面的理由吧。

② 传输层的作用 例如，空穴传输层的作用是将空穴从阳极（正极）传输至发光层，并阻挡来自阴极的电子漏到阳极。另外，电子传输层的作用是将电子从阴极（负极）传输至发光层，并阻挡来自阳极的空穴漏到阴极。总而言之，传输层的作用是从电极（正极，负极）将载流子导入，并将其平稳地传输给发光层，并起到阻挡相反电荷泄漏的作用。

③ 注入层的作用 从电极向传输层平稳地注入载流子。对注入层的要求是，HOMO（Highest Occupied Molecular Orbital，最高占据轨道）能级、LUMO（Lowest Unoccupied Molecular Orbital，最低空轨道）能级要相互匹配。如果这些能级与电极的功函数不匹配，自然不会有平滑的载流子注入。图 1-30 ～ 1-32 所示为 HOMO、LUMO 在载流子注入复合发光中的作用。

本节重点

（1）说出 OLED 中发光层的作用，对其有哪些要求。
（2）说出 OLED 中传输层的作用，对其有哪些要求。
（3）说出 OLED 中注入层的作用，对其有哪些要求。

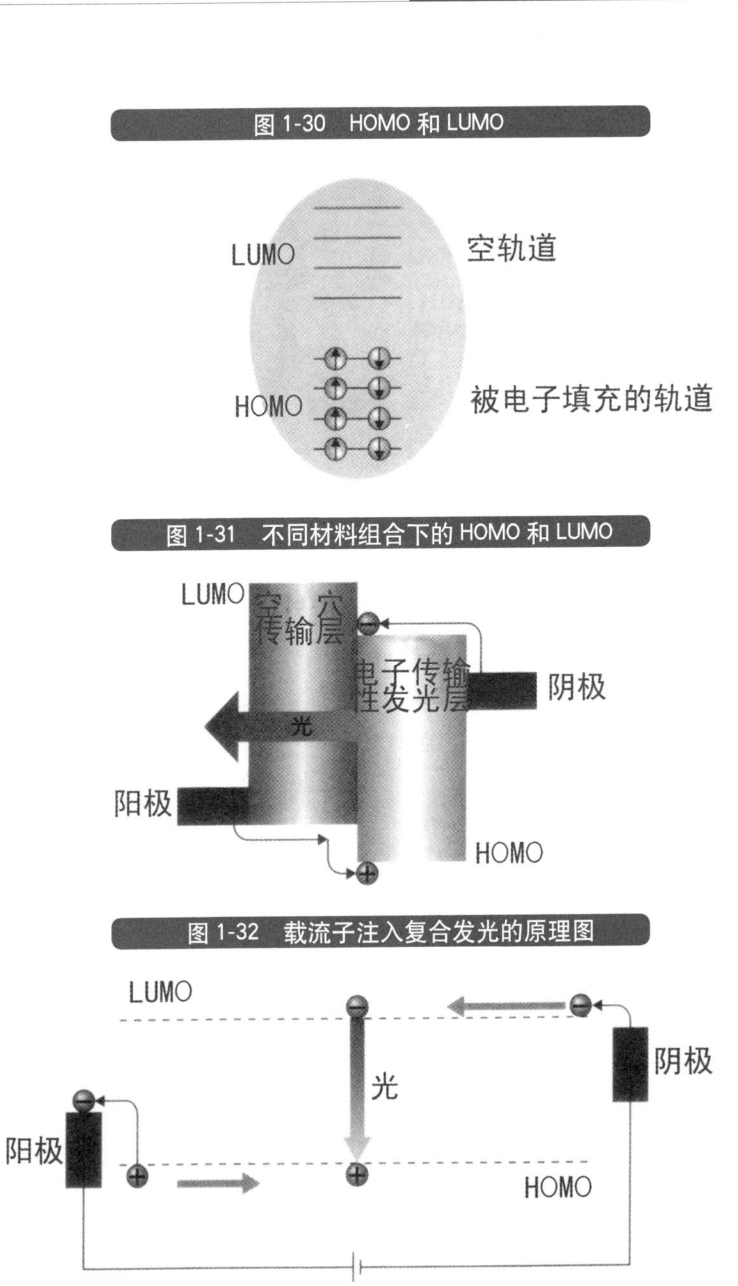

图 1-30　HOMO 和 LUMO

图 1-31　不同材料组合下的 HOMO 和 LUMO

图 1-32　载流子注入复合发光的原理图

书角茶桌

最优显示技术和效果

从OLED（开始也称为有机EL）的第一次报道（邓青云，1987年），经过20年，到2007年，索尼公司率先将OLED电视推向市场。虽然它是集合了最尖端技术的高性能显示器，画面质量超群，但显示屏只有10.9in，而售价格大致在22万日元（当时折合人民币16000元），由于价格太贵，几乎无人问津。

又经过十余年地不懈开发，到今天，OLED以最优显示效果展现在人们面前。OLED显示技术具有以下几个优点。

① 超轻薄，OLED显示屏的厚度可以小于1mm，仅为LCD屏的1/3，甚至更薄，重量也更轻。

② 全固态结构，没有液体物质，抗震性能更好。

③ 几乎不存在可视角度问题，即使在接近180°的视角下观看，画面仍不失真。

④ 响应时间是LCD的千分之一，显示运动画面不会有拖影现象。

⑤ 低温特性好，零下40℃仍能正常显示。

⑥ 功率显示效率高，能耗比LCD更低。

⑦ 能够在不同材质的基板上制造，可以做成能弯曲的柔性显示器。

⑧ 全范围可见光显示，达到更逼真的自然光显示效果。

由于OLED的种种优点，甚至有研究者将OLED称为“终极显示技术”，可现实似乎并非那么理想。目前，性能优良的OLED产品大都还停留在实验室阶段，因为良品率不够高、成本过高的问题限制了其大规模产业化。此外，OLED还面临着寿命问题，尽管红色和绿色OLED薄膜寿命相当长（10000~40000h），但根据目前的技术水准，蓝色有机物的寿命要短得多（仅有约1000h），这直接导致了OLED屏在经过一段时间的使用后会变绿或发黄，影响观看体验。

近几年已有许多OLED产品面世，苹果在iPhone X上首次采用了OLED屏幕，各大电视生产厂商也都推出了自己的OLED电视产品。OLED屏幕的显示效果可谓不负众望，明暗对比度高，色彩极为丰富。飞利浦55POD901F/T3电视已实现了高达94%的色域覆盖率，LG OLED B7电视色域覆盖率甚至高达99%，这都是传统液晶电视无法实现的。OLED具有绝妙的运动画面显示效果，OLED屏幕的清晰度和对画面细节的表现也比传统液晶屏要好得多。

第2章

OLED如何实现发光和显示

2.1 有机材料电致发光的原理

2.1.1 关于价带、HOMO 和氧化电位

有机半导体至今未形成公认明确的理论体系，很多概念是由无机半导体的概念发展起来的。人们通常在分子轨道理论基础上，借用无机半导体的能带理论来解释有机材料的半导体性质及光电特性（见图 2-1）。分子轨道理论特别关注两个特殊的分子轨道：**最高占有分子轨道**（Highest Occupied Molecular Orbits，**HOMO**），相当于无机半导体中的价带能级（E_V）；**最低未占有分子轨道**（Lowest Unoccupied Molecularorbits，**LUMO**），相当于无机半导体中的导带能级（E_C）。由于 HOMO 和 LUMO 之间没有其他的分子轨道，电子不可能处于它们之间其他的能量状态，因此，HOMO 和 LUMO 之间的能隙相当于无机半导体中的禁带。

在有机化学中，人们常把失去电子能力强的分子称为"**给体**"（Donor），而把得到电子能力强的分子称为"**受体**"（Acceptor）。当有机分子相互堆积组成固体后，其中的给体失去一个电子的电位称为**氧化电位**（Oxidation Potential），反之，将电子移到有机分子中的电位称为**还原电位**（Reduction Potential）。

如图 2-2 所示，有机固体中的给体失去一个电子后，它的 HOMO 轨道就留有一个电子空位，这相当于在 HOMO 轨道上产生了一个空穴，其他分子上的电子就可以跳跃到这个分子的 HOMO 轨道上，就好像是空穴在跳跃；类似地，有机固体中的受体得到一个电子后，分子的 LUMO 轨道上填充了一个电子，这个电子也可以再跃迁到其他分子空着的 LUMO 轨道上。在没有外加电场的情况下，空穴或电子的跳跃在空间方向上是随机的；在有外电场的情况下，空穴和电子的跳跃在顺着和逆着电场方向上的概率就会不同，空穴顺着电场方向跳跃的概率更高，而电子逆着电场方向跳跃的概率更高，在统计上形成了定向的移动，产生了宏观的电流。因此，在有机半导体中仍有两种载流子——电子和空穴，它们作为载流子参与导电的本质是电子分别在分子 LUMO 或 HOMO 上的**跳跃**（Hopping）。

本节重点

(1) 在无机半导体领域讲价带。

(2) 在化学领域讲最高占有分子轨道（HOMO）。

(3) 在电化学领域讲氧化电位。

图 2-1　有机材料的半导体性质及光电特性

载流子种类	半导体	分子化学	电气化学
电子载体	导带(的底)	LUMO	还原电位
空穴载体	价带(的顶)	HOMO	氧化电位

注意，同一行中名称的含义并非完全等同

最高占据轨道　HOMO：Highest Occupied Molecular Orbital
最低非占据轨道 LUMO：Lowest Unoccupied Molecular Orbital

图 2-2　电化学领域中的循环伏安测试法（CV）

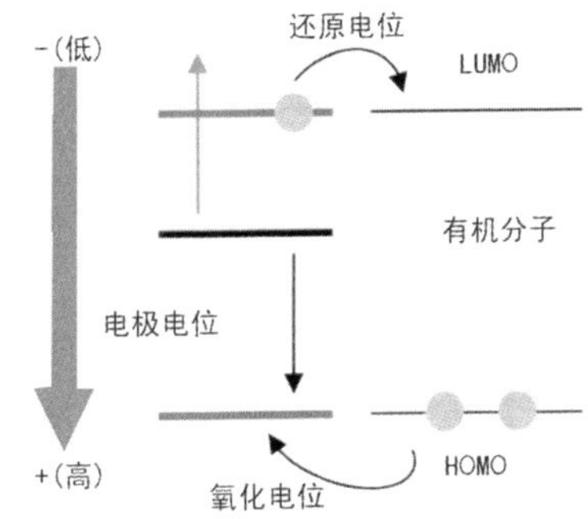

随着电极电位的降低，一旦接近LUMO,便有电子从电极向LUMO迁移；相反，随着电极电位升高，一旦接近HOMO,便有电子从HOMO向电极迁移。电极电位以相对于参比电极的电位用V表示

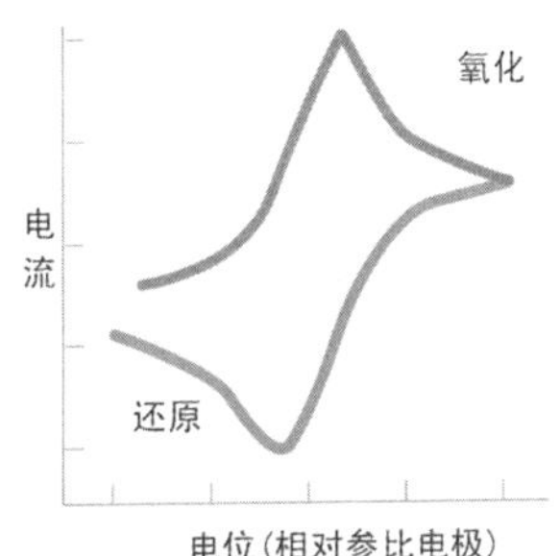

横轴的电位是相对于参比电极所表现的电位。纵轴是对应所流过的电流。当电位向正方向扫描时，电极附近的材料被氧化。全体材料被氧化完时，电流减小。而后电位向负方向扫描时，电极附近已氧化的材料被还原。

左图是典型的CV曲线，中性分子的氧化和还原各存在一个峰。因材料不同而异，有的可以简单地看到一个峰，看不到另一个峰（例如空穴传输材料中可以简单地看到氧化电位），还有些材料可以看到更深的氧化还原峰

名词解释

循环伏安测试法(Cyclicvoltammetry, CV)：使电位发生变化，分析电极活性物质及电位反应机制的电化学方法。需要指出的是，作为CV特性所记录的，也有采用静电电容-电压特性的情况。

2.1.2 半导体和能带图

物理学中处理半导体问题的有效手段是半导体能带。半导体能带同样可用于有机 EL，它的优点在于，对异种有机材料的能量关系可以非常直观地理解。而且采用的单位是eV（电子伏），表示 1 个电子在 1V 电压下获得的能量。与外加电压间的关系也很容易表述。

下面，借由固体电子论，利用能带理论对能态密度进行说明（见图 2-3）。在能带中有价带（满带）和导带之分，前者基本被电子填满，后者未填充电子（绝缘体的情况）或电子填充到一定程度（导体及杂质半导体的情况）。位于这两个能带之间的是禁带（能带间隙）。

在分子单独存在的场合和处于凝集态的场合，能量中因极化能量部分的差异，会使 HOMO-LUMO 的间隔变窄。在此能带的上方一定距离处经常引出一条线（见图 2-3 中上方的点线）。称此为真空能级，表示无穷远处的能量基准。

从价带顶到真空能级之差称为离化势。这相当于从价带将一个电子夺走所需的能量（但严格地讲应该是固体物理中的离化势，按物理学中离化势的定义，是在气体状态下将电子夺走所需的能量）。而导带底与真空能级之差称为电子亲和能，与其从价带将一个电子夺走所需的能量相当。

另一个重要的参数由能带间隙中的点线表示，称其为费米能级（E_f）。对有机物中的费米能级进行估计并非容易。对于本征半导体及绝缘体来说，费米能级位于能隙的中央。这意味着，或者完全不存在电子和空穴，或者电子和空穴的数量正好相同。

本节重点

（1）解释电子伏（eV）的含义。
（2）价带顶和导带底极为重要。
（3）何谓费米能级，画出 PN 结附近的能带结构。

图 2-3　能带图及其应用

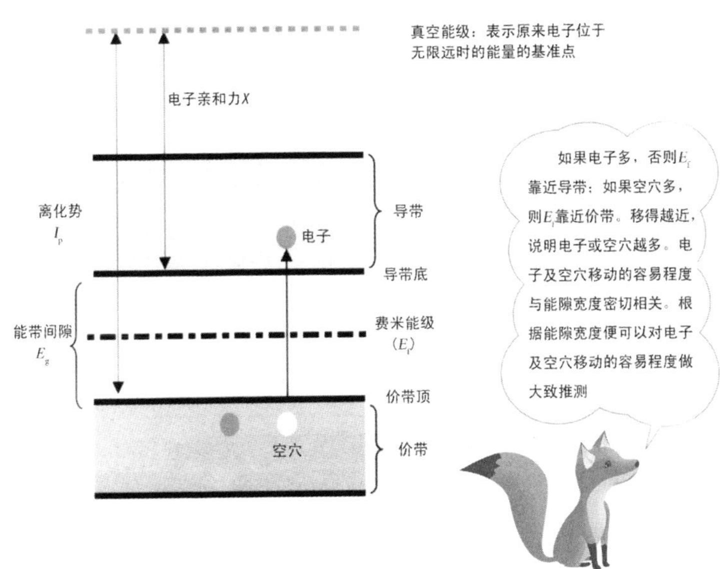

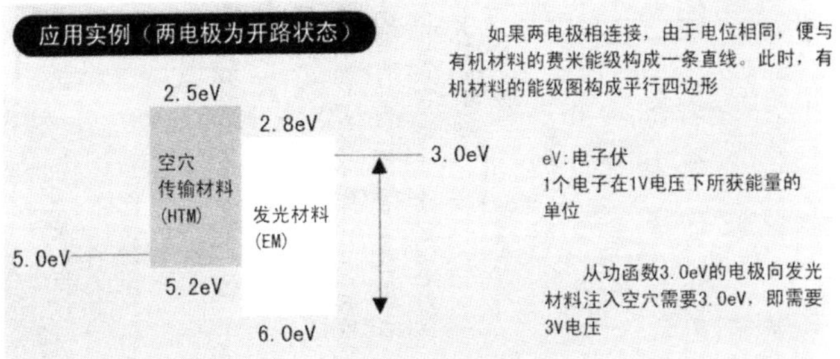

如果两电极相连接，由于电位相同，便与有机材料的费米能级构成一条直线。此时，有机材料的能级图构成平行四边形

eV：电子伏
1个电子在1V电压下所获能量的单位

从功函数3. 0eV的电极向发光材料注入空穴需要3. 0eV，即需要3V电压

名词解释

离化势：这里指从薄膜分子的价带夺走出电子所需要的最低能量。
电子亲和能：这里指从薄膜分子的导带夺走电子所需要的最大能量。

2.1.3 磷光与荧光的不同

1.3.3 节已经说明了从分子的激发态返回至基态时，会以光的形式放出多余的能量。光致发光（PL）的例子有荧光笔，光照时发光，一旦光不照时发光马上消光。但是，像夜光表等所用的夜光（蓄光）涂料那样，情况又是如何呢？即使光照消失，虽然发光变弱，但发光仍会持续一段时间。由于以前仅着眼于光的衰减速度而论，称迅速消光的为荧光（Fluorescence），而缓慢消光的为磷光（Phosphorescence），如图 2-4 所示。

实际上，在有机分子的情况，存在两个激发态（见图 2-5）。一个是单线激发态（Singlet Excited State），另一个是三线激发态（Triplet Excited State）。**这两个状态的不同在于被激发电子的自旋方向不同**。在一个状态下可以存在自旋方向相反的两个电子。而且，由于电子具有自旋（与磁性相关的物理量），在通常情况下这种自旋相互抵消，因此不会产生两个能级。如果简单地说，由于自旋相互反向而彼此抵消，看起来，自旋似乎并不起作用。

在单线激发状态，激发电子的自旋与留在基态能级的电子的自旋相互抵消而存在。当然，抵消的是基态的自旋，这便是单线激发态。

相比之下，在三线激发状态，激发电子的自旋方向与留在基态能级的电子自旋方向是相同的。相同意味着处于激发能级的电子的自旋方向如果不变，则不会返回基态。这种从三线激发态到单线激发态的转变是迁移禁阻的，即不能简单地发生迁移。因此，由三线激发态的发光会在三线激发态下保持一段时间。这便是从三线激发态的发光，即磷光会较慢，且能在较长时间内观察到的原因。

本节重点

（1）立刻消失的荧光和缓慢消失的磷光。
（2）由单线激发态发光为荧光。
（3）由三线激发态发光为磷光。

图 2-4 磷光与荧光的不同

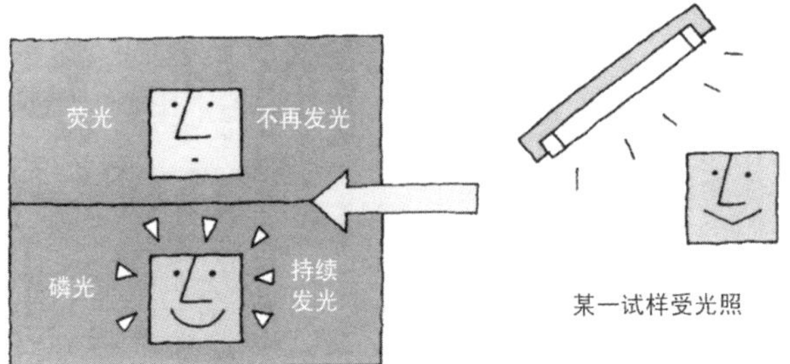

某一试样受光照后

一旦光照停止，立即消失	➡ 荧光	荧光笔
即使光照停止，仍然发光	➡ 磷光	蓄光涂料

图 2-5 激发态进行比较

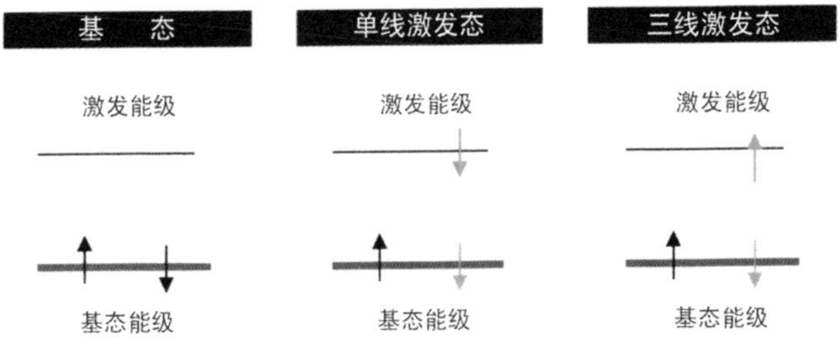

基　态	单线激发态	三线激发态
激发能级	激发能级	激发能级
基态能级	基态能级	基态能级
箭头标示电子的自旋方向。由于两个自旋方向相反，二者相互抵消	被激发的电子的自旋呈与原来相同的方向	被激发的电子的自旋呈与原来相反的方向，而自旋方向的变化是不允许的（阻禁）

解消阻禁便会复原，但需要时间

↓

由三线激发态的发光因此比较迟缓

名词解释

迁移阻禁：基于物理规则，两个状态间的迁移（转换）原则上是不允许的。

2.2 载流子的注入和迁移

2.2.1 由电极的载流子注入

下面针对电子进行讨论。对于空穴的情况，上下相反即可同样论及。对于电子来说，越是处于能级图的上方，其所带的能量越高，向下移动则变得稳定。

当使金属与有机材料相接触时，受金属的功函数与有机材料的费米能级之差的驱动，电子在界面发生迁移。如果金属的功函数位于有机材料的费米能级的下方，则电子向金属侧移动，能带向上弯曲，称此为**肖特基接触**［见图 2-6（a）］；如果呈相反的关系，则电子向有机材料侧移动，能带向下弯曲，称此为**欧姆接触**［见图 2-6（b）］。在欧姆接触的情况下，由于不存在界面造成的壁垒，容易注入，而肖特基接触的情况，就难以注入。

有机材料的导带（或 LUMO）与金属功函数的关系可以按图 2-6 所示加以考虑。由于导带处于高于功函数的位置（称此能量之差 $\Delta\Phi$ 为注入壁垒），为使电子在有机材料中移动，必须获得能量。如果靠热，称其为热电子发射。由热电子发射放出的电子数与温度和能量差相关，其关系可由玻尔兹曼分布表示。

当外加电压时，受金属的镜像势的影响，原本三角形的电场的顶点变成如图 2-7（a）所示，$\Delta\Phi$ 变小。其结果是电子被更多地注入，称其为**肖特基效应**。

在 1MV/cm 左右的高电场作用下，界面的三角形变得锐角十分尖锐，若电位壁垒的厚度减小到不足 10nm，则金属中的电子的波函数会渗透到有机材料的导带。电子不是飞越壁垒，而是穿越势垒而移动，这便是**隧穿注入**［见图 2-7（b）］。由于其属于量子力学效应，不受温度的影响。

本节重点

（1）欧姆接触和肖特基接触。

（2）依赖于温度的热激活型载流子注入。

（3）量子力学效应的隧穿注入。

图 2-6 界面处能带的变化

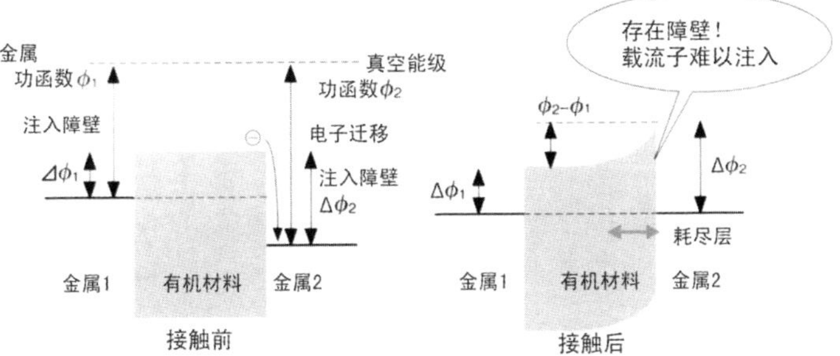

为使界面处的费米能级（E_F）达到一致，必然发生电荷授受。达到平衡时，界面两边E_F相等。请注意能带弯曲及能隙内E_F位置的变化。由于从上方向中央靠近，因此载流子变少，出现耗尽层

（a）肖特基接触

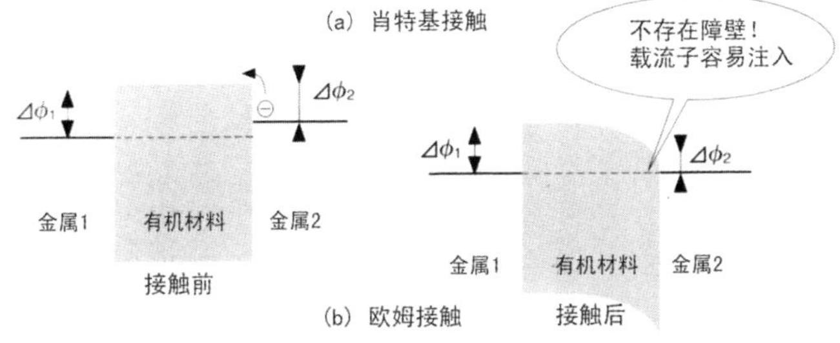

（b）欧姆接触

图 2-7 肖特基注入和隧穿注入

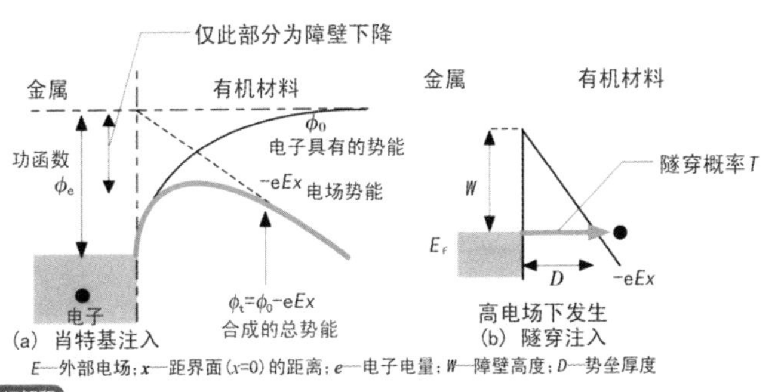

E—外部电场；x—距界面（x=0）的距离；e—电子电量；W—障壁高度；D—势垒厚度

名词解释

玻尔兹曼分布：由玻尔兹曼因子 $\exp(-\Delta\phi/k_BT)$ 所定义的概率分布。k_B为玻尔兹曼常数，T为绝对温度。

2.2.2 键合力及载流子在有机分子间的迁移

如果能带是正常形成的，则电子在导带，空穴在价带移动。但是对于有机分子来说，比方说即使维持单晶状态，其键合也是由范德瓦耳斯力（分子间力）所致，键合力是非常弱的。因此，带宽很窄，能带间隙很大［见图 2-8（b）］。实际上，有机 EL 中使用的材料大多为非晶态膜，可以说，**态密度**（Density Of State，DOS）是相当乱的（导带及价带的端部用一条粗线表示）。而且，对于所谓带传导的迁移率不在一定程度以上的情况，由于用传统半导体的研究方法考虑很难处理，因此需要按新的模型考虑。

那么，有机分子中载流子的迁移是如何进行的呢？对于电子在有机分子间迁移的情况，是**自由基阴离子**与中性分子发生交换，实现电子迁移。所谓**自由基阴离子**是**自由基**（Radical），即具有一个不成对电子的化学基团，和**阴离子**（Anion）的组合词，其状态也兼具二者的特点。对于中性分子中存在空穴的情况，成为**自由基阳离子**（Radical–Cation）。尽管名词不太容易理解，但看图 2-9 中电荷移动中分子状态的能级图马上就明白了。

所谓激发态实际上是电荷完全处于中性的状态。而且，通常的离子都是由电子的得失而形成的，从能量上讲，激发态的最高能级被电子填充，因此并不持有**自由基**。

这种有机分子间的迁移称为**跳跃**（Hopping）传导过程［见图 2-8（c）］。从能量图看，分子靠一定的势能才可以分离，因此越过该势垒的电子才能迁移。站在分子间迁移的观点，就容易明白利用作为分子能级的 HOMO、LUMO 的意义。

本节重点

（1）有机分子藉由范德瓦耳斯力实现结合。
（2）有机分子间的电荷移动。
（3）所谓跳跃传导是指电子在分子之间的跨越。

图 2-8 范德瓦耳斯力与能带

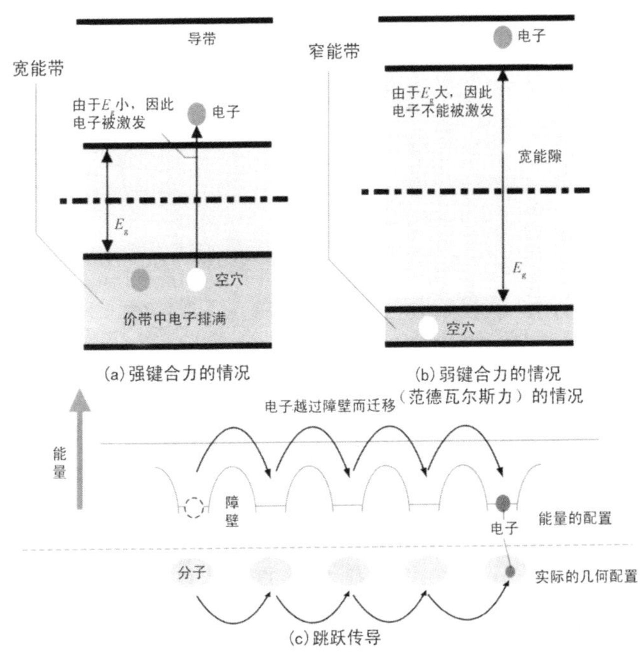

(a)强键合力的情况 (b)弱键合力的情况（范德瓦尔斯力）的情况

(c)跳跃传导

图 2-9 电荷移动中分子状态的能级图

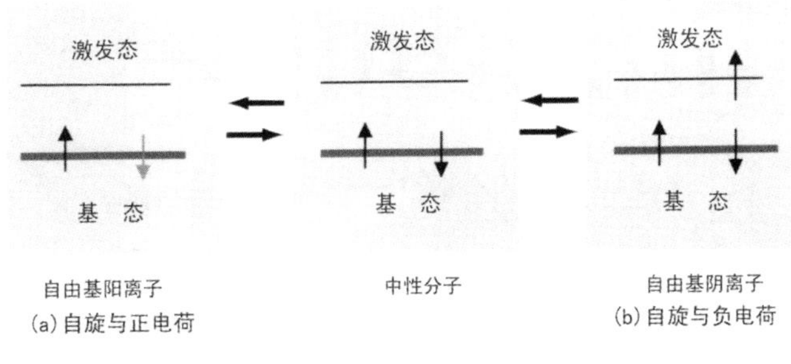

(a)自旋与正电荷 (b)自旋与负电荷

2.2.3 载流子迁移率的测量方法

有机 EL 中要利用载流子传输层，决定这种材料好坏的参数之一是载流子迁移率。作为载流子迁移率的测量方法，已知的有下面四个（见图 2-10）。

① 飞行时间（Time-Of-Flight，TOF）法。

② 电荷衰减法。

③ 场效应三极管（Field-Effect Transistor，FET）法。

④ 时分解微波电导测量(Time-Resolved Microwave Conductivity，TRMC）法。

其中，电荷衰减法是先通过电晕放电得到表面电荷，再通过测量表面电荷的光衰减过程，估计载流子迁移率。FET 法是将有机薄膜做成场效应三极管，再评价该材料的载流子迁移率。由于这种方法是以薄膜的形式测量的，因此明显优于其他方式，但是这种方法的难点是，电极形状的几何参数对 FET 迁移率会产生影响。TRMC 法不像其他方法那样需要电极，能进行无电极测量，十分方便。

回过头来再看 TOF 法，在一方的电极侧，借由光脉冲发生片状电荷，通过电场在相反侧对电荷进行引导，从得到的过渡电流波形测定行走时间，进而利用平均电场求出迁移率。借由使引导电场方向发生反转，可以分别测量电子、空穴的迁移率。

有人利用 TOF 法测量了几种空穴传输材料的空穴迁移率（见图 2-11）。无论哪种情况，都可观察到非分散型的、近似过渡型的光电流波形，而且空穴迁移率的大小与电场强度相关，尽管相关性不是很强。若在电场强度为 10^5V/cm（相当于施加几伏的电压）下进行比较，TPD 的空穴迁移率为 1×10^{-3}cm²/(V·s)，a-NPD 略高些，为 1.4×10^{-3}cm²/(V·s)，而 TPTE1 为 4×10^{-3}cm²/(V·s)。说明多量化确实能在一定程度上提高空穴迁移率。

这种方法最早在有机电子学中的应用是从人们关注有机感光体开始的，此后在研究有机材料的载流子传输机制时多有采用。但是，TOF 法的最大缺点是要求使用的试样厚度必须在微米量级，是相当厚的。作为必要条件，光激发的载流子片的宽度与膜厚相比是相当薄的。为做成厚膜，材料需要一定的结构。假如能得到便宜而且大量的有机材料，制作厚膜问题不大，但在只有少量且昂贵的材料的情况下，制作微米量级的膜层有点不太现实。

本节重点

（1）由迁移率估计电导性。

（2）使载流子发生并由电场驱动。

（3）测定载流子迁移率的四种方法。

图 2-10　迁移率及相关测试参量

电流密度　$J=qn\mu E$

由于电流是流经外电路的电荷量表示的，为此需要确定各种物理参数，实际操作较难

q — 载流子电荷量
n — 载流子密度
μ — 载流子迁移率
E — 电场强度

载流子迁移率的测试方法

- 飞行时间法——最常采用的方法
- 电荷衰减法——电荷的发生靠电晕带点
- 场效应三极管法——FET的迁移率
- 时分解微波电导测量法——无电极法，与其他方法相比可直接观测大小

图 2-11　飞行时间法（TOF，膜厚为 d 的试样）

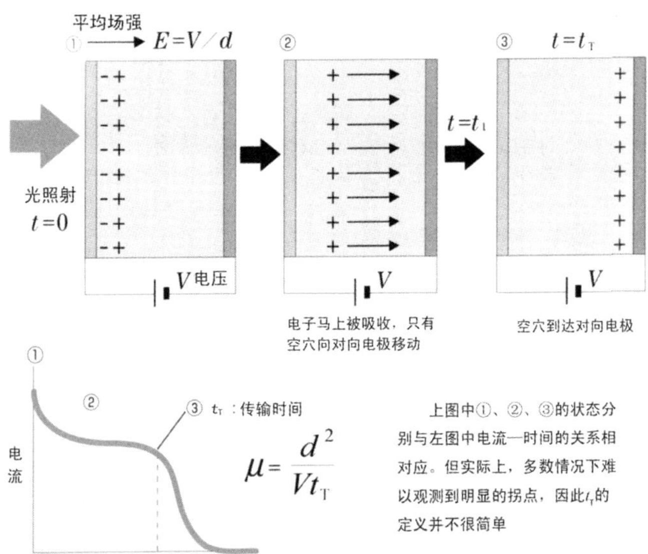

$$\mu=\frac{d^2}{Vt_T}$$

上图中①、②、③的状态分别与左图中电流—时间的关系相对应。但实际上，多数情况下难以观测到明显的拐点，因此t_T的定义并不很简单

名词解释

传输时间：这里所指为载流子片到达对向电极所用的时间。

2.2.4 何谓空间电荷限制电流？

载流子注入会引发何种现象呢？一旦电荷存在，该电荷必然会产生电场。如果从电极以均匀的面状注入电荷，也按片状的面电荷考虑。那么会产生多大程度的电场呢？下面利用高斯定理进行分析（见图 2-12）。

为简化讨论，考虑无限远平面的一部分。设介电常数为 ε，面电荷密度为 w，则电场 E 可以用 $E=w/2\varepsilon$ 来表示。由此可以求出产生 E=1MV/cm 电场的电荷密度 w=5.3×10^{-3}C/m^2。如果用电子数表示，则为 3.3×10^{16}/m^2。设分子的大小为 1nm 上下，1m^3 中存在 10^{18} 个分子，则相当于 100 个分子中注入 3 个电子，就能产生这种程度的电场。

由此可以看出，如果表面注入的电荷不能从表面向膜中输送而是集中于电极附近，由于这种电荷产生的电场会减弱注入电场（同质空间电荷作用）。载流子的迁移率决定了载流子注入。这便是**空间电荷限制电流**（Space Charge Limited Current，SCLC），图 2-13 所示为 SCLC 的表示式。

所谓 SCLC，是单极的电导机制。早年在分析真空二极管的电流时就利用了这种机制。产生 SCLC 的必要条件，一是界面为欧姆接触，二是介电弛豫时间比载流子的漂移时间长。在有机 EL 中，为了适用 SCLC，必须考虑载流子种类是由电子和空穴组成的双极，以及电极界面是真正的欧姆接触。

但是，在电流受 SCLC 支配的情况下，尽管块体中的迁移率也会受到制约，但是试样中有更有效的载流子传输机制。在存在载流子捕获的情况下，电流并不符合电压的平方关系。

本节重点

（1）若迁移率低，则载流子滞留。

（2）载流子迁移率制约着载流子注入，同质空间电荷作用。

（3）载流子高效率流动的空间电荷限制电流（SCLC）。

图 2-12 空间电荷的效果

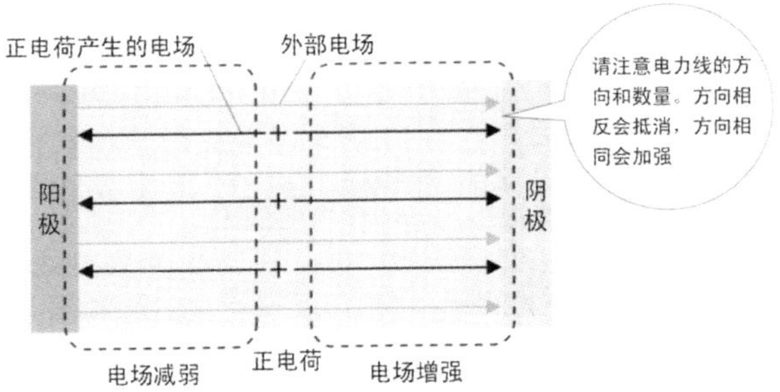

正电荷产生的电场

外部电场

请注意电力线的方向和数量。方向相反会抵消，方向相同会加强

阳极

阴极

电场减弱

正电荷

电场增强

若迁移率低，则载流子迟滞。与电极极性相同的载流子（同质载流子）会汇聚于电极前，致使注入电场变弱，称此为块体（Bulk）效应（型）

图 2-13 空间电荷限制电流（SCLC）的表达式

$$J=\frac{9}{8}\times\frac{\varepsilon\mu V^2}{d^3}$$

注意式中没有载流子密度！

J—电流密度；ε—介电常数；μ—载流子迁移率；V—外加电压；d—试样膜厚

请与1.3.5节中电流密度的公式作比较。本公式中并不存在载流子密度n

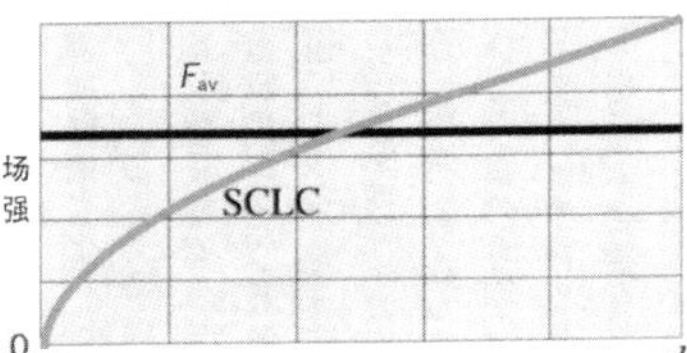

试样中的电场分布（F_{av}为平均场强）

F_{av}是外加电压V除以试样厚度d得到的平均场强。由于SCLC的覆盖，所谓场强比平均场强低，表示由于与电极极性相同的空间电荷作用，使场强变弱。反之，所谓场强比平均场强高，表示由于与电极极性相反的空间电荷作用，使场强变强

利用泊松公式和边界条件（SCLC侧的场强和电位为0），可以得到上式。由于SCLC侧的场强为0，此处的接触并非欧姆接触，从而载流子不能注入。当一方的载流子与另一方向载流子的导电行为相同时，仅由一方的载流子便可分析有机EL的电导

名词解释

单极性：由电子或空穴任一种极性的电荷载流子引起（的电流）。
介电弛豫时间：某种材料中由非平衡状态到平衡状态的恢复时间。
漂移时间：由于电场作用，电子在作为对象的两点间移动所用的时间。
双极性：由电子和空穴两种极性不同的电荷载流子引起（的电流）。

2.3 有机半导体和导电高分子

2.3.1 有机半导体与导电高分子

有机半导体的概念最初是由当时东京大学的赤松秀夫、井口洋夫教授提出的。有机半导体可分为小分子材料和高分子材料两大类，前者是在具有 π 电子的化学结构基础上发展起来的，后者是由单体的 π 电子共轭系聚合而发展起来的。由于导电高分子的发现，日本的白川英树博士和美国的艾伦·黑格（Alan J. Heeger）博士、艾伦·马克迪尔米德（Alan G. MacDiarmid）博士共同于 2000 年获得诺贝尔化学奖。

这些材料导电性的起源在于 π 电子。碳的价电子数是 4，在原子序数为 6 的碳原子中，存在 1s、2s、2p（由 $2p_x$、$2p_y$、$2p_z$ 三个轨道构成）轨道（见图 2-14）。按从下往上（位置是从内向外，能量是从低向高）的顺序填充电子，则 2p 轨道有两个电子，似乎价电子有两个。但实际上，2s 轨道的两个电子与三个 2p 轨道的两个电子构成具有四个键的 sp^3 杂化轨道。该轨道的形状是，C 原子位于正四面体的重心，四个顶点向外伸出。由于四个轨道中的每一个具有完全相同的能量，每个轨道配置一个电子，从而是四价的。仅由 sp^3 杂化轨道构成的有机材料是绝缘体。

但是，在杂化轨道中还有不同的情况，由一个 s 轨道和两个 p 轨道，及由一个 s 轨道和一个 p 轨道也可以构成杂化轨道。前者称为 sp^2 杂化轨道，其形状为碳原子位于正三角形的重心，三个轨道分别向着正三角形的三个顶点；后者称为 sp 杂化轨道，两个轨道分别向着以碳原子为中心的直线两侧。由这些杂化轨道构成的键即为 σ 键。

显然，在 sp^2、sp 杂化轨道的情况下还有剩余的 p 轨道。对于前者，剩余的 p 轨道与 sp^2 杂化轨道所在的平面相垂直，称这种电子为 π 电子。苯环的 6 个碳原子由 6 个 sp^2 杂化轨道构成，而 π 电子相互重叠。这种 π 电子的重叠会产生溢出效应，从而 π 键扩展，进而产生导电性和发光性。

本节重点

(1) 有机物的导电性起源于 π 电子共轭系。

(2) 重要的是 sp^2 杂化轨道。

(3) 扭曲可以切断 π 电子的联系。

图 2-14　碳元素 $_6C$ 的电子配置

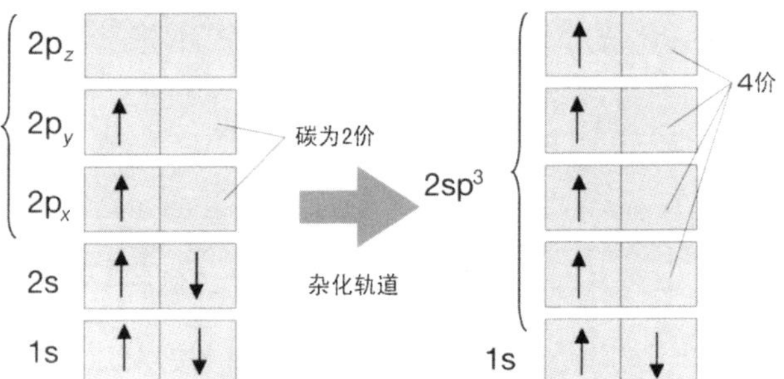

电子在各自的轨道上可以配置自旋方向相反的两个。而且，在能量相同的轨道上，电子开始是一个一个地配置。除了sp^3杂化轨道之外，还有sp^2、sp^1杂化轨道

对于导电功能的发挥，π 轨道特别重要，sp^2杂化轨道是关注的重点

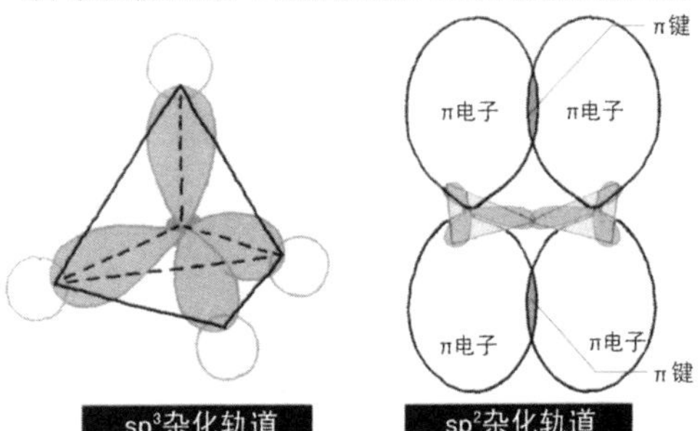

sp^3杂化轨道

这种轨道的形状特点是，C原子位于正四体的中心，其四个sp^3杂化轨道向四个顶点伸出

sp^2杂化轨道

π 轨道由剩余的p轨道构成。若 π 电子（轨道）重叠，则构成 π 键

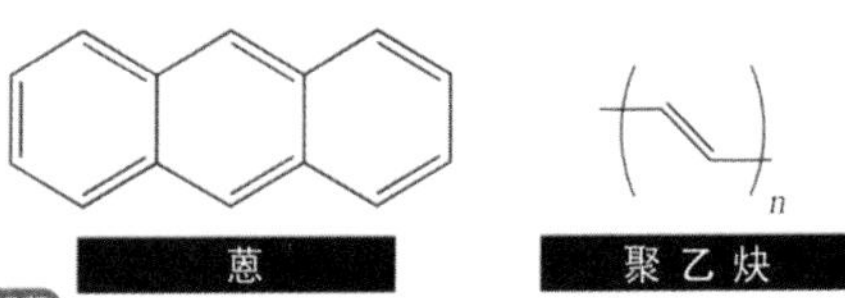

蒽　　聚乙炔

名词解释

π 键：由 π 电子重叠而形成的键。由于是立体的重叠，因此螺旋性弱。

2.3.2 有机材料的 P 型和 N 型

对于无机半导体来说，P 型和 N 型是由多数载流子的极性决定的。在有机半导体中也有表现为 P 型和 N 型的电荷载体，但已失去原来空穴及电子作为载流子的很多意思。这是因为有机物本来是绝缘体，其中本征载流子的密度极小。如图 2-15 所示为 P 型与 N 型的不同。

在有机材料的情况下，如图 2-15 所示，所谓 P 型是指空穴容易流动的意思；与之相对，如果是 N 型，则指电子容易流动的意思。按照这种说法，如果在 P 型弱的材料上积层 P 型强的材料做成器件，弱的 P 型材料也可以看作是 N 型。也就是说，P 型和 N 型是相对的，到底谁是 P 型，谁是 N 型，看来要通过 2.2.3 节中介绍的载流子迁移率的测量才能判断。而且，即使是同一种材料，依与其配合使用的电极材料不同，既可以易于电子流动，又可以易于空穴流动。这样看来，有机材料半导体与无机半导体的差别还是蛮大的。

而且，稍微麻烦一点的是，也有些人说，有机材料也可以由 P 型和 N 型的积层膜做成，形成所谓的“PN 结”（见图 2-16）。使作为空穴传输材料的蒽衍生物与 Alq_3 相组合的元件就是典型实例。对于无机半导体来说，单晶自不待言，即使非晶态材料，在其 PN 结的界面都是由共价键形成的，而有机材料的场合，并非这样简单。姑且是等同于“贴合”的界面，原来用于描述无机半导体的名词术语系统，就不能原封不动地套用。实际上，利用叠层（Laminate）工艺制作有机器件的研究开发一直在进行之中。

尽管这种有机的“PN 结”具有整流性，但对其也有提请注意之处。假如将有机薄膜用与之不同（异质）的电极夹于其中，来测试电流 - 电压特性，一定会得到整流特性。这里的所谓界面，对于电子器件来说，是获得所需功能的重要因素。今后，还需要更深入的研究。

本节重点

(1) 无机半导体由多数载流子的种类来分类。
(2) P 型有机材料是空穴容易流动的材料。
(3) N 型有机材料是电子容易流动的材料。

图 2-15 P 型与 N 型的不同

空穴多➡P型杂化轨道

电子多 ➡ N型

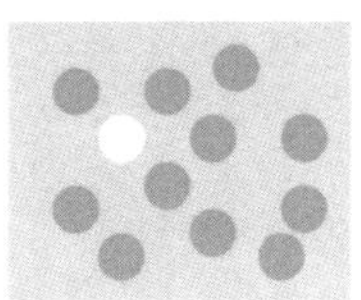

无机半导体的P型、N型由多数载流子决定

图 2-16 有机材料的 PN 结

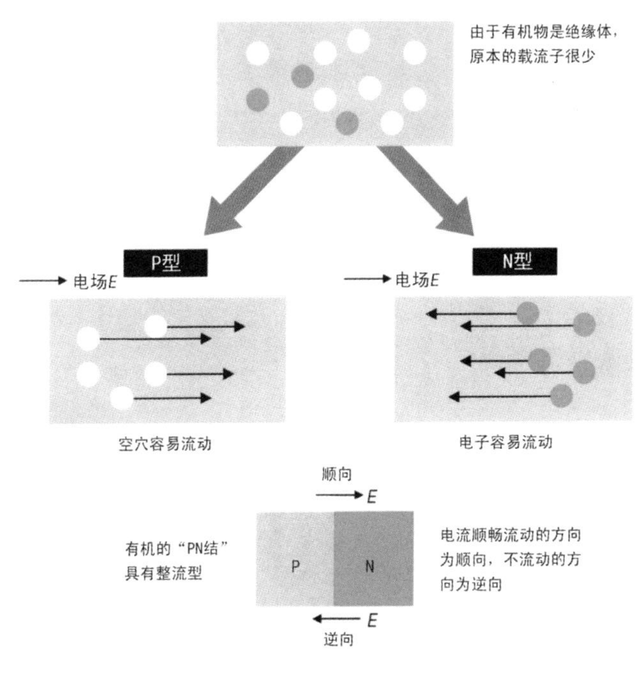
由于有机物是绝缘体，
原本的载流子很少
P型
电场E
N型
电场E
空穴容易流动
电子容易流动
顺向
E
P
N
E
逆向
有机的“PN结”
具有整流型
电流顺畅流动的方向
为顺向，不流动的方
向为逆向

2.3.3 光吸收与发光

有机 EL 的发光并非单色光（只包含特定波长的光），有必要了解它的波长分布。以横坐标为波长（在可见光范围内用 nm 为单位），以纵坐标为 EL 强度，将其按波长描绘于坐标系中，便得到 EL 谱线 [见图 2-17（上）]。不按波长，而是按能量描绘曲线的情况也是有的。波长与其对应的能量 E 间有 $E=hc/\lambda$ 的关系 [见图 2-17（中）]。式中，h 为普朗克常数 6.626×10^{-34}J/s；c 为真空中的光速 3.0×10^{8}m/s。由于能量与波长的倒数呈正比，若横坐标为能量，则与波长的标记有左右大小相反的关系。

若按 PL 强度作图，便得到 PL 谱。当某种有机材料作为有机 EL 的发光材料而使用时，通过测试其 PL 谱，就可以对其性能作大致预测。EL 谱与 PL 谱的不同在于，前者半高宽（光谱峰值 50% 所在位置的横轴参数之差）更宽些，短波长（高能量）侧的 EL 成分变小，可以看到新的 EL 成分等。

另外，材料的吸收谱也是重要的参数。基态、激发态的能级并非单一能量，而是具有称为振动能级的微细结构。如图 2-17（下）所示，从最下方的能级开始，可以分别将其编为 0、1、2、3…序号。为了与激发态相区别，后者右上角加一撇，如用 0′ 表示。在基态，0 序号（最低）的振动能级上存在电子，因此，会吸收与激发态所有的振动能级间的能量。由于能量吸收而被激发的电子，会瞬时放出能量而迁移至激发态最低的振动能级（弛豫现象）。在激发态的定常状态下，0′ 序号（最低）的振动能级上存在电子，因此，会与基态的所有振动能级间发光。为了对此进行表示，吸收时发生的是 0 → 0′，0 → 1′，发光时发生的是 0′ → 0，0′ → 1。吸收谱与 PL 谱间存在简单的镜像关系。但是，若基态与激发状态下的分子位置差异很大，则形状会有很大的变化。

本节重点

(1) 由波长（光能）表示的量——光谱。

(2) 有机 EL 的基本信息——PL 谱。

(3) PL 谱由吸收谱读取。

图 2-17　EL 光谱

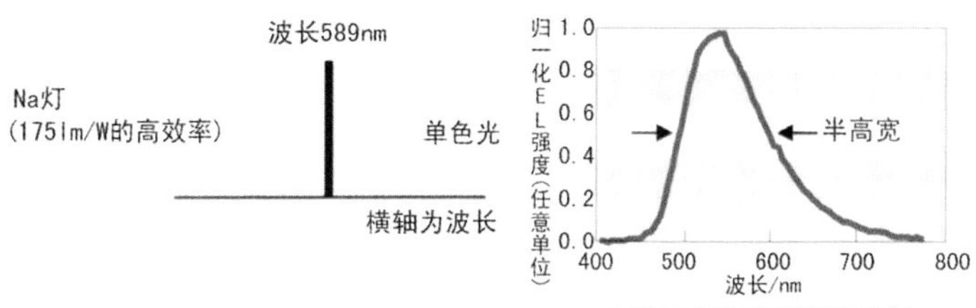

有机EL为宽型光谱

$$E_{eV}=\frac{hc}{\lambda}=\frac{1239.8}{\lambda_{nm}}$$

波长与能量间的关系式

E_{eV}—能量；λ—波长；h—普朗克常数(6.626×10^{-34}J/s)；c—光速(3.0×10^{8}m/s)

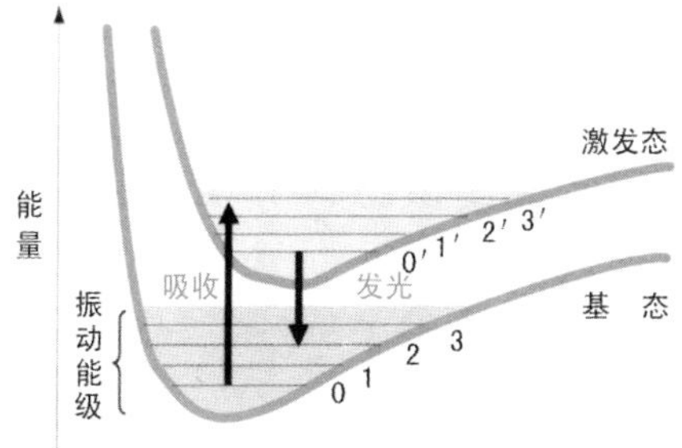

吸收是电子从基态最下方的0振动能级向激发态各个振动能级的迁移

发光是电子经过弛豫，从激发态最下方的0′振动能级向基态各个振动能级的迁移

分析的基态与激发态的能量图

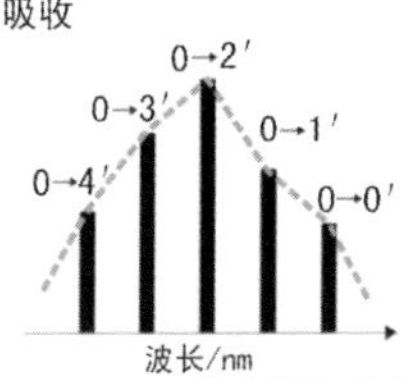

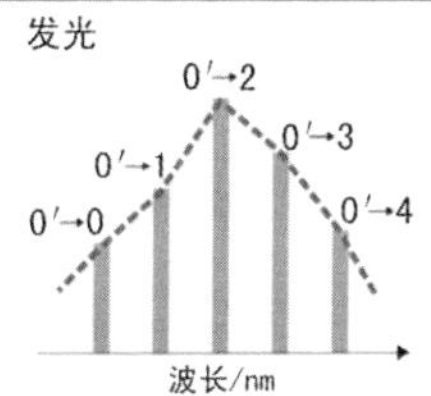

发光谱与吸收光谱形状间呈近似镜像关系

2.3.4 如何评价OLED发出的光

由于难以直接测量元件中流动的电荷量，一般是测量与元件相连接的外电路中流过的电流。这是基于电流连续性定律的概念：闭合回路中流动的电流，其电流强度的大小与位置无关，处处相同。而在过渡状态下，即使实际上元件中没有电荷通过，但只要有电荷移动，在外电路中仍然会有电流流动。

这作为位移电流可被观测到，即使位移电流很大，但对发光却没有贡献。在正常状态下，空穴从阳极、电子从阴极被注入。电子和空穴分别向着对向电极移动，若被对向电极吸收，二者会加和，对总电流做出贡献。但如果在途中空穴与电子发生复合，两个载流子的移动轨迹会相互组合，形成一股电流。

通常导线等的电阻与元件电阻相比要小得多，故可以忽略不计，但当电流值很大时就不能忽略，外加电压就不等于施加在元件上的电压，需要进行校正。

光谱需要用光谱计进行测量。传统的测量方式是利用光谱计在对波长选择的同时测定光强度，因此会受到元件经时变化的影响。现在多采用二极管阵列式分光计进行测量，可以避免上述问题的发生。

如果仅关注光强度正面的值，在有些情况下会出现问题。电力发光效率（lm/W）及外部量子效率一般可以借由正面辉度来评价，但若将光源看成点光源，其角度辐射可以近似看成球状的Lambertiana分布。明显的多层结构及干涉效应的导入会使这种辐射分布发生畸变，从而不能正确地测量。

图2-18所示为正面辉度和角度辐射分布的测定方法，图2-19所示为角度辐射分布测量的实例及发光效率的定义。注意这里的“发光效率”（确切讲应该是“发光效能”）并非按传统意义以百分数表示，而是指电流效率/电流辉度效率/电流发光效率和电力发光效率，前者的单位是cd/A，后者的单位是lm/W。

本节重点

（1）电学物理量有电压、电流等。

（2）光学物理量有光强度、强度谱等。

（3）光谱由分光器测量。

图 2-18 正面辉度和角度辐射分布的测定

电学物理量 电压、电流(电流密度)
光学物理量 辉度、光能、光谱
} 实际可测量的物理量

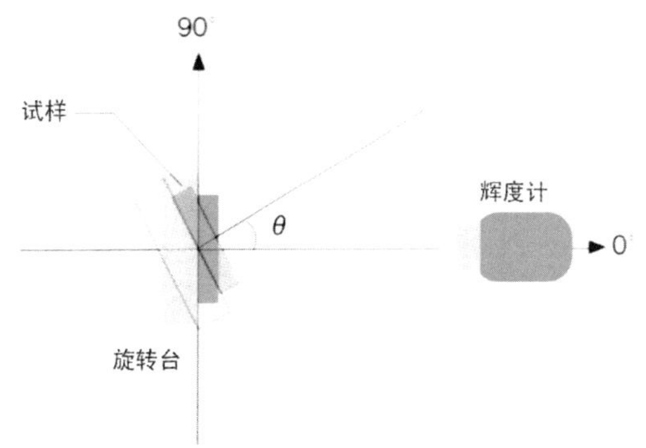

使辉度计移动也可以测量，但使试样旋转更为简单
测量要在暗室中进行

图 2-19 角度辐射分布测量的实例及发光效率的定义

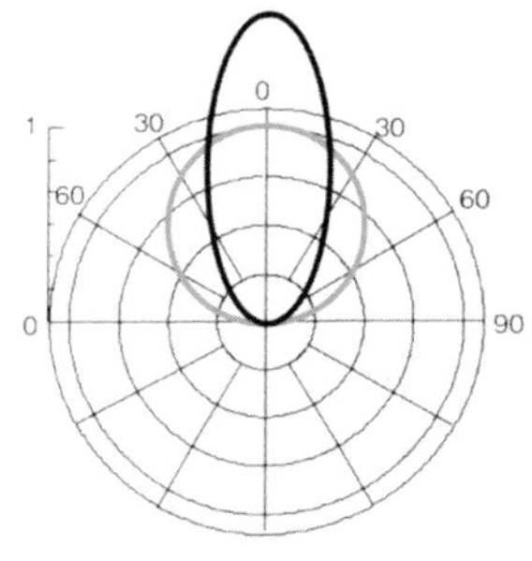

角度辐射分布的实例
图形分布是称为Lambertian的理想的辐射分布

对于形状不同的情况，若利用正面辉度来评价EL的量子效率，则容易产生误差

经常使用的发光效率/单位	定 义
电流效率/电流辉度效率 电流发光效率/(cd/A)	正面辉度(cd/m²)除以电流密度(A/m²)
(电力)发光效率/(lm/W)	发光面发出的总光通量除以输入功率

名词解释

Lambertian:指满足朗伯(Lambert)余弦定理关系的状态。$I_\theta = I_n \cos\theta$。式中，$I_n$为某微小面的法线方向的强度；$\theta$为与法线的夹角；$I_\theta$为$\theta$方向的强度。

2.3.5 关于辉度和照度

在电子显示领域，辉度和亮度具有不同含义。**亮度**是显示屏显示的**辉度**在人眼中明亮程度的感觉。一般来说，亮度与辉度的三次方根成正比，因此辉度越高，显示的画面越亮，特别是在明亮的环境下也能清楚地观看。电视画面的亮度有整屏亮度和峰值亮度之分，而且亮度的单位一般不用 cd/m^2，更多地是采用 nt（$1nt=1cd/m^2$）。

光的强度若单纯地以每单位波长的光子数表示，当入射（光子）数相同时，光的强度也相同。但是，若接受光的对象是人的眼睛，则情况并非这样简单。因为人的眼睛在亮的环境下，对绿色有更强的感知，而对红色和蓝色的感知要弱得多。表示人眼对不同波长感度的特性称为**视感度**。视感度在亮的环境（亮处）和暗的环境（暗处）有若干差异，且每个人的视感度也不尽相同。

如图 2-20 所示，明亮处**标准比视感度曲线**在波长 555nm 处出现峰值，相对于此的短波长侧和长波长侧，视感度都明显下降，如 450nm 的蓝光下降为 0.038，而 700nm 的红光下降为 0.004。再看暗处的标准比视感度曲线，是整体向短波长侧移动，其中峰位移至 507nm 处。这样，以每单位波长的光强度（等于分光辐射强度）再经过人眼的强度滤波后，即为**分光光度**（单位是 nt）。虽然辉度计是测量辉度的装置，但将测量得到的分光辐射强度再经演算以估计亮度的仪器类型也是有的，不过便宜的一种是利用滤波器进行视感度校正。

假设发光材料相同，且只测定正面辉度，则可进行大致的比较。一定电流流过时的辉对比，即单位电流的辉度 cd/A 的表现是重要的参数。当元件结构有大的变化，或发光材料变化的情况，不是采用亮度，而是采用外部量子效率来评价。

着眼于光子（Photon）的测量方法也十分重要，但这种测光的基础是利用了光通量的性质（测光量并非纯粹的物理量，而是含有人感觉、感性的量）。从光源的光束发散度是以流明平方米（lm/m^2）为单位。离光源距离为 r（m）处的照度等于光度除以距离的二次方。图 2-21 所示为辐射量与测光量间的对应关系。

本节重点

（1）辉度是受视感度影响的，单位是坎德拉每平方米（cd/m^2）。
（2）照度的单位是勒克斯（lx）。
（3）光通量的单位是流明（lm）。

图 2-20 明亮处标准比视感度曲线

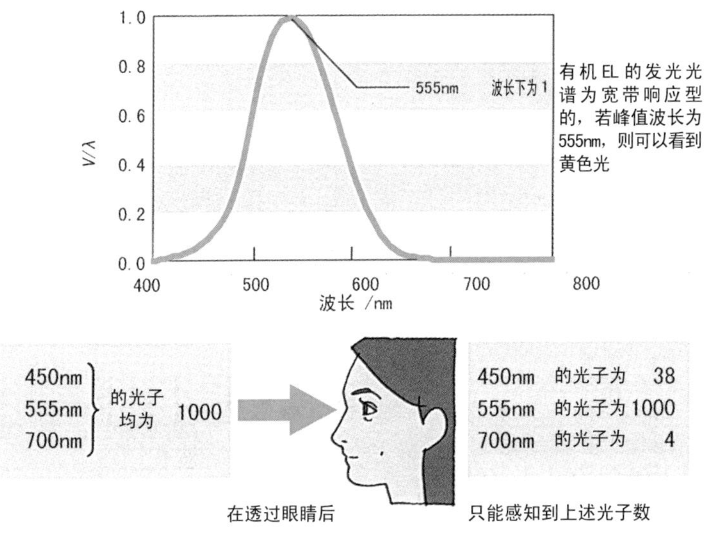

使辉度计移动尽管可行，但使试样转动更方便些。测定要在暗室中进行

图 2-21 辐射量与测光量间的对应关系

辐射量（纯物理量）	测光量（心理物理量）
辐射功率 / W	光通量 / lm
辐射强度 /(W/sr)	光度 / cd
辐射辉度 / [W/(sr • m²)]	亮度 /(cd/m²)
辐射照度 /(W/m²)	照度 /lx
辐射发散度 /(W/m²)	光束发散度 /(lm/m²)
辐射能 /J	光量 /(lm • s)

2.3.6 光与色的关系

下面让我们看看光与色的关系。正如人们通常所言，光从短波长向着长波长，按紫、蓝、绿、黄、橙、红变化。这些不同波长的光射入我们的眼中，便有彩色的感觉。太阳光及荧光灯等发出的是含有各种不同波长的光，给人以透明感，称这种光为白光。如图 2-22 所示。

被称为色的三原色是红、蓝、黄 [若以印刷机的油墨而论，分别为品红（Magenta）、蓝（Cyan）、黄（Yellow）]。三色相混色，会变为黑。为什么苹果看起来是红色的，而树叶看起来是绿色的？之所以看起来是红色的，自然是由于有红色的光反射，而绿色的，自然是由于有绿色的光反射所致。而其以外的光被物质所吸收。因此，若反射各种各样的光，则看起来就是白色的。如果所有的光都不反射，即全部被物质所吸收，则看起来就是黑色的。

光的色是如何表现出来的呢？表现由波长所决定的色相的，则作为光源色。为了将其数值化，在照明领域多采用相关色温度来表示。所谓 CIE 是 Commission Internationale deI′Ecairage（国际照明委员会）的缩略语。

读者若想详细了解，请参阅专门书籍。简单地说，是利用由三个等色函数定义的 X、Y、Z 刺激值（三刺激值）决定称为 x 和 y 的色度坐标。如图 2-23 所示，光的波长与色度的关系由类似于三角形的色度图表示。图形四周的数字表示具有该波长的单色光的位置。在此坐标系的中部有一个三角形，它大体上表示由 NTSC 所表现的色范围。利用 NTSC 并不能表现该三角形以外的色。色度坐标 (0.33, 0.33) 即作为完全白色光的色度。

本节重点

(1) 光的三原色为红、绿、蓝，色的三原色为红、黄、蓝。
(2) CIE 坐标与波长的关系。
(3) 色是由吸收和反射决定的心理现象。

图 2-22　可见光的波长

紫外线	紫	蓝	绿	黄	橙	红	近红外线

波长　380　430　490　550　590　640　770　/nm

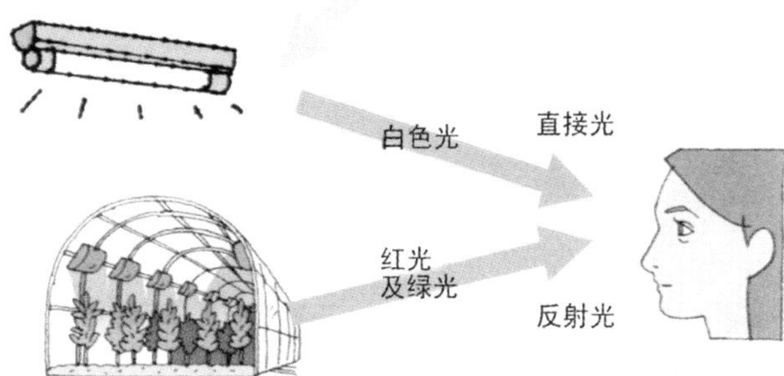

白色光是含有各种波长的光。例如：太阳光、白炽灯光

图 2-23　色度坐标系和波长

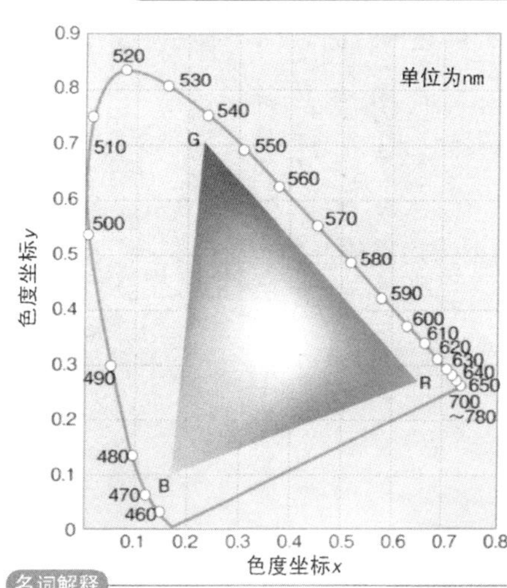

图形周围的数值表示单色光的波长。EL谱中并不存在峰值波长。中间的三角形表示由NTSC所表现的色范围。采用NTSC方式不能表现三角形以外的色

名词解释

NTSC方式：在模拟式彩色电视方式中，有NTSC(始于日本，受美国影响强的区域)、PAL(西欧及英国影响强的区域)、SECAM(含俄罗斯、东欧，受法国影响强的区域)三种方式。NTSC与其他方式相比，每秒的帧数多，而扫描线少，为525条。

2.3.7 OLED 用材料依用途不同而异

小分子有机EL (OLED) 多采用复杂的多层结构 (见图2-24)，而高分子有机 EL 采用简单的结构（见图 2-25）。下面以 OLED 为例说明多层结构中所采用的各种材料。

OLED 是按需要由多层有机、无机材料堆叠而构成的，每层材料各司其职，担当不同的功能。对于阳极和阴极来说，至少要有一种是透明的，以便光透过。多数情况采用透明阳极（ITO）。

从阳极侧要注入空穴（等同于从元件侧的有机材料中夺走电子），为此需要采用空穴注入层。

空穴注入层的后面是空穴传输层。对此，通常选用空穴迁移率高的材料，但还有一点，阻挡从发光层流出的电子也十分重要。为了阻挡电子，要求空穴传输层的 LUMO 要比发光层的低，且电子迁移率要非常小。另外，依元件不同而异，有的采用两种以上的空穴传输层。

下一层是发光层，又采用单一种材料的情况，但更多地是采用两种以上材料混合的情况（主材料 + 客材料），请参照 2.4.1、2.4.3、3.3.3 节。

对于发光层来说，不仅必须要注入空穴，而且必须要注入电子。从阴极向发光层供给电子的是电子传输层。电子传输材料的 LUMO 比发光层的能量高为好。为了抑制空穴由发光层流出，电子传输材料的 HOMO 比发光层的高为好。而且，对于电子传输材料来说，电子迁移率高的为好。

不利用电子传输层的发光元件也是有的，但是采用电子注入层的元件却占压倒多数。电子注入层的作用促进电子由阴极向发光层的注入。

最后是阴极。一般是采用功函数低的金属，但对于阴极侧要求透明的情况，通常采用极薄的金属层与透明电极相组合的构造。

综上所述，可以看出，OLED 用材料依用途不同而异的情况。

本节重点

(1) 用于载流子注入的载流子注入层。
(2) 用于载流子传输的载流子传输层。
(3) 用于发光的发光层。

图 2-24 小分子有机 EL 复杂的多层结构

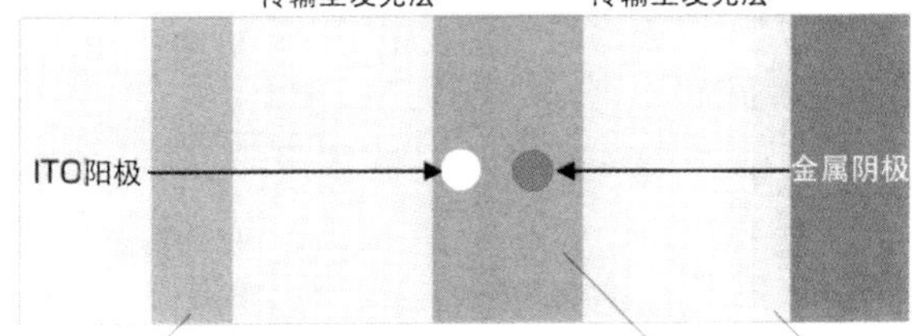
空穴传输层：
使空穴高效率地
传输至发光层
电子传输层：
使电子高效率地
传输至发光层
ITO阳极
金属阴极

利用干法工艺（不利用溶剂）的小分子有机EL便于进行多层积层。因此，每层的膜厚及能量的关系都可以精准地做到最佳化

发光层采用喹啉铝配合物（Alq_3）的场合，虽有其兼做电子的传输层和发光层的说法，即使并非特意这样做，效果也相当不错

空穴注入层：
改善空穴传输层与ITO间HOMO的关系

发光层：
PL量子效率高，发生复合

电子注入层：
促进从阴极的电子注入

图 2-25 高分子有机 EL 简单的结构

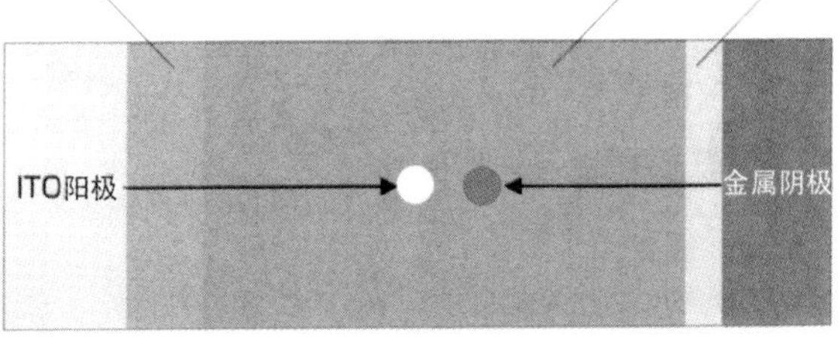
ITO阳极
金属阴极

对于利用可溶性高分子的有机EL来说，积层几层都并非简单，而且多层化对于制作工艺简约化的高分子有机EL来说并非其优势所在

2.4 有机半导体电致发光材料

2.4.1 发光材料有小分子、高分子材料之分

对于功能性有机材料来说，也同结构性有机材料一样，按低分子、高分子进行分类似乎有些强制性。之所以这样认为，由于 π 电子共轭系发达，链节单元具有相当大的分子量，从平均分子量看，经常见到的并没有很高的聚合度(10 以下)。而按分子量分布进行分类说不定更本质（见图 2-26）。小分子材料更容易精制，从分子量分布看，基本上是单一的。因此，即使结构相同，如果存在像二聚物那样的不同分子量的组分，则认为其为不纯物。

高分子材料具有宽广的分子量分布（见图 2-27），即使链节单元数不同，也不认为是不纯物。由于具有分子量分布，因此可形成具有良好机械特性的物件。高分子材料若采用真空蒸镀制作，链节单元会切断，有损于原有的性质。

按发光形态有荧光和磷光（2.1.3 节），以此可对材料进行分类：有小分子荧光材料、小分子磷光材料、高分子荧光材料、高分子磷光材料。

业界常听到，利用高分子的可溶性，高分子有机 EL 一般由印刷、喷涂等方法制作，而小分子有机 EL 由真空蒸镀法制作。由于高分子主链间存在相互作用，平衡这种相互作用并非简单。而且高分子有机 EL 中用的导电性高分子主链中多数含有芳香环，由于主链间的相互作用强，从而可溶性低。但是，又不能采用真空蒸镀。为了摆脱难溶而不能成膜的困境，人们通过分子设计以提高可溶性，使高分子材料物当其用。通常的小分子材料并不特意导入可溶性的构成部分，从而可溶性低。为此，如果希望通过印刷、喷涂等方法制作低分子有机 EL，可以与可溶性通盘考虑，通过分子设计，一同加以解决。

本节重点

(1) 高分子材料和小分子材料。
(2) 从发光形态看有荧光和磷光。
(3) 可溶性高的材料便于分子设计。

图 2-26　分子量与高分子

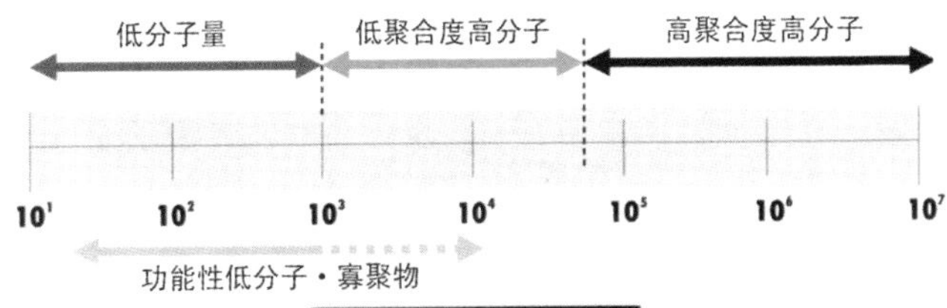

图 2-27　分子量分布的比较

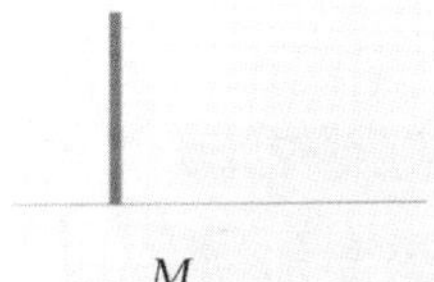

小分子有机EL材料

单一的分子量

假如分子结构确定，分子量的值就是一定的。如果发现不同的分子量，便可以断定其为不纯物。例如，结构相同的分子发生结合的情况，称其为二聚体，它也是不纯物

nM_w

高分子有机EL材料

分子量呈一定分布

由于由单体单元（其分子量为M_w）聚合而成，多数情况下，其分子量是M_w的n倍。分子量的分布并非横轴的线性关系，而是按对数表示

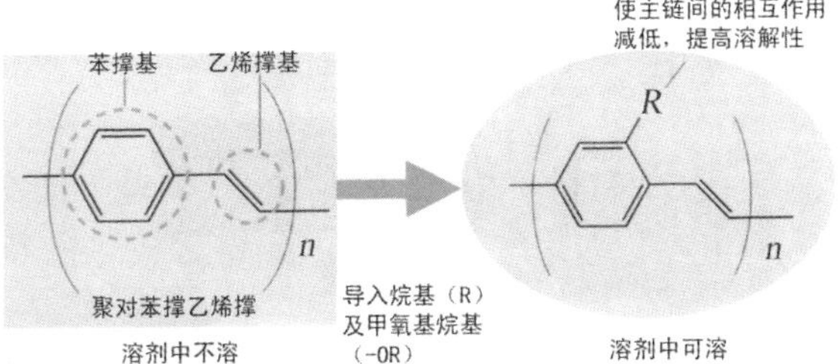

名词解释

单体单元：Monomer Unit。单体聚合物情况下的骨架单元。
二聚体：Dimer。由两个单体连接而成。

2.4.2 代表性的发光材料

发光层是有机 EL 中的最核心的部分，其中使用的材料决定着发光效率。作为发光层，迄今为止人们一直不懈地在小分子荧光色素、高分子以及金属有机配合物等各种各样的有机物中进行探索。其选择标准主要有：能发挥高的发光量子效率、成膜性好、载流子传输性优良等。

首先分小分子系和高分子系加以说明。

图 2-28（a）中所示为小分子系的几种代表性材料。作为荧光发光材料有多种，但喹啉铝配合物（Alq_3）使用得最多。这其中的原因主要有：喹啉铝配合物的电子迁移率比较高（$10^{-5}cm^2/Vs$），蒸镀成膜不会发生针孔，容易获得极平滑的膜层，而且耐热性也高等。另外，由于铕配合物的光谱具有极尖锐的峰值，作为红光发光体而受到关注。

高分子材料比之小分子材料，由于材料本身强度高，因此从器件牢固耐用方面占有优势，而且可以采用涂布等方法制造，工艺简单，价格便宜。

PLED 所用的高分子系材料，大体上可以分为两大类。

① π 共轭系聚合物。

② 含色素系的聚合物（非共轭系聚合物）。

π 共轭系聚合物是指在主链上具有 π 共轭扩展结构的聚合物。这些高分子（聚合物），例如聚乙烯等，已成为导电性及非线性光学特性的研究对象，但是由于这些研究并未获得所期望的进展，因此许多的 π 共轭系聚合物的研究者进入到 PLED 研究领域。

图 2-28（b）所示为代表性的 π 共轭系高分子（聚合物）。主链上重复“碳 - 碳单键和双键结合”，而 π 共轭扩展。由于具有刚直的主链，这些高分子材料多数缺乏溶解性。作为侧链长出长长的须，致使高分子链间的相互作用减弱，从而容易在溶剂中溶解。

含色素系的聚合物（非共轭系聚合物）是使低分子系（色素）材料实现高分子化的材料。其特征是，载流子传输性及发光性等都与低分子材料保持不变。即使对于发光色来说，自由度也很高，从蓝到红，包括白光都能实现。

图 2-28（c）所示为含有低分子色素的聚合物的实例。

本节重点

(1) OLED 发光层材料的选择标准主要有哪些。

(2) Alq_3 作为发光层材料的优点有哪些。

(3) PLED 所用的高分子系发光材料有哪两大类。

图 2-28　一些代表性的小分子系发光材料

Alq$_3$　　Almq$_3$　　DPVB$_i$

(a) 低分子系的代表性材料

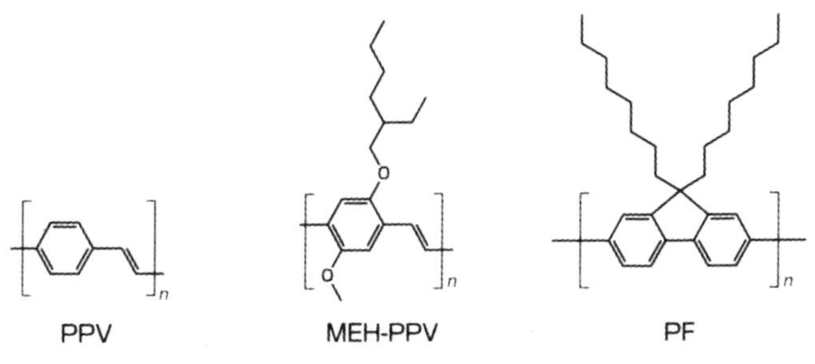

(b) 高分子系的代表性材料（π共轭系高分子聚合物）

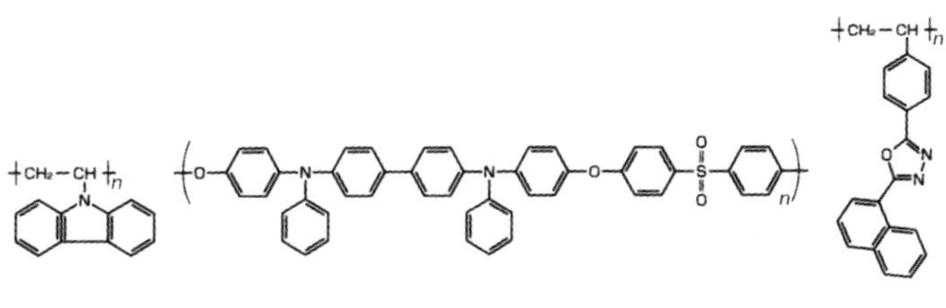

借由低分子色素（小分子材料）聚合化而实现。非 π 共轭（聚合物）

(c) 高分子系的代表性材料（含有低分子色素的聚合物）

2.4.3 小分子发光材料的结构及发光机制

有机材料的发光起源是π电子的共轭系。首先让我们讨论其与发光色的关系。为了确认π电子共轭系的范围，看看紫外可见光吸收就清楚了。π电子共轭系的范围越宽，越向长波长领域吸收。针对完全不同的化学结构，当然难以进行简单的比较，但如果基本骨架相同，就可以按π电子共轭系的范围进行上述评价。一般来说，π电子共轭系的范围小时，会发射短波长的光，范围大时，会发射长波长的光。

图 2-29 所示为分子结构与发光色。可以看出，随着苯环的数量增加，吸收峰和发光波长逐渐向长波长移动。但是，即使苯环的数量相同，但其相互组合的形状不同，情况也不一样。现在随着计算机模拟技术的发展，即使是相当复杂的结构也能对其吸收和发光进行预测。

图 2-30 所示为小分子有机 EL 材料实例。其中，被称为喹啉铝（Alq_3）的色素是邓青云博士最早利用的典型荧光材料中的一种。尽管这种材料的 PL 量子效率仅有 0.2 左右，并不属于优良的发光材料，但是作为产生浓度消光的客色素（例如图中所示的衍生物 DCM 和衍生物 C540）的主材料，却获得广泛应用。而且作为电子传输材料也有广泛应用，它便于成膜且膜质稳定，是一种非常重要的材料。

蓝光荧光色素，还有目前仍不能获得足够长寿命的磷光蓝光色素，事实上都是极为重要的。图 2-30 红虚线圆圈所围的是 RGB 三原色的典型磷光色素。$Ir(ppy)_3$ 被称为吡啶基苯基 Ir，是磷光材料中最基本的材料。红光磷光材料与荧光材料相比，无论在效率还是寿命方面都略胜一筹，因此在显示器中广泛采用。

本节重点

（1）万能的喹啉铝金属配合物 Alq_3。
（2）令人惊异的铱金属配合物 $Ir(ppy)_3$。
（3）发光材料的发光效率和耐久性每年都在提高。

图 2-29　分子结构与发光色

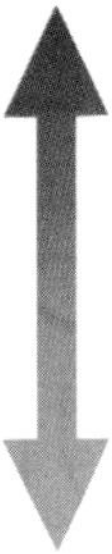

		PL峰波长	PL量子效率
	苯	**283 nm**	**0.07**
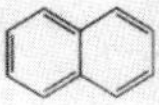	萘（并苯）	**321 nm**	**0.29**
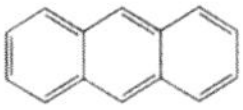	蒽（并三苯）	**400 nm**	**0.46**
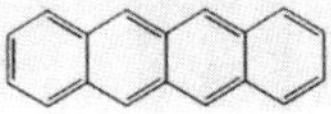	丁省（并四苯）	**480 nm**	**0.60**

随着苯环数目的增加（π 共轭系变宽），EL逐渐从紫外向紫、蓝变化。

图 2-30　小分子有机 EL 材料实例

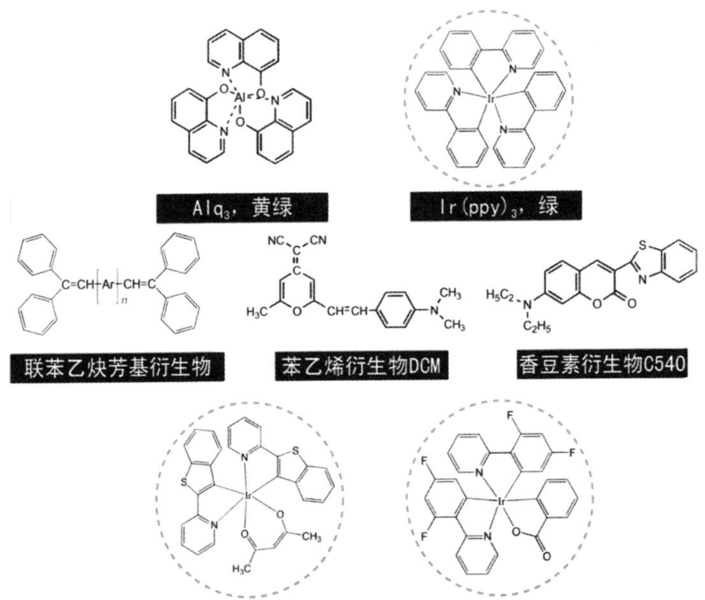

2.4.4 能量转移和载流子捕获

有机 EL 是由来自阳极的空穴与来自阴极的电子发生复合而得到发光的，但在仅存在一种分子的情况下，是借由这种有机分子发生的复合，形成激发态而发光。那么，当两种以上的分子存在时，情况又将如何呢？

实际上，发光层由多种分子组成的情况并非少见。通常是采用共蒸发法形成多层膜，以掺杂层的形式来利用。一般是维持层结构，称承担载流子传输功能的有机材料为**主材料**，称决定发光色的有机材料为**客材料**。在有些情况下，在主、客材料之外，还增加另一种类的**辅助材料**。

关于发光过程，一般有两种考虑。一种是由主分子发生复合，其能量向客分子迁移，使客分子发光，称此为“**能量转移模型**”，如图 2-31 所示；另一种是，原先相对于主分子来说，无论哪种载流子都可容易稳定存在的客分子中，即使一种载流子被捕获，另一种载流子也会发生复合，称此为“**载流子捕获模型**”（见图 2-32）。对于捕获模型来说，如果中性分子中一种载流子被捕获（假如电子被捕获，则该分子 M 变成 M^+），这种电荷当然与其他载流子间会产生库仑力作用。借由带隙中存在的发光中心发光的情况居多，这与此类似。

能量转移模型的基础是偶极子 – 偶极子相互作用。即使在激子的扩散中，能量的授受也是非常重要的物理机制。借由给出能量的分子与接受能量的分子间的共振效应而发生。称此为佛斯达（Förster）机制，其概率与二者距离的六次方成反比。另一个重要的因素是两个偶极子的取向因子，在相互正交的情况下，由于不能发生共振，从而不能发生能量转移。在三线态能级下是称作电子交换机制的戴哥斯达（Dexter）机制。这种机制是通过给出能量的激发分子的激发电子与接受能量的分子的基态电子之间的交换，实现激发态转移的机制。

本节重点

（1）依靠库仑作用的载流子捕获机制。
（2）依靠激子共振的佛斯达（Förster）机制。
（3）交换电子的戴哥斯达（Dexter）机制。

图 2-31　能量转移模型

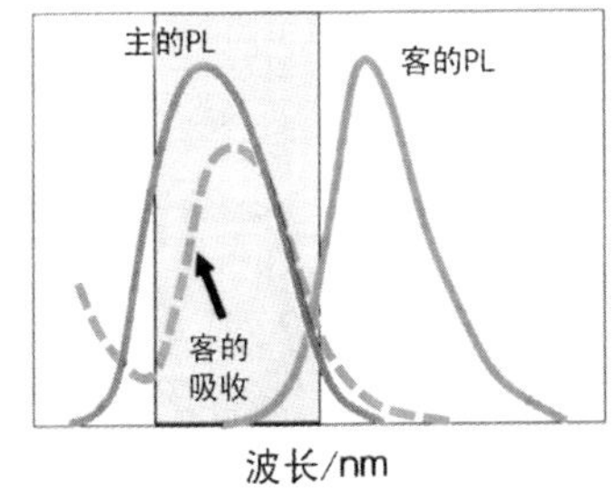

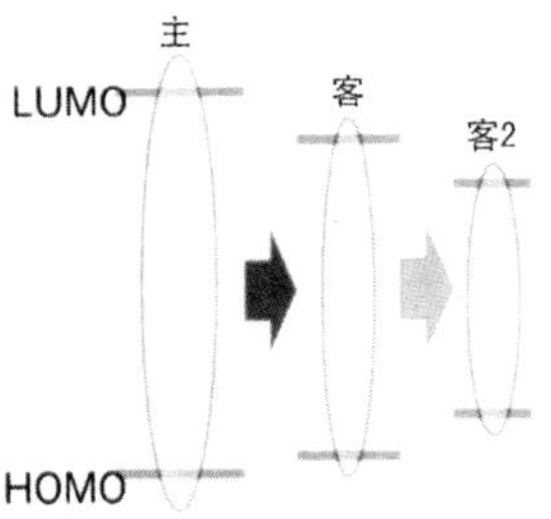

Förster 模型

主材料的PL谱

$$P_{hg}=\frac{K}{\tau_h R_{hg}^6}\int\frac{f_h(\nu)\varepsilon_g(\nu)}{\nu^4}d\nu$$

$$K=\frac{9000K^2\ln 10}{128\pi^5 n^4 N}$$

客材料的吸收谱

式中　τ_h—主的平均寿命；
ν—振动频率；
k^2—偶极子间的取向因子；
n—折射率；
N—分子浓度

图 2-32　载流子捕获模型

分散于主材料中的客材料色素中，一种符号的载流子被捕获；在其库仑力作用下，另一种符号的载流子接着被捕获，进而发生复合

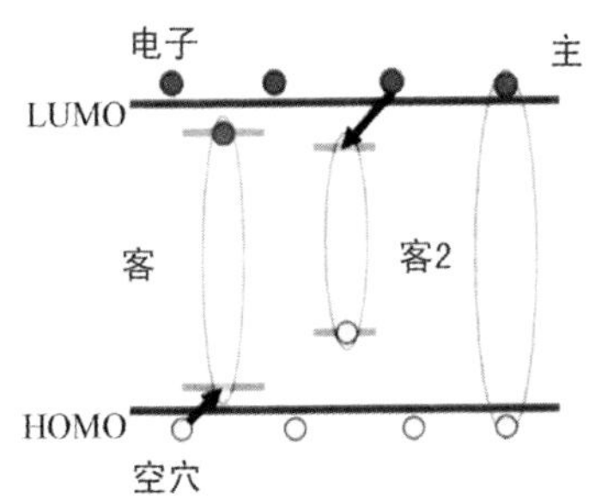

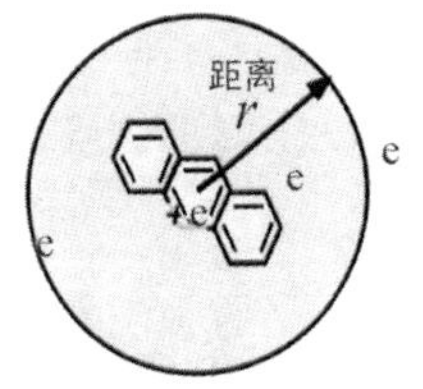

$$kT=\frac{e^2}{4\pi\varepsilon r_0}$$

库仑势与载流子能量相平衡的位置即为边界

$$r_0=\frac{e^2}{4\pi\varepsilon kT}=\frac{e}{4\pi\varepsilon\ [kT(eV)]}$$

2.4.5 色素掺杂系统中激发能从分子到分子的转移

OLED 所用的“发光材料”并非由一种材料唱独角戏，而是由主材料和客材料共同组合而成。其中，主材料尽管发光能力低，但成膜性好，与发光能力高的客材料相混合使用；客材料自身的发光能力高，但不能单独成膜。因此，从发光角度，客材料是“反客为主”，而从成膜等角度，客材料是“寄人篱下”。

主材料的代表是喹啉铝配合物（Alq_3），此外还有铋配合物（$Bebq_2$）等。相对于早期注重主材料，近年来人们更集中于客材料的开发。由于客材料以极微量混合在其他材料（主材料）中使用，因此称其为掺杂色素，而这种形成发光层的过程称为色素掺杂。尽管色素掺杂量一般在 1% ～ 2%，但会使发光效率产生飞跃性提高。图 2-33 所示为色素掺杂系统中激发能从分子到分子的转移。

通过色素掺杂获得高效率发光的机理主要有两个，一个是电子与空穴复合发生于主分子上，使主分子处于激发态，该激发能量向掺杂色素分子转移，使掺杂色素分子激发，进而退激发光，称此为“能量转移机制”。另一个是电子与空穴在掺杂色素分子上发生复合，直接激发色素分子并发光，称此为“直接复合激发”。无论哪一种机制，主分子的激发能级都要比客分子的激发能级高，并作为材料选择的条件。在蓝光材料中，进行绿光材料掺杂；在绿光材料中，进行红光材料掺杂等，组合方式多种多样。另外，对于主材料的要求有，兼具既能注入电子又能注入空穴的特性，成膜性好、耐热性高、激发能级高等。

对于掺杂色素来说，首先要求发光量子效率高，其次是不容易凝集。也就是说，能在主材料中均匀分散。荧光色素类一般具有刚直的平板结构，这种结构一般说来易于凝集。一旦凝集，会使发光状态变差。需要采取措施，例如，分子设计等，尽量满足客分子不发生凝集的条件。

通过色素掺杂不单单是提高发光效率，还可以用来调整发光色和混色等。例如，借由在聚合物中的色素分散所实现的白色发光，就利用了这种色素掺杂效果。

通常，发光层是通过共蒸镀，在主材料色素中微量掺杂作为发光中心的客色素的。微量掺杂的目的是为了不使荧光量子效率高的发光色素产生浓度消光。而且，这样做即使对于那些缺乏成膜性的发光材料来说，作为掺杂色素，完全可以作为发光中心来使用。

本节重点

（1）说明色素掺杂系统中的能量转移过程。
（2）如何通过色素掺杂来增强红光。
（3）利用色素掺杂如何获得白光。

图 2-33　色素掺杂系统中激发能从分子到分子的转移

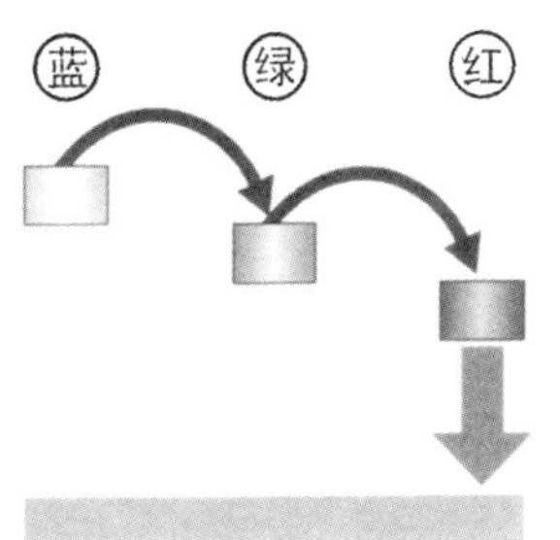

当距离近(浓度高)时，会发生能量转移，则只有能量水平最低的红光发光

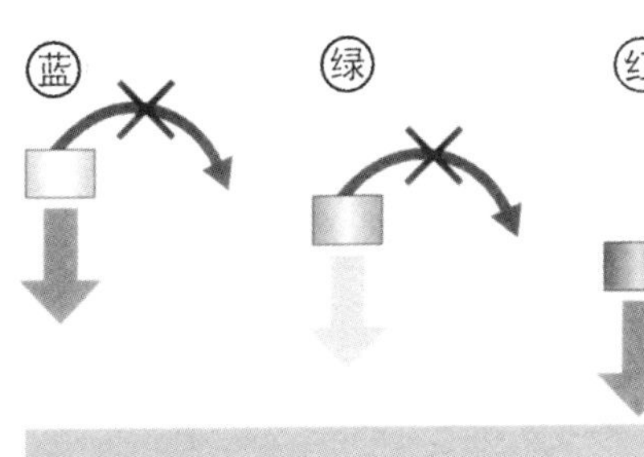

当距离远(浓度低)时，难以发生能量转移，则蓝、绿红都发光

能量的转移量与距离的6次方成反比

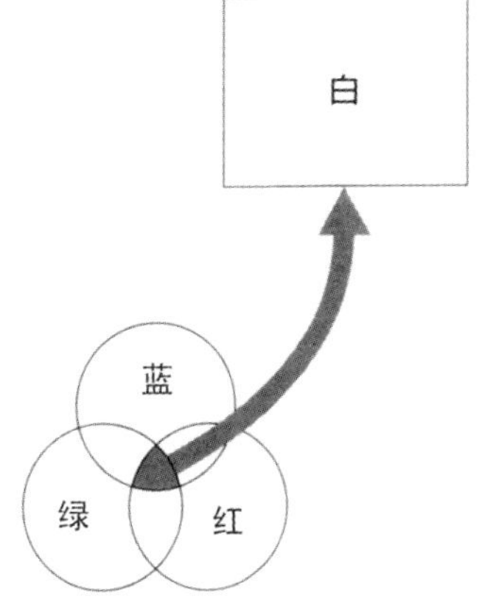

依据上述法则，如果绿和红的浓度很低，则发生三色混合，发白光

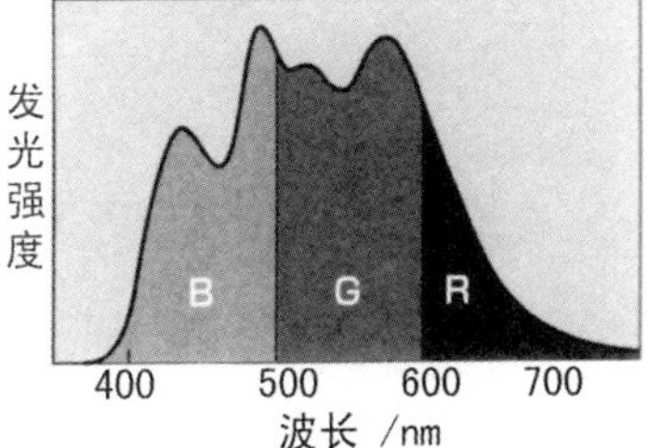

2.4.6 导电性为高分子发光材料所必需

为了借由载流子复合得到发光，高分子材料需要具备导电性。正因为如此，可用于有机 EL 中的材料都是导电性高分子。如图 2-34 所示，导电性高分子中有两大类，一类是“**共轭系高分子**”，其结构特点是主链中为 π 电子共轭系的双键或含有芳香环；另一类是“**非共轭系高分子**”，其结构特点是含有 π 电子共轭的官能基作为悬挂键的饱和碳化氢系主链。

在非共轭系高分子中，借由电子或空穴在官能基上跳跃致使导电性升高，因此，悬挂键密度十分重要。而在共轭系高分子中，π 电子共轭的范围大则导电性升高。但是，若导电性过高，则不会发光。这是因为载流子顺畅地流动，复合机会反而会变少。发光性与导电性之间存在折中（Trade-off）关系。

作为共轭系高分子的例子，有聚噻吩（Polythiophene）、PPP、PPV、多氟（Polyfluor）等。作为导电高分子，著名的有聚乙炔（Polyacetylene）及聚苯胺（Polyaniline）等，但由于它们不发光或发光太暗，不能用于高分子 EL。但是，这里举出的共轭系高分子在溶剂中几乎是不溶的。为了提高在溶剂中的溶解性，经常采用的方法是导入烷基（C_nH_{2n+1}）及烷基甲氧基（$C_nH_{2n+1}O$—）。

非共轭系高分子的典型实例是聚乙烯咔唑（Polyvinylcarbazole，PVCz、PVK）。具有—CH_2—CHX—结构的聚合物称为乙烯聚合物。假如 X 是 Cl，则为聚氯乙烯。乙烯聚合物具有绝缘性的高分子的基本结构。聚乙烯咔唑是将 X 中的咔唑基以悬挂键的形式存在。最近，多采用以乙烯聚合物为骨架，将发光团悬挂的方式，对高分子 EL 用发光材料进行开发。

本节重点

（1）导电性与发光性的折中关系。
（2）要想提高共轭系的可溶性需要下一番功夫。
（3）赋予悬挂键发光部位的方式多种多样。

图 2-34　导电性的产生机制

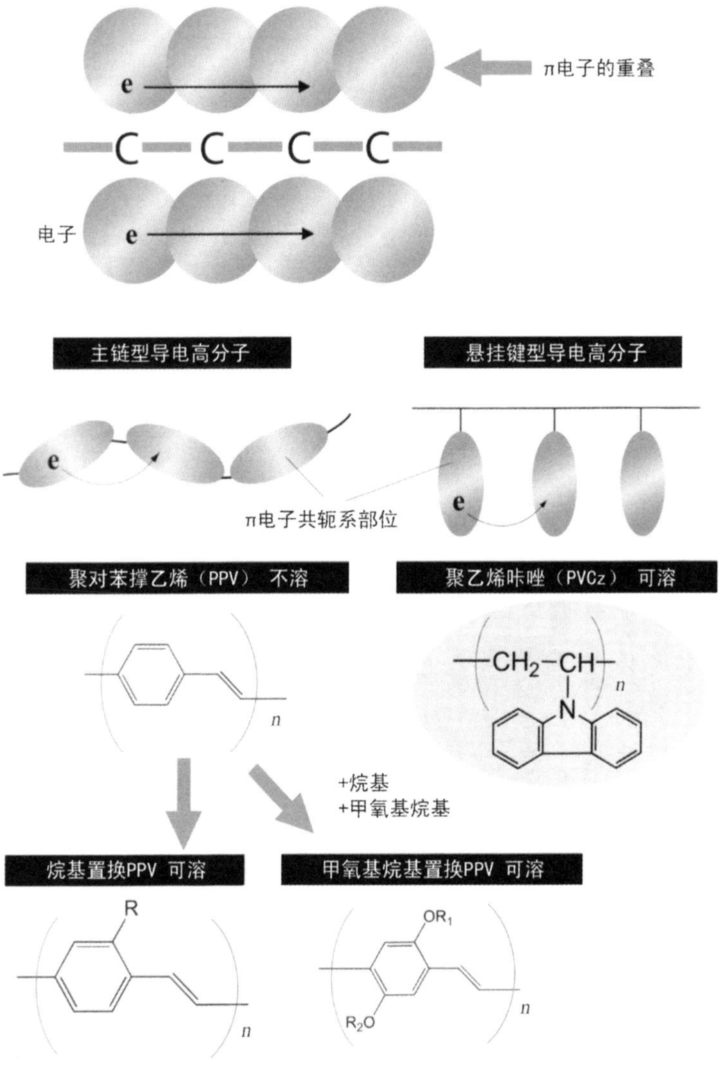

名词解释

悬挂键：Pendant。连接于主链(Chain)上的侧位官能基。

书角茶桌

OLED 与能量的单位

一些名词术语，包括参量单位，依应用领域不同而有不同称呼的情况屡见不鲜。严格地讲，但凡称呼不同，所指内容必有所差异。但为了方便，在不同领域的技术术语中，为表示电子（空穴）能级间跃迁，能量一般采用电子伏（eV）为单位。而在电化学领域，用相对于参照电极的相对值表示的情况很多，但只要参照电极不同，所得到的值便不一样，由于与一般习惯不符，因此难以推广到其他领域。

除此以外，能量的单位也存在问题。在化学领域，不采用 eV 而采用 cal 的情况较多。cal 是热量单位，而在 1948 年国际度量衡会议上作出尽量不使用 cal 的决议。但是，世界上仍有不采用 SI 单位制的国家，使用久已习惯的单位要改也难，可谓积重难返。SI 推荐的单位是 J。而 eV 是被认可与 SI 单位制共用的单位，至少是在物理学领域。

但是，若按一个分子考虑，处理的值便相当小，因此，通常取 1mol 物质来考虑。这样便有了 cal/mol、J/mol 这些单位。1cal 等于 4.18605J，1eV 等于 1.6021892×10^{-19}J。在 SI 单位制中，能量的单位是 J，但在必须使用 J 的情况下，往往数字后面要带一个很长的指数。

另外，在与光相关的电子光学领域，单位也存在问题。在可见光的波长范围，能量使用 eV 就比较方便。利用物理常数便可以导出 λ(nm)=1238/E_g(eV) 的关系，式中，λ 为以 nm 表示的波长；E_g 为以 eV 表示的禁带宽度。可见光 380~780nm 的波长范围，对应着约 3.26~1.59 eV 的禁带宽度。

除此之外，实际上还有以振动数及波数为单位的情况。振动数表示每秒发生波的数目，波数表示每单位长度上波的数目。振动数的单位为 Hz，波数的单位在 SI 单位制中为 m^{-1}，一般见到的是 cm^{-1}。而且，无论是振动数还是波数都可以以能量为单位的形式出现。

上述单位间的关系都有现成的表可查。读者若有兴趣，可以自己做表试试看，这对熟悉单位间的换算关系十分有利。

第 3 章

如何提高 OLED 的发光效率

3.1 如何提高光取出效率

3.1.1 表示发光效率的外部量子效率

由 2.3.5 节的明亮处标准比视感度曲线也可以看出，以红和蓝的 1000cd/m^2 与绿的 1000cd/m^2 相比，如果按实际需要的光子数相比，前者大约要高一个数量级，说明人眼对不同光色的感觉差异很大。若仅根据正面的亮度进行比较，对效率进行估价，得到的结果偏低。因此，作为发光效率，不是采用电流亮度效率，而是采用外部量子效率。

所谓**外部量子效率**，是由元件所放出的光子数与外部回路（元件中）中流过的电子数之比（见图 3-1）。基本上讲，每个电子-空穴对产生一个光子，因此外部量子效率不可能超过 1。而且，由于存在其他的原因，实际上还要低些。首先，要想使所有的载流子都变成光子，内部量子效率必须是 100%。但是，从有机层必须向外取出光。称该比例为**光取出效率**，但是，单纯做成的元件，光取出效率只有 0.2 左右。也就是说，无论做得怎样好，外部量子效率也只有 20% 上下。

内部量子效率可以用 **PL 量子效率**、**激子生成效率**、**载流子平衡效率**的乘积来表示。所谓载流子平衡效率，是指元件中流过的电子电流与空穴电流的比率。其中，无论哪一方更多（认为复合概率为 1，即只要电子和空穴相遇，则都会发生复合），多余的部分因对复合没有贡献而白白流过。即使载流子平衡效率为 1，借由载流子复合，荧光的内部量子效率为 25%，磷光的内部量子效率为 75%。这些是激子生成效率。假设激子必然通过辐射（发光）发光退激，即 PL 量子效率为 100%。

目前，若采用荧光材料，内部量子效率为 $1\times0.25\times1=0.25$，再乘以光取出效率 0.2，外部量子效率为 5%。通过采用后面所讨论的可使 100% 光取出的材料，则外部量子效率可以达到 20%。

本节重点

（1）放出的光子数与通过元件的电子数之比。
（2）向外取出光的比率——光取出效率。
（3）PL 量子 / 激子生成 / 载流子平衡效率。

图 3-1　外部量子效率 η_{ext} 的定义

$$\eta_{ext}=\frac{\text{放出的光子数}}{\text{流经外电路的电子数}}\times 100(\%)$$

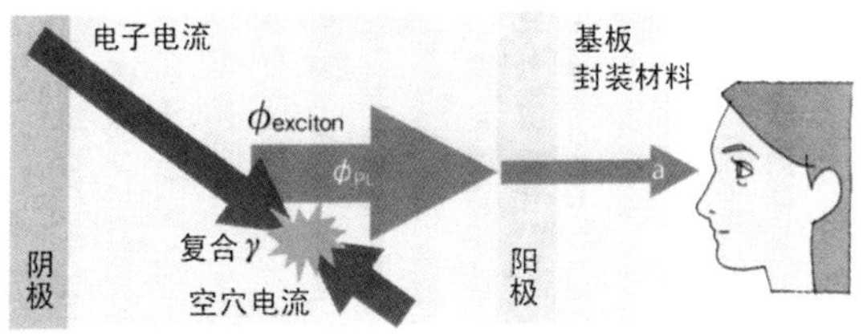

注：图中表示电流的箭头倾斜指向仅为了表示方便

$$\text{载流子平衡效率}\gamma=\frac{\text{对复合有直接贡献的电流密度}}{\text{流经外电路的电流密度}}\leqslant 1$$

激光生成效率 $\phi_{exciton}=\begin{cases}0.25 & \text{(荧光材料)}\\ 0.75 & \text{(磷光材料)}\\ 1.0 & \text{(100\%转换的磷光材料)(热活化延迟荧光材料)}\end{cases}$

PL量子效率　　$\phi_{PL}\leqslant 1$

严密来讲，正确的称谓应是元件中激子发射退激的几率

光取出效率　　$\alpha\leqslant 1$（实际上为0.2~0.4）

以上各功率的乘积，$\eta_{ext}=\alpha\phi_{PL}\phi_{exciton}\gamma$

3.1.2 对发光效率有重大影响的 PL 量子效率

PL 量子效率是一个对有机 EL 的发光效率有重大影响的参数。尽管基本上可以说它是材料固有的物性值，但其大小受周围环境影响有很大差异（见图 3-2）。

若想求出有机分子单独的 PL 量子效率，要在稀薄溶液状态（低于 10^{-5}mol/L）下测定。即使如此，作为溶质的有机分子可能是相互分散的，但其会受到溶剂分子的影响。特别是在极性强的溶剂和极性弱的溶剂情况下，会看到明显的差别。

其次，采用稀薄溶液，随着浓度升高，尽管 PL 量子效率不发生变化的材料也是存在的，但是大部分材料随着浓度的提高而效率下降，称此为浓度消光。这是由于随着有机分子间的相互作用增强，无辐射（发光）过程所占的退激比率增加所致。

由于有机 EL 中并非在溶液状态而是在固体状态下使用有机材料，在固体状态下溶质约占 100%。即使在溶液状态下的 PL 量子效率为 100%，一旦做成薄膜，由于浓度消光而完全不显示PL 的材料自然不能使用。这样做出的材料一般是多结构的。

对于有机 EL 应用来说，要想通过测量得到精确的 PL 量子效率，理想的测试条件一般认为包括：①采用与元件制作时同样的制作方法；②采用与元件封装时同样的环境气氛；③采用与实际的元件结构尽可能接近的试样结构。由于测试时还要满足其他条件的要求，实际操作起来并不简单。实际测定主要是利用积分球的方法进行（见图 3-3）。

本节重点

(1) PL 效率表示发光之势（可能性）。

(2) 寄予发光的光子数与激发利用的光子数之比。

(3) PL 效率随材料的形状而变。

图 3-2　PL 量子效率测定

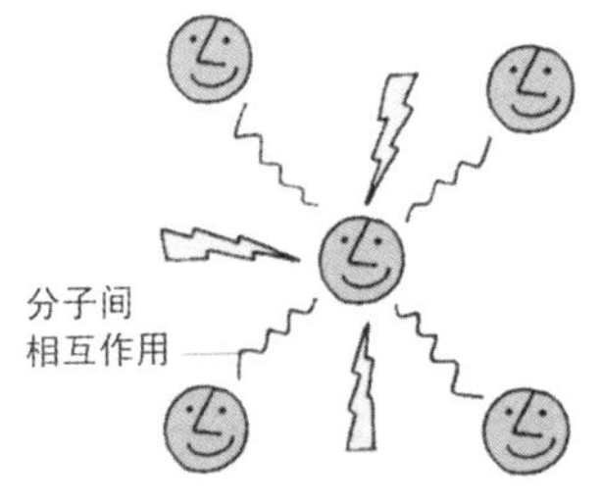

但是

受周围分子影响时为弱PL

浓度增加（分子间距离变短）致使发光减弱的现象称为浓度消光

分子单独存在时为强PL

求出各波长的功率，若被波长的能量相除，则可计算出光子数

$$\text{PL量子功率}\ \phi_{PL} = \frac{\text{发光光子数}}{\text{被吸收的光子数}}$$

利用上式虽然可以计算，但必须通过测量正确地计数

图 3-3　利用积分球测定精确 PL 量子效率

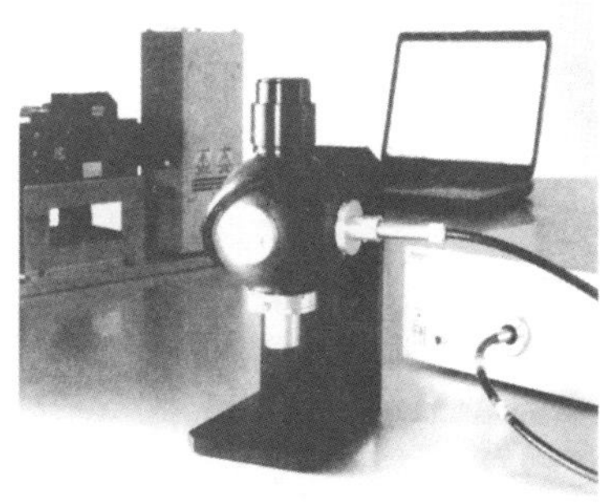

由于不可能获得比吸收的光子数更多的发光量，因此PL量子效率的最大值为1

如果PL量子效率超过1，肯定或是测量系统或是计算过程存在问题。因为其中必然会有损失发生。而且，PL量子效率也与有机材料的品质（纯度、形状、履历、环境气氛）相关。要想求出真值并非简单

名词解释

积分球：具有处处相同反射率的完全扩散反射面内壁的球。

完全扩散反射面：反射率为1，从面元发射的角度特性服从琅勃余弦定理的面。

3.1.3 必须提高光取出效率

如 3.1.1 节所述，即使内部量子效率为 100%，如果光不能完全取出，外部量子效率也不能很大。那么，光取出效率大致在多大程度，它是由哪些因素决定的呢？

光在折射率为 n 的介质中传播，光的传播速度 $v=c/n$（c 为真空中的光速），显然，在折射率大的介质中光的传播速度较慢。所谓光学界面是指在交界处折射率发生突变的界面。

如图 3-4 所示，介质 I（折射率为 n_{I}）和介质 II（折射率为 n_{II}）通过界面相接触。现考虑光由上方以角度 θ_1 从介质 I（折射率为 n_{I}）入射介质 II 的情况。入射介质 II 的折射光线的角度 θ_2 由斯涅耳 (Snell) 折射定律 $n_{\mathrm{I}}\sin\theta_1=n_{\mathrm{II}}\sin\theta_2$ 决定。如果介质 I 的折射率大于介质 II 的折射率（例如，从元件向空气中取出光时），则 θ_2 大于 θ_1。对于从光源非垂直方向射出，而以一定角度到达界面的光，根据折射率的关系，会在该界面上发生全反射。该临界角 θ_c 由 $\sin\theta_c=n_{\mathrm{I}}/n_{\mathrm{II}}$ 给出。

现考虑在玻璃基板上形成 ITO 电极，制成有机 EL 元件的情况（底部出光型）。有机层的折射率为 1.7 左右，ITO 的折射率为 1.8 左右，玻璃的折射率为 1.5 左右，空气的折射率为 1。引起全反射的折射率从大到小的界面，有 ITO 与玻璃的界面、玻璃与空气的界面。不能通过 ITO 与玻璃界面的光大约为 55%，不能通过玻璃与空气界面的光大约为 26%，能由外部取出的光仅剩 19% 而已。

有人提出简单的光取出效率的公式，在各向同性光取出时，可以用 $0.5/(\text{有机层折射率})^2$ 表示，若采用干涉结构（使光向前方集中），还可以提高到 1.5 倍。即使如此，光取出效率也只有 0.3 左右。

本节重点

(1) 光并非笔直出射，因此界面是全反射更是光的陷阱。
(2) 界面两侧折射率不同是关键所在。
(3) 不求均等出射，但求前方优先出射。

图 3-4　光取出效率的影响

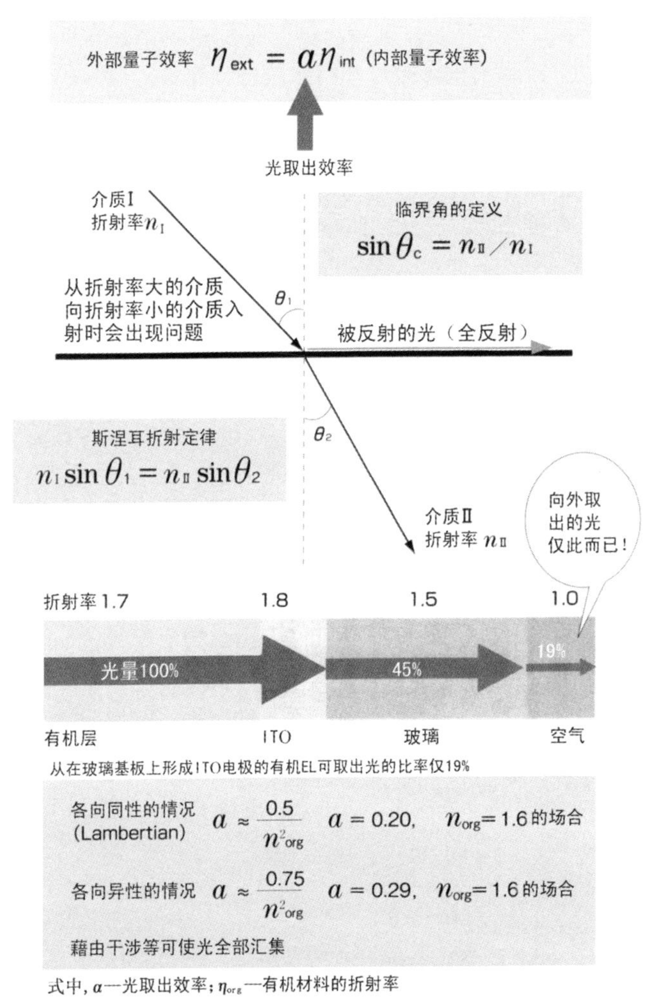

从在玻璃基板上形成ITO电极的有机EL可取出光的比率仅19%

各向同性的情况(Lambertian) $\alpha \approx \dfrac{0.5}{n^2_{org}}$ $\alpha = 0.20$, $n_{org} = 1.6$ 的场合

各向异性的情况 $\alpha \approx \dfrac{0.75}{n^2_{org}}$ $\alpha = 0.29$, $n_{org} = 1.6$ 的场合

藉由干涉等可使光全部汇集

式中，α—光取出效率；η_{org}—有机材料的折射率

3.1.4 光的干涉也会起作用

光具有波、粒二象性，也就是说，光兼具作为波动的光的特性和作为粒子的光的特性［图 3-5（上）］。所谓光子（Photon），是强调光的粒子性的称谓。在波动的特征中，可以举出干涉效应和衍射效应。光作为粒子的性质是由光电效应和康普顿效应确定的。对于光的粒子性来说，光通量的概念很重要。

对于有机 EL 来说，也会受到干涉效应的影响。很多使用手机的人也许觉得画面是由镜面反射功能产生的。实际上，有机 EL 要取出发出的光，两个电极中至少有一个必须是透明的。而且，如果一方不特意做成透明的，就必须利用极薄的金属阴极。这样，当人们看不发光的器件时给人以反射镜的错觉。对于实际的器件等来说，必须采取各种措施避免这种效应发生。

有机 EL 内部发出的光只能由透明电极一方的方向射出。由于元件内部的发光是射向四面八方的，当然也有光线射入后方的电极。如果其表面为一镜面，则光被反射。这种反射的光与向着透明电极方向行进的光会发生干涉。

两束光的光程差与光波长比值的大小决定能否发生干涉［图 3-5（下）］。如果光程差是波长的整数倍，则光通量增强；若形成半波长，则光通量减弱。从有机 EL 的 EL 谱可以看出，由于并非单色光，因此，即使是相同的光程差，依波长不同而异，有的属于使光增强的波长，有的属于使光减弱的波长。而且，因角度不同，光程差也是不同的。其结果，即使采用相同材料的有机 EL 元件，EL 谱也因测量角度及膜厚的不同而不同。但是，即使因干涉导致正面辉度增大，全光通量并没有变化。因此，元件整体的效率并没有上升。

本节重点

（1）解释光的波、粒二相性，各给出两个实例。
（2）波长与峰、谷的关系是关键所在。
（3）金属表面的反射是由于位相发生半波长（π）的偏差所致。

图 3-5　光的波、粒二象性

作为波动的光

• 干涉效应
• 衍射效应

作为粒子的光

• 光电效应
• 康普顿效应

距阴极的距离 d

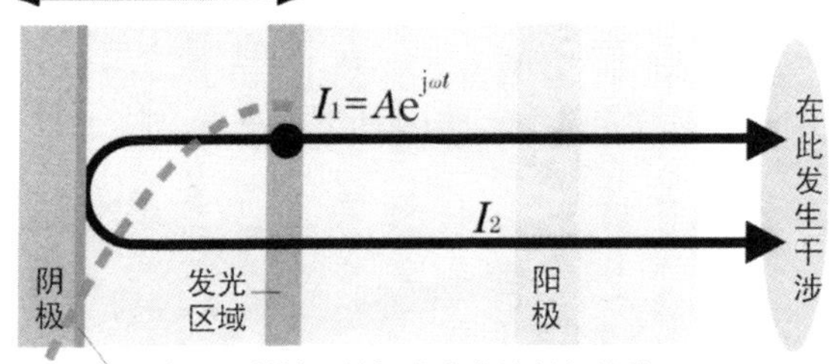

$l=I_2$ 的光程 $-I_1$ 的光程 $=2nd+\dfrac{\lambda}{2}$　式中，n 为折射率；λ 为波长；$\frac{\lambda}{2}$ 为金属反射镜造成的半波长偏移

$I_2=R\,Ae^{j(\omega t-kl)}$　式中，R 为反射率；$k=2\pi/\lambda$

$$I'=(Ae^{j\omega t}+R\,A^{j(\omega t-kl)})(Ae^{-j\omega t}+R\,Ae^{-j(\omega t-kl)})$$
$$=Ae^2(1+R^2+2R\cos kl)$$

可观测到的光的强度

例如，反射率为1，初始的相对光强度中采用了PL强度进行计算。
光程之差之所以发生，是由于反射光所致。
反射不仅可由反射镜引起，凡是在折射率不同的界面都会发生。

3.2 影响发光效率的因素

3.2.1 从空穴与电子复合直到发光的过程

实际上，有机 EL 发光分“荧光（Fluorescence）”和“磷光（Phosphorescence）”两种类型。图 3-6 所示为从空穴与电子复合直到发光的过程。

电子和空穴在有机分子中复合后，会因为电子自旋对称方式的不同，产生两种激发态（见图 3-6）：一种是**自旋非对称**（Spin-antisymmetry）的**单线态**，它会以**荧光**的形式释放出能量返回基态；另一种是**自旋对称**（Spin-symmetry）**三线态**，则以**磷光**的形式释放能量返回基态。

在三线态中，因激发态电子的自旋是空间不对称的，所以电子与电子之间的排斥力较单线态的电子小，导致三线态的能量比单线态的能量低。三线态的电子很难由基态跃迁直接得到，一般是由单线态转化得到。

从量子力学角度来看，电子由单线态回到基态的过程是允许的，因而电子待在单线态的时间较短，为 10ns 左右，此过程可以观察到分子产生荧光。但是从三线态回到基态的过程中会在基态中形成一对自旋方向相同的电子，这违反了泡利不相容原理，因而无法顺利回到基态，使得电子停留在三线态的时间较长，可长达毫秒（ms）。同时，由于**自旋禁阻**（即上述违反泡利不相容原理的现象），处于三线态的电子理论上无法直接跃迁到基态而产生磷光。

如图 3-7 所示，电子处于激发态时，若不是直接降落，而是逐渐降落到达基态，则能量将以热的形式消耗殆尽，也就是将会以非发光机制来释放能量。对于荧光物质来说，当分子处于单线态时，其直接降落比例远远大于逐渐降落的比例。但这些物质处于三线态时，分子因分子键的旋转、伸缩或分子间的相互碰撞，而将能量转换成热，因此在常温下很难观察到磷光。

本节重点

（1）说明 OLED 从电子与空穴复合直到发光的过程。
（2）何谓单线态激子和三线态激子。
（3）试对单线态激子和三线态激子的复合发光过程加以比较。

图 3-6　从空穴与电子复合直到发光的过程

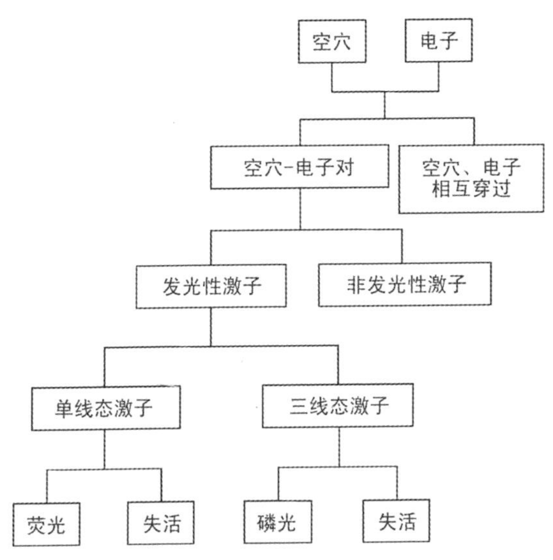

图 3-7　发光机制示意图

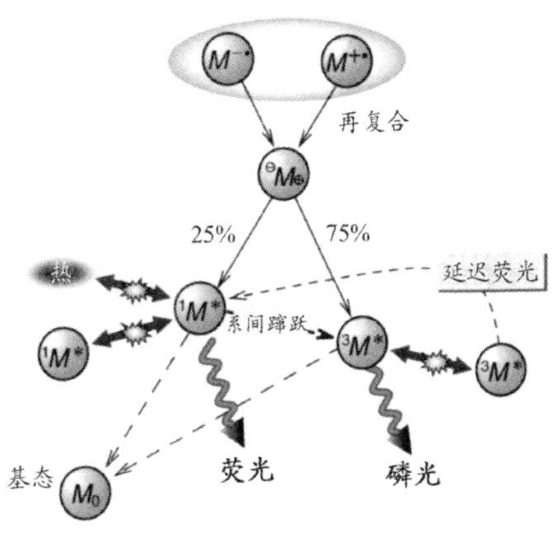

3.2.2 OLED 的发光效率

OLED 的发光过程和发光效率如图 3-8 所示。将荧光性有机化合物夹于一对电极之间，当在正负电极上施加直流电压时，来自阳极的空穴和来自阴极的电子向有机化合物注入。注入的空穴向着阴极，注入的电子向着阳极，在有机分子间跳跃的同时发生迁移。该迁移的电子和空穴在一个有机分子中相遇形成空穴 - 电子对（称其为激子）。这种空穴 - 电子对发生复合放出能量，使上述有机分子激发而处于激发状态。这种激发态分子（激子）的一部分会发出光，发光的比例因有机分子的种类不同而异。其余的激发态分子经不同的路径而失活。

按上述的发光模型考虑，有机 EL 元件光的取出效率可由式（3-1）给出：

$$\eta_{ext}=\eta_{int}\eta_{p}=\gamma\eta_{r}\varphi_{p}\,\eta_{p} \tag{3-1}$$

式中，η_{ext} 为外部量子效率；η_{int} 为内部量子效率；η_{p} 为光的取出效率；γ 为电子与空穴发生复合的概率；η_{r} 为发光性激子的生成效率；φ_{p} 为发光量子效率。

理论上讲，为追求有机 EL 的最高发光效率，应保证式（3-1）中四个因子都接近与 100%。其中 γ 与 φ_{p} 可以通过优化界面与 PN 结积层结构和选择内部发光量子效率高的材料达到近似 100%。但是，如何提高发光性激子的生成效率 η_{r} 和光的取出效率 η_{p} 是实现有机 EL 高效率发光的两道难关。

首先分析如何提高发光性激子的生成效率 η_{r}。发光性激子按其电子自旋的方向可分为两类，一类为单线激发态，另一类为三线激发态，二者的生成比率为 1 ：3（见图 3-7）。有机分子从单线激发态向稳定的基态迁移时，所发出的光为荧光。因此，即使发光量子效率为 100%，荧光发光的效率（内部量子效率）也只有 25%。可喜的是，1999 年人工合成了可发磷光的有机物，该有机物从三线激发态向基态迁移时可发出磷光，由此，上述其余的 75% 也能用于发光（见图 3-7）。这样，内部量子效率从理论上讲可达到 100%。

下面再分析光的取出效率 η_{p}。对于在普通玻璃基板上形成元件的情况，由于作为基板的玻璃同 ITO 电极之间、玻璃同空气之间的折射率存在差异，根据几何光学分析，如图 3-9 所示，最终光的取出效率只有大约 19%。这是造成有机 EL 元件发光效率不高的另一原因。然而，当膜厚达到纳米量级时，光的取出效率与膜厚相关，根据量子光学计算，若 ITO 膜的膜厚取 100nm，则光的取出效率可高达 52%。

本节重点

（1）为什么在常温下很难观察到磷光。

（2）OLED 的光取出效率由哪些因素决定。

（3）为提高 OLED 的光取出效率应采取哪些措施。

图 3-8　OLED 的发光过程和发光效率

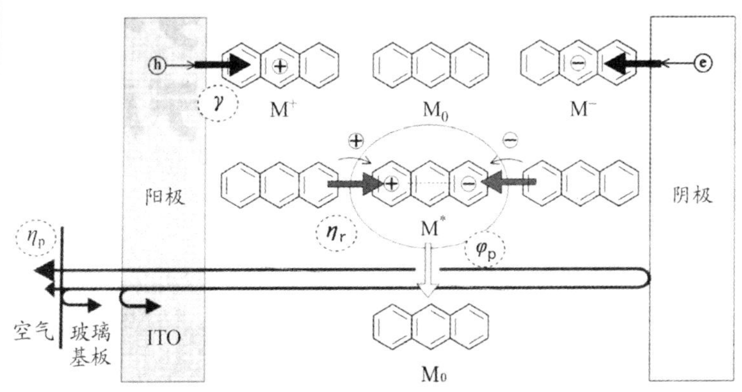

图 3-9　光取出效率的计算模型

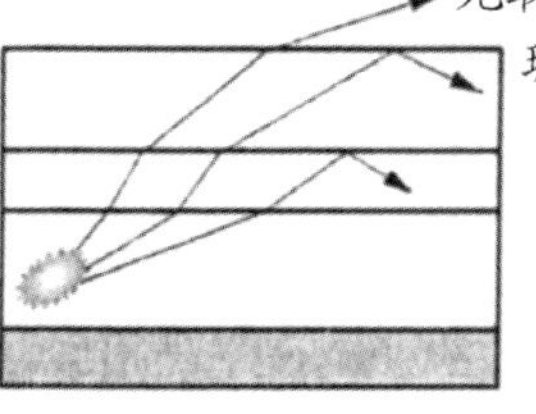

3.2.3 有机 EL 的能带模型

如图 3-10 所示，有机分子中存在大量电子，而这些电子分别占据能阶不同的轨道。在基态，电子所占据的最高能级轨道称为最高占据轨道（HOMO）；而在空轨道中，处于最低能级的轨道，称为最低非占据轨道（LUMO）。

若将占据 HOMO 的电子夺走，则产生电子空缺，从而形成电子缺位状态，称这种状态为空穴。这种电子空缺会吸引邻近分子的电子，被吸引电子从近邻分子跳跃至电子空缺位置，在填补电子缺位的同时，产生新的空穴。这便是由于 HOMO 电子跳跃引起空穴转移的理由。

运用这样的能带结构可以分析对载流子传输材料的要求。从金属中取出一个电子所需要的能量称为功函数。显然，阳极功函数与空穴注入层的 HOMO 能级的匹配极为重要，对阴极来说也有类似要求。即电极的功函数同有机材料的 HOMO 及 LUMO 能级间的间隙是决定有机 EL 元件驱动电压的决定因素。而且由于空穴强度同流经系统的电子数与电荷的迁移率及电场强度三者的乘积成正比，因此，有机 EL 材料中的电子迁移率也是决定驱动电压的因素之一。为此，适当加大发光层同空穴传输层之间 HOMO 能级的间隙及发光层同电子传输层之间 LUMO 能级的间隙是十分必要的。为此需要能级匹配的多层结构，图 3-11 所示为由单层型向积层型空穴传输及电子传输层的转变。

本节重点

(1) 阳极功函数与空穴注入层的 HOMO 能级的匹配极为重要。
(2) 阴极功函数与电子注入层的 LUMO 能级的匹配极为重要。
(3) 空穴强度与哪些因素有关，如何提高 OLED 的空穴强度。

图 3-10　有机 EL 的能带模型

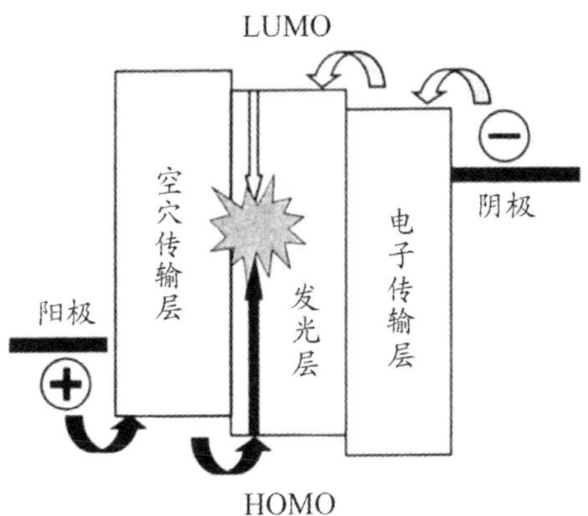

图 3-11　由单层型向积层型空穴传输及电子传输层的转变

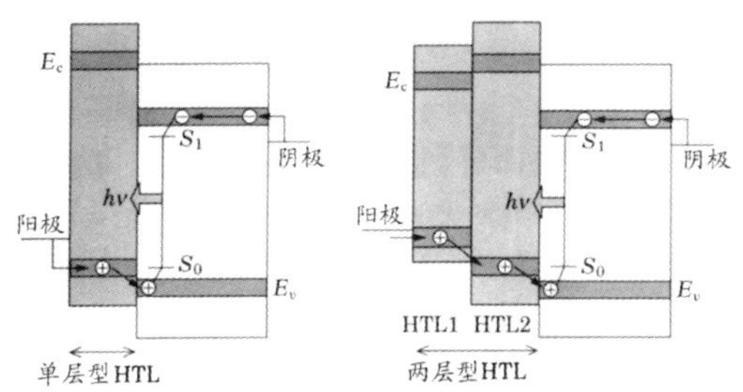

(a) 由单层型变为两层型空穴传输层

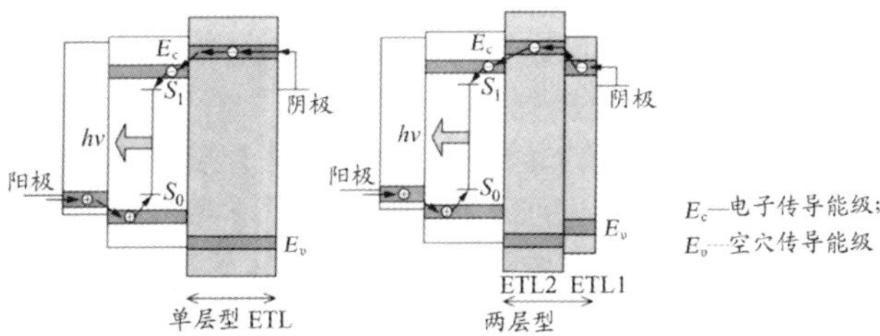

(b) 由单层型变为两层型电子传输层

3.3 OLED 器件用荧光发光材料

3.3.1 空穴传输材料的分子结构及玻璃化转变温度（T_g）、离化能（I_p）的数据

最空穴传输层（HTL），日本企业又习惯称为“正孔传输层”，其使用的空穴传输材料（HTM）一般从功能上要求具有强的给电子特性，有比较低的离化能（I_p）和高的空穴迁移率，从稳定性的角度考虑要求材料的玻璃化转变温度（T_g）较高，这是因为由驱动电流产生的焦耳热会引起元件温度升高，当温度接近 T_g 时，由于分子运动加快使得分子产生凝聚，进而使膜结构由非晶态转化为晶态，对器件性能产生致命影响，产生传输层与电极接触不良、驱动电压上升、发光亮度下降等有害影响。从产业角度看，目前在空穴传输层材料这一领域尚无绝对意义上的霸主。日本的德山公司，在 HTM 领域的市场份额是 31%，德国默克集团是 27%，出光兴产占 22%，斗山占 20%，彼此难分伯仲。

传统空穴传输材料为芳香多胺类材料，其中大部分均可认为是在芳香族三胺类化合物的基础上进行修饰的产物。之所以选用芳香族三胺类化合物，是因为三级胺上的 N 原子具有很强的给电子能力，容易氧化成阳离子自由基呈电正性，因而通常具有较高的空穴传输效率，同时这类结构还可以调节材料的电离能。早期采用的 TPD（T_g=60℃）和 TAPC（T_g=78℃）（见 P5，图 1-3）虽然空穴传输速率较大，但由于 T_g 较低，长时间放置会发生再结晶，从而导致其性能的衰退。

在 TPD 的基础上，研究者尝试引入空间体积较大的基团，形成成对偶联的二胺类化合物，获得了较高的玻璃化转变温度，如结构最为简单的NPB的 T_g 为 98℃，相较于TPD已有了大幅提升，通过进一步修饰还可得到 T_g 更高、I_p 更小的分子。其他改变分子结构的方法还有：构建星形（Star Burst）三苯胺化合物，包括分子中心为苯基的 TDAB 系列，分子中心含三苯胺的 PTDATA 系列等；采用螺形结构提高分子的非晶态性能、热稳定性、玻璃化转变温度等，如 spiro-mTTB、spiro-TPD 等，玻璃化转变温度均达到 100℃以上；采用枝形三苯胺结构等。值得注意的是，实现三苯胺的多量化也是提高 T_g 的有效方法之一，利用 TPD 结构的延长，在苯基的对位上使三苯胺直线连接形成三聚体（TPTR）、四聚体（TPTE）、五聚体（TPPE）玻璃化转变温度依次递增。具有芴结构的 TFLFL 的 T_g 为 186℃，也有着广泛的应用前景，一些常见空穴输运材料的相关参数如图 3-12 所示。

本节重点

(1) 对空穴传输材料在功能上有哪些要求。
(2) 何谓有机材料的玻璃化转变温度（T_g），T_g 与哪些因素相关。
(3) 在 TPD 的基础上采取了哪些措施来提高 T_g。

图 3-12　空穴输运材料的分子结构以及玻璃化转变温度（T_g）、离化能（I_p）的数值

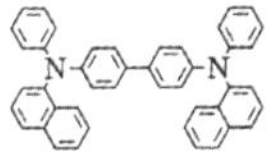

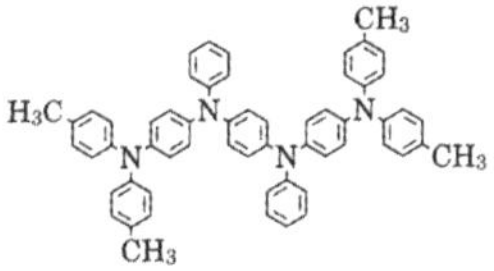

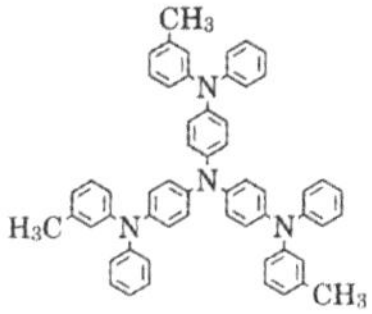

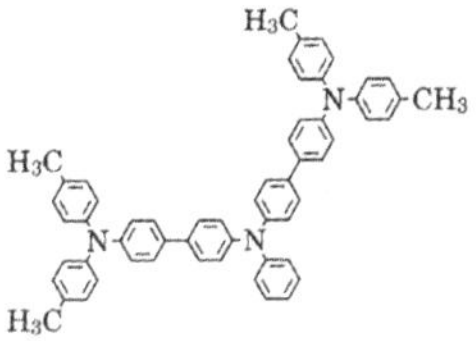

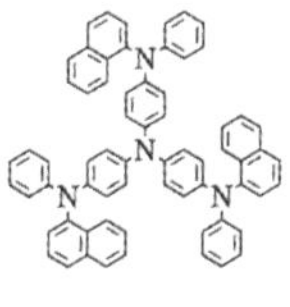

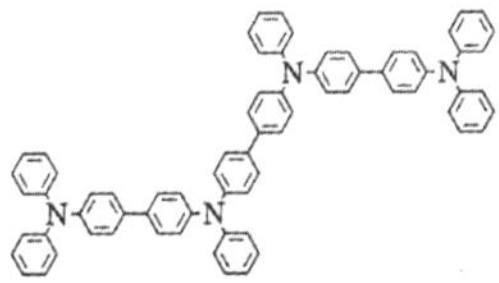

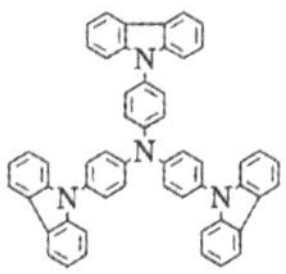

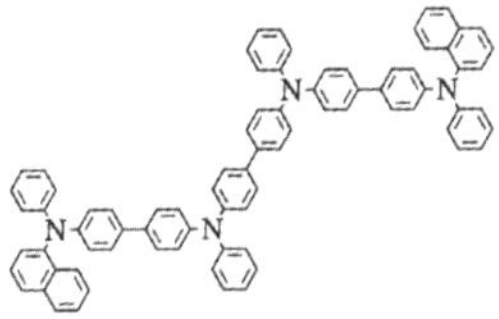

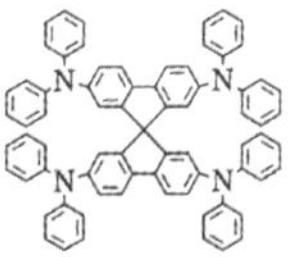

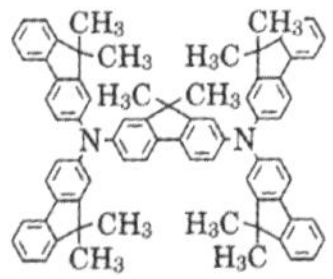

3.3.2 用于 OLED 元件的电子传输材料

与空穴传输材料相反，电子传输层（ETL）所采用的电子传输材料（ETM）在分子结构上表现为缺电子体系，大都具有较强的接受电子能力（电子亲和势），可有效地在一定正向偏压下传递电子，同时也要有好的成膜性和稳定性。理想情况下，ETM的电子迁移率应该和HTM的空穴迁移率相当，而实际上有机材料的电子传导速率远小于空穴传导速率。电子传输材料都是具有大共轭结构的平面芳香族化合物，其中最为常用的是 Alq_3。

与相对较为丰富的HTM不同的是，目前已知具有优良性能的ETM种类（图3-13）并不是很多，其中一个重要的原因就是电子捕获。为了准确测得材料的电子传输性能，要求材料不容易发生电荷转移，同时形成单激发态时不发生电子捕获。图3-14所示为电子在有机半导体中的传输。实际使用中大多数金属配合物均可作为电子传输材料，最为典型的8-羟基喹啉铝（Alq_3）具有较高的 E_A（约3.0eV）和 I_p（约5.95eV），同时具有很好的热稳定性（T_g 为172℃），并且可以通过真空蒸镀的方式形成高质量无针孔的薄膜。在此基础上，为进一步提高 Alq_3 的量子效率、成膜性等特性，研究者在其基础上进行一系列修饰，形成了AlOq等相关材料。

另一类典型的ETM为噁二唑类有机小分子（PBD），人们通常用二芳基取代的PBD以获得更好的荧光量子效率和热稳定性。PBD的 E_A 为2.16eV，I_p 值为6.06eV，电子传输效率也较高，但其主要问题是其热稳定性较差，T_g 仅为60℃，器件使用过程中的焦耳热就极易使PBD结晶，从而影响其效率。可以采用的改进方法为，制备时将PBD溶解在聚甲基丙烯酸甲酯（PMMA）中进行旋涂，形成星形的噁二唑类化合物，在骨架结构上引入硝基、氰基、羧基等亲电子基等，不过，需要注意的是，引入亲电子基会在分子中诱发永久偶极，进而发生能量的起伏，形成捕获能级，致使电子发生跳跃移动而产生能级作用。除上述 Alq_3、PBD系列ETM外，含硅杂环化合物衍生物也被证实具有很高的效率，其电子迁移率是 Alq_3 的两个数量级以上，且不受捕集的影响。

本节重点

(1) 对电子传输材料在功能上有哪些要求。
(2) 作为电子传输材料，Alq_3 具有哪些优良特性和问题。
(3) 作为电子传输材料，PBD 具有哪些优良特性和问题。

图 3-13　用于 OLED 元件的代表性电子输运材料

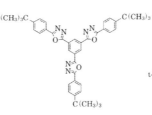

Alq_3

BCP

噁唑(Oxadia Zole)衍生物
(tBu-PBD)

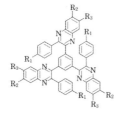

噁唑双量体

繁星式 (Star Burst)
噁唑

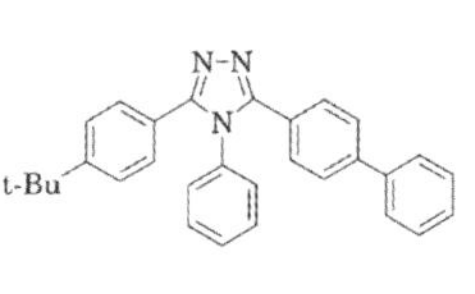

三氮唑 (T ria Zole)
衍生物

喹啉 (Quinoxaline)衍生物

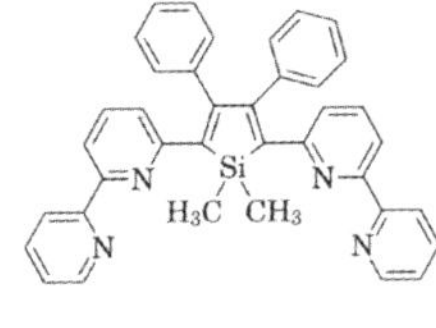

含硅的杂环化合物 (Siloles)

图 3-14　电子在有机半导体中的传输

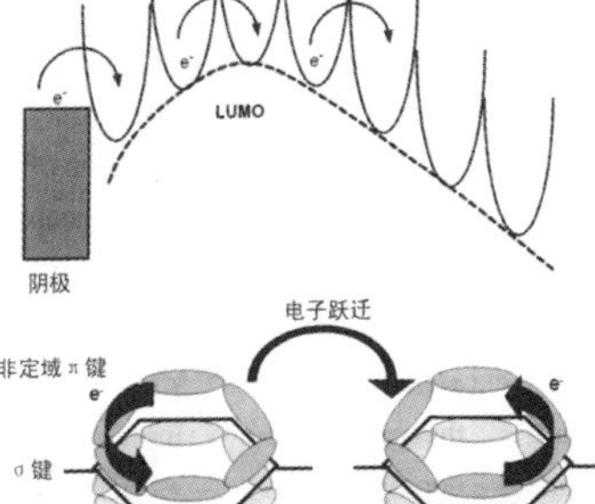

3.3.3 OLED 荧光发光体系：主体 + 掺杂剂（客体）

荧光发光材料有**主发光体**和**客发光体**之分（见图 3-15），可以理解为 EL 的基体和掺杂剂。含有较高能态的主发光体可以将能量转移到客发光体，即由电激发产生的电致激子可转移到强荧光效率及稳定的掺杂物中放光。处于掺杂地位的客发光体虽然量小，但作用很大，可概括为：①改变或修改电致发光的颜色；②将器件非发光能量衰减的概率降至最低，增加整个 OLED 器件的发光效率；③增加器件的稳定性和寿命。

主发光材料通常采用与 ETM 或 HTM 相同的材料，同时要求其具有较高的空穴迁移率和电子迁移率，热稳定性和成膜性自不待言。

主材料的代表是喹啉铝配合物（Alq_3），此外还有铋配合物（$Bebq_2$）等。相对于早期注重主材料，近年来人们更集中于客材料的开发。由于客材料以极微量混合在其他材料（主材料）中使用，因此称其为掺杂色素，而这种形成发光层的过程称为色素掺杂。尽管色素掺杂量一般在 1% ~ 2%，但会使发光效率产生飞跃性提高。

客发光材料（见图 3-16、图 3-17）一般按发光波长进行分类（见图 3-20）。

OLED 所用的“发光材料”并非由一种材料唱独角戏，而是由主材料和客材料共同组合而成。其中，主材料尽管发光能力低，但成膜性好，与发光能力高的客材料相混合使用；客材料自身的发光能力高，但不能单独成膜。因此，从发光角度，客材料是“反客为主”，而从成膜等角度，客材料是“寄人篱下”。

通过色素掺杂获得高效率发光的机理主要有两个，一个是电子与空穴复合发生于主分子上，首先使主分子出于激发态，该激发能量向掺杂色素分子转移，使掺杂色素分子激发，进而退激发光。称此为“能量转移机制”。另一个是电子与空穴在掺杂色素分子上发生复合，直接激发色素分子并发光，称此为“直接复合激发”。无论哪一种机制，主分子的激发能级都要比客分子的激发能级高，并作为材料选择的条件。在蓝光材料中，进行绿光材料掺杂；在绿光材料中，进行红光材料掺杂等，组合方式多种多样。另外，对于主材料的要求有，兼具既能注入电子又能注入空穴的特性，成膜性好、耐热性高、激发能级高等。

对于掺杂色素来说，首先要求发光量子效率高，其次是不容易凝集。也就是说，能在主材料中均匀分散。荧光色素类一般具有刚直的平板结构，这种结构一般说来易于凝集。一旦凝集，会使发光状态变差，需要采取措施，例如分子设计等，尽量满足客分子不发生凝集的条件。

本节重点

(1) 何谓主材料何谓客材料，二者分别在发光材料中起什么作用。
(2) 说明通过色素掺杂获得高效率发光的机理。

图 3-15　发光材料（掺杂剂，客）和起支撑作用的材料（基体，主）

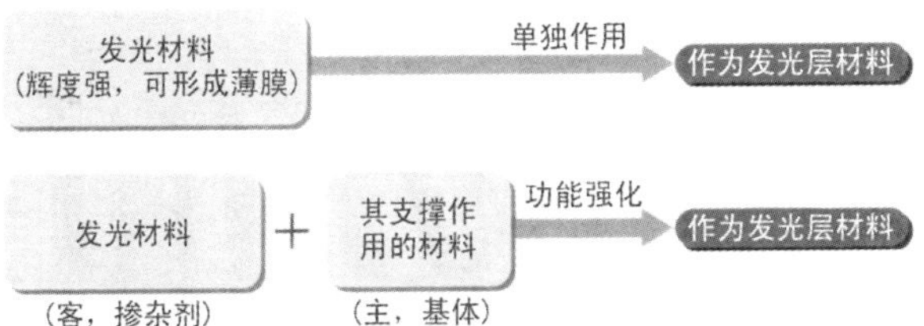

图 3-16　通常使用的掺杂剂（客）材料

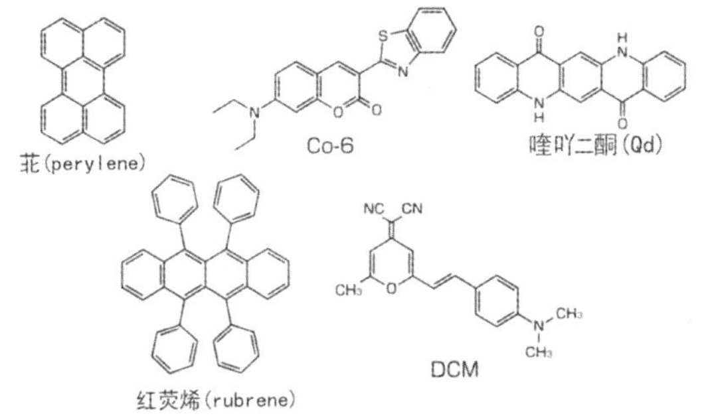

图 3-17　三层结构有机 EL 中所用的材料

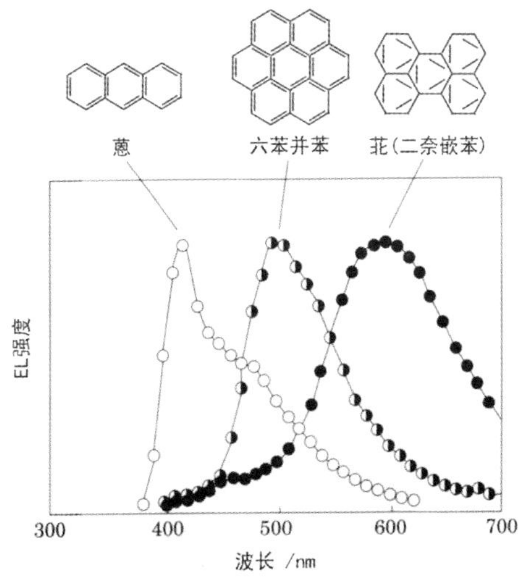

3.3.4 OLED 用荧光性主（Host）发光材料

主发光材料通常采用与 ETM 或 HTM 相同的材料，同时要求其同时具有较高的空穴迁移率和电子迁移率，此外热稳定性和成膜性的要求同样存在。最为常用的主发光材料为金属配合物，其介于有机物和无机物之间，既具有有机物的高荧光量子效率，又具有无机物稳定性好的特性，因而被认为是最具前景的主发光材料。

图 3-18 所示为用于有机 EL 元件的荧光性主 (Host) 发光材料，其中图 3-18(a) 为电子传输性发光材料，图 3-18(b) 为空穴传输性发光材料。

金属配合物中最具代表性的为 Alq_3，如前所示，Alq_3 具有高玻璃化转变温度和很好的成膜性，这里值得关注的是 Alq_3 的电子迁移率比空穴迁移率高，通常将 Alq_3 同时作为 ETL 和 EL 材料，这样在发光层和空穴传输层的接触面上能够有效地发生空穴和电子的复合，从而获得高的发光效率。

除此之外，可以利用的主发光材料还有 10- 羟基苯并喹啉类配合物（以 $BeBq_2$ 为代表），其发光效率可达 3.5 lm/W，超过 Alq_3，但由于其中使用了金属 Be，毒性较大，会对环境产生不利影响，因此其前景并不被人看好。

此外，羟基苯并噻唑类配合物、2- 羟基苯基吡啶配合物等也受到了研究者们的关注，并有望在未来取代 Alq_3。这里值得注意的是，咔唑及其衍生物由于其出众的空穴及电子传输能力，被认为是蓝光 OLED 的理想主发光材料。

本节重点

(1) 对荧光性主发光材料在功能上有哪些要求。
(2) 典型电子传输性发光材料有哪些，各具哪些特点。
(3) 典型空穴传输性发光材料有哪些，各具哪些特点。

图 3-18　用于有机 EL 元件的荧光性主 (Host) 发光材料

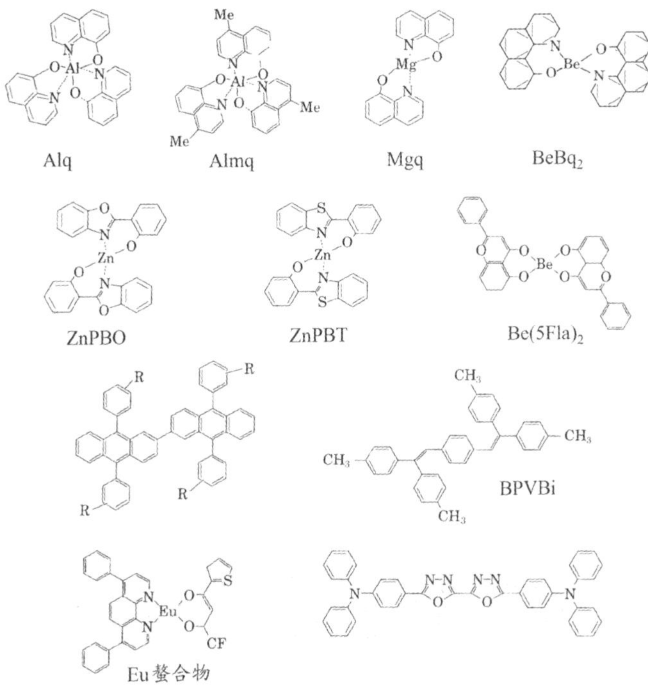

(a) 电子传输性发光材料

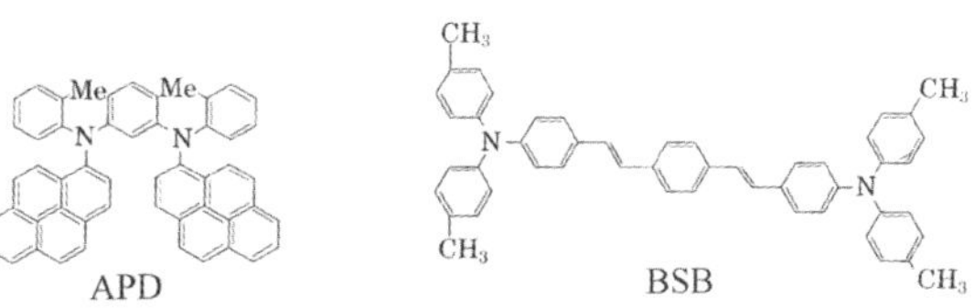

(b) 空穴传输性发光材料

3.3.5 OLED 用荧光性客（G_{uest}）发光材料

客发光材料作为掺杂剂主要起到改变 OLED 发光波长的作用，图 3-19 表示改变蓝光材料（蒽）的骨架，逐渐向长波长发光侧（绿、红）方向变化的关系。图 3-20 所示为按发光波长给出的代表性客（G_{uest}）发光材料。蓝光材料主要有芳香类、芳胺类、有机硅类、有机硼类，常用的有 TBP、DSA-Ph、DB-1、BH-1 等；绿光材料有香豆素染料、喹吖啶酮类等，包括 C-545T、C-545MT、QA、DMQA、PAH 等；红光材料有 DCM 系列、DCM 衍生物等，包括 DCM、DCJ、DCJT、DCJTB 等。具体使用时可查阅相关手册进行选择。

需要注意的是，在设计时需要考虑主发光材料的发光波长，有时无需进行客发光材料掺杂也可得到理想的发光层。

作为有机 EL 的主要有机材料，包括空穴注入及传输材料、发光材料、电子注入及传输材料等，应满足下述共同的要求：①电学及化学性能稳定；②应具有合适的离化势和电子亲和力；③电荷迁移率高；④能形成均厚、均质的薄膜；⑤玻璃化转变温度要高；⑥热稳定性好（特别是对于小分子系材料，应能承受真空蒸镀长时间的高温）；⑦高分子系材料应具有良好的可溶性（用于甩胶或浆料喷涂等）；⑧如果以非晶态应用，要求不容易发生晶化。

图 3-19 改变蓝光材料（蒽）的骨架，逐渐向长波长发光侧（绿、红）方向变化

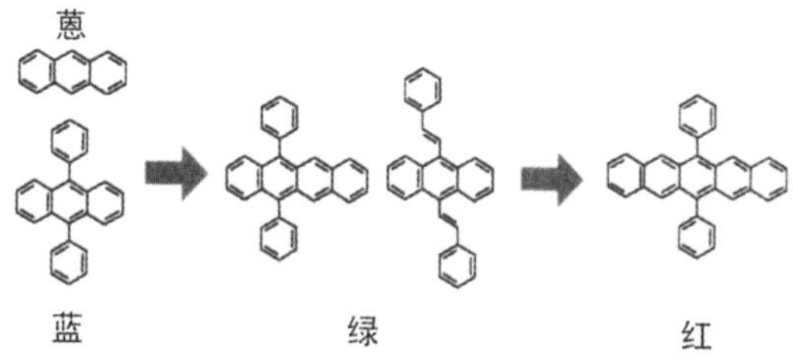

本节重点

（1）对荧光性客发光材料在功能上有哪些要求。
（2）客发光材料在 OLED 器件中有何作用。
（3）OLED 器件中的主要有机材料应满足哪些共同要求。

图 3-20 按发光波长给出的代表性客（G_{uest}）发光材料

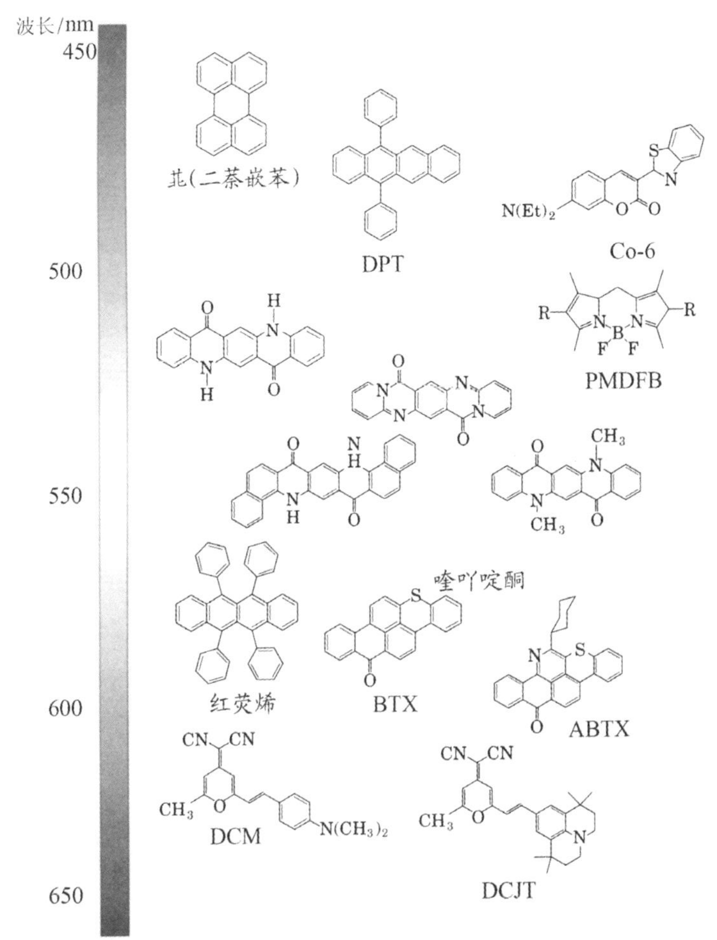

3.4 荧光与磷光的区别

3.4.1 荧光发光和磷光发光

对于研究开发有机材料的材料化学工作者来说，利用自己设计、合成的新材料制作出 OLED，特别是由其发出美丽耀眼光的瞬间是再高兴不过了。但是，仅仅实现发光而效率很低，尽管作为阶段性研究成果富有意义，但作为实用的光源还有相当大的距离。为了尽可能最大限度地利用能源，需要将电能 100% 地转换成光能。

对于 OLED 元件来说，决定能量转换效率的因素之一是发光材料。发光过程有两种不同的类型，由激发单线态引起的发光称为“**荧光**”，由激发三线态引起的发光称为“**磷光**”（见图 3-21）。

在由电能使有机材料激发的场合，有 25% 的激子为**激发单线态**，剩余的 75% 为**激发三线态**。因此，在使用 C545T 等荧光材料的情况下，通常只有 25% 的激子被利用，75% 的激子则以放热的方式退激失活（见图 3-22）。

一般说来，由碳（C）、氢（H）、氧（O）、氮（N）构成的有机化合物在常温下并不会发磷光，只有在液氮等极低的温度下因抑制热退激过程，才可能见到磷光发光。

但是，若采用含有铱（Ir）、锇（Os）、铂（Pt）等重金属原子的一部分**有机金属配合物**，在常温即可表现强烈的磷光发光。采用这些有机金属配合物作发光材料的 OLED 元件，通过 25% 的激发单线态的**系间窜越**，转换为激发三线态，可以将全部激子变换为光。也就是说，可实现四倍于荧光材料的转换效率。这类材料的典型代表是普林斯顿大学 S.R.Forrest 教授和南加利福尼亚大学 M.E.Thomson 等作为 OLED 发光材料而使用的具有苯吡啶配位子的铱配合物 $Ir(ppy)_3$。

本节重点

(1) 从成分和结构看，磷光发光材料有哪些特点。
(2) 如何才能使磷光材料的发光效率达到荧光材料的四倍。
(3) 荧光材料与磷光材料内部量子效率的对比。

图 3-21 基态和激发态（左边为单线态，右边为三线态）

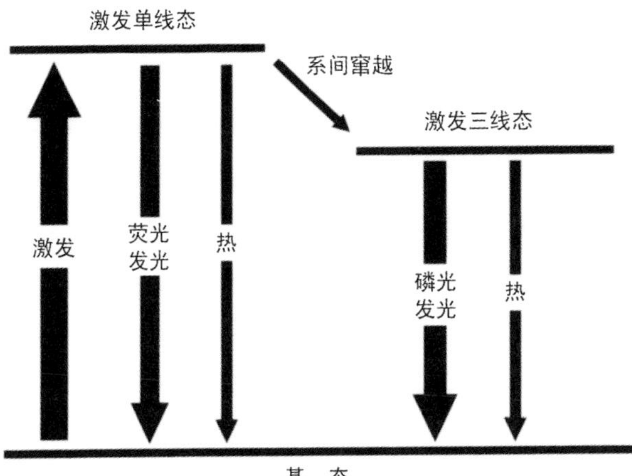

图 3-22 荧光材料（左）和磷光材料（右）的内部量子效率

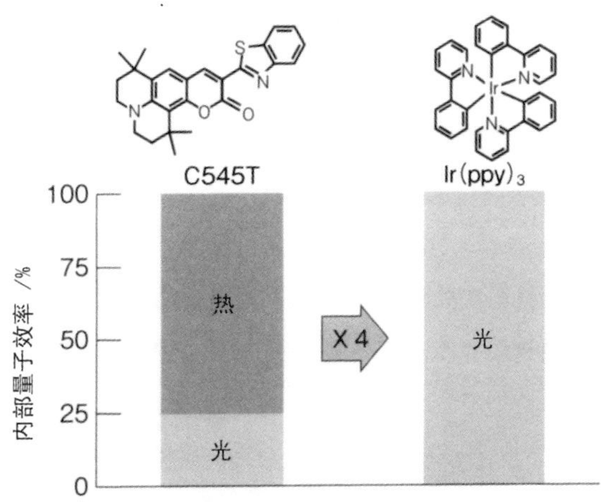

3.4.2 三阶降落发出“荧光”，二阶降落发出“磷光”

实际上，有机 EL 的“发光”（Luminescence）分“荧光”（Fluorescence）和“磷光”（Phosphorescence）两种类型。图 3-23 所示为荧光和磷光的区别。

为了发光，有机分子应处于高能态（被激发状态），从高能态返回基态时，会放出能量，其中包括发光。上述“高能态”也有两种，一种位于三阶（单线激发态），一种位于二阶（三线激发态）。

图 3-24 所示为激发态分子的光物理过程。有机分子受光照、化学反应、电压电流、摩擦等作用，其能级从基态被激发达到三阶（单线激发态）的激发态。从三阶（单线激发态）有可能直接降落到基态，也可以经过二阶（三线激发态）再降落到基态。高阶（三阶）称为“单线激发状态”，此状态对应的发光为“荧光”；较低的二阶称为“三线激发状态”，此状态对应的发光为“磷光”。光物理对荧光和磷光的区分有明确的定义：物质从单线激发态（Singlet Excited State）发出的光为荧光；物质从三线激发态（Triplet Excited State）发出的光为磷光。

上面提到的名词不太容易理解，只要明白三阶、二阶（激发态）代表不同意义，且三阶的能量高于二阶的能量也就可以了。从三阶或二阶若不是直接降落，而是逐阶降落到达基态，激发能量会以热的形式消耗殆尽，从而不会放出光。对于荧光物质来说，其直接降落的比例远远大于逐阶降落的比例。

荧光是人眼可清楚见到的光。荧光管、荧光笔等已在我们日常生活中司空见惯。但是，一般说来，发射磷光的有机材料很少。

本节重点

(1) 光物理对单线态和三线态是如何定义的。
(2) 比较单线态和三线态的存在时间。
(3) 为什么一般发磷光的物质很少见。

图 3-23 荧光和磷光的区别

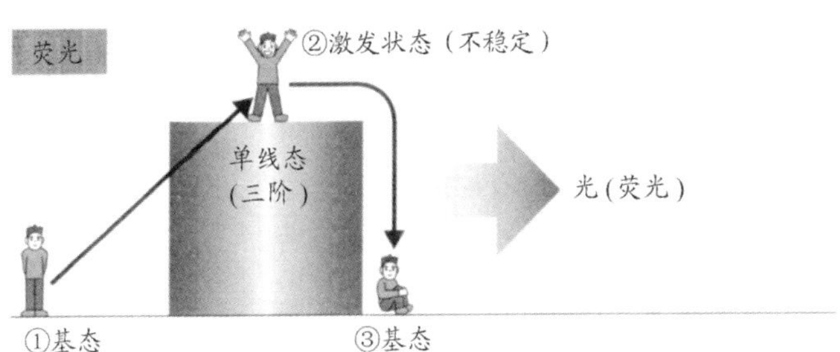

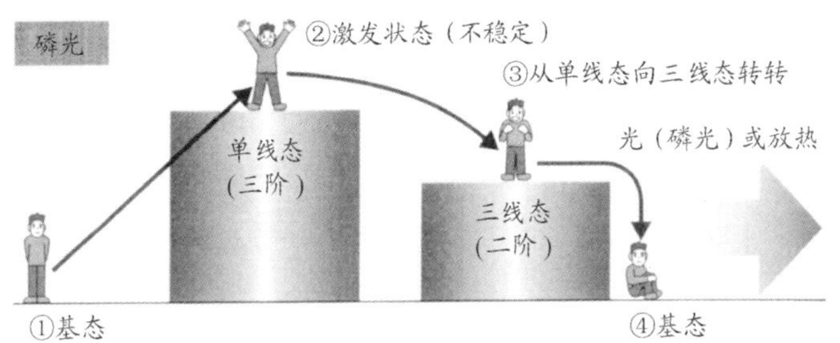

图 3-24 激发态分子的光物理过程

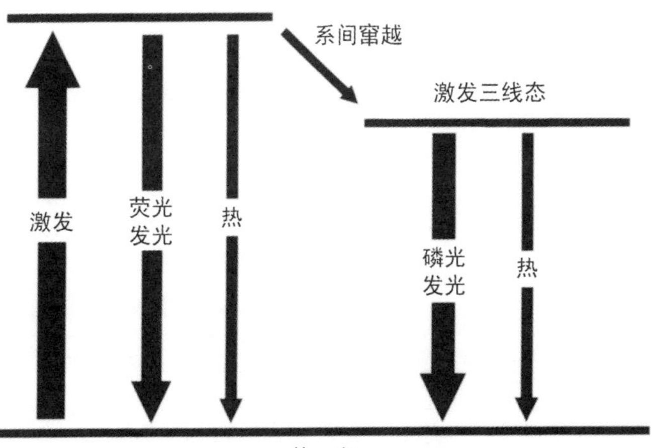

3.4.3 电子自旋方向决定激发状态是单线态还是三线态

图 3-25 所示为电致发光（EL）与光致发光（PL）的区别。光致发光涉及的是单个分子内部的电子跃迁过程，按照电子自旋选律，激发过程只生成单线态激子。

而对于电致发光（EL）来说，当电子、空穴在有机分子中结合后，会因电子自旋对称方式的不同，产生两种激发态的形式。一种是非自旋对称（Anti-symmetry）的激发态电子形成的单线激发态，它会以荧光的形式释放出能量，返回基态；而由自旋对称（Spin-symmetry）的激发态电子形成的三线激发态，则是以磷光的形式释放能量，返回基态。

分子中存在着各种各样的电子轨道，成对的电子位于这些轨道上。每个电子都存在自旋，而且自旋只能以“向上”或“向下”这两种相反的状态存在。这听起来费解，但承认这一客观存在的事实，对于了解荧光、磷光之间的关系是极为重要的。

下面，看一看电子与空穴发生复合的情况。所谓电子与空穴的复合，即对电子处于接收状态的分子（将被还原的分子）与处于被吸引状态的电子间，发生授受反应。此时，如图 3-25 所示，反应后激发状态电子自旋方向处于“相反”的情况，为“单线激发状态”。由于这种状态是不稳定的，电子会降落到原来的轨道，与此相应放出的光为“荧光”，而以激发态存在的典型时间大约为 10ns。

而对于图 3-26 所示的情况来说，处于激发状态电子自旋的方向是相同的，称这种状态为“三线激发状态”。该状态较之“单线激发状态”能量要低。电子具有脱离该不稳定状态的趋势，但原来轨道上已经存在自旋与其相同的电子，基于泡利不相容原理，两个自旋方向相同的电子不能位于同一轨道。因此，即使“三线激发状态”电子的能量较高，也不能降落到原来的基态轨道上。

本节重点

（1）说出光致发光和电致发光的区别。
（2）说出单线激发态和三线激发态的区别。
（3）单线激子对应一种波函数，三线激子对应三种波函数。

图 3-25 电致发光（EL）与光致发光（PL）的区别

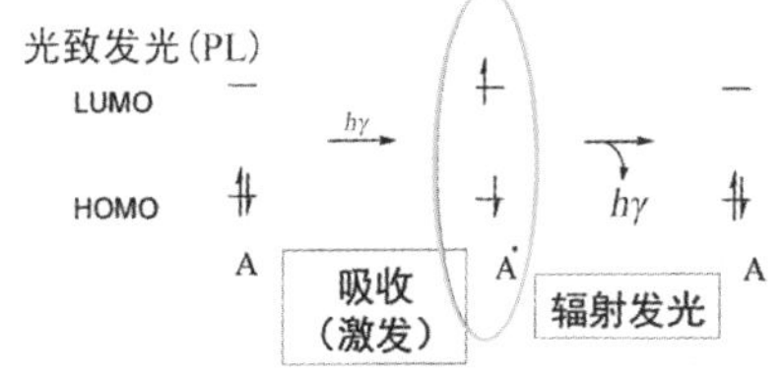

光致发光涉及的是单个分子内部的电子跃迁过程，按照电子自旋选律，激发过程只生成单线态激子

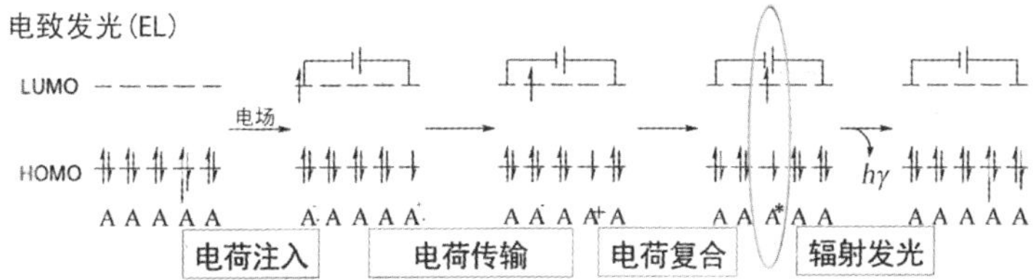

图 3-26 电致发光（EL）的单线态激子和三线态激子

与光致发光(PL)不同，在OLED器件的电致发光(EL)过程当中，激发态的生成涉及不同分子之间的电荷迁移，最终空穴与电子在同一个分子复合，形成激子（激发态分子）

按量子理论，简单开壳体系的单线态激子对应一种波函数，而三线态激子则对应三种可能的波函数

$$|\chi_1\chi_2\rangle=\frac{1}{\sqrt{2}}\{|\uparrow\downarrow\rangle-|\uparrow\downarrow\rangle\} \quad S=0\ M_s=0$$

单线态激子

$$|\chi_1\chi_2\rangle=\frac{1}{\sqrt{2}}\{|\uparrow\downarrow\rangle+|\uparrow\downarrow\rangle\} \quad S=1\ M_s=1$$

$$|\chi_1\chi_2\rangle=|\uparrow\uparrow\rangle \quad S=1\ M_s=0$$

$$|\chi_1\chi_2\rangle=|\downarrow\downarrow\rangle \quad S=1\ M_s=-1$$

三线态激子

按照自旋统计规律，电致发光过程中单线态激子与三线态激子生成的比率为1:3

3.4.4 关于"荧光"和"磷光"

图 3-27 所示为电致磷光和电致荧光的区别和有机电致磷光的性质，现小结如下：

① **磷光（$T_1 \rightarrow S_0$）一般要比荧光（$S_1 \rightarrow S_0$）弱得多。**

T_1 态通常不易从 S_0 态直接吸收光子（$S_0 \rightarrow S_1$）而形成。T_1 态主要是从 S_1 态经系间窜越（Inter System Crossing，ISC）而形成（$S_1 \rightarrow T_1$），由于受荧光与内转换过程的竞争，从 S_1 态向 T_1 态系间窜跃的量子产率就大大降低。

磷光发射 $T_1 \rightarrow S_0$ 过程中电子自旋发生改变，是自旋禁阻的，三线态辐射寿命长，对杂质碰撞淬灭非常敏感，特别是在溶液中，氧（三线态）对磷光的淬灭非常严重。

② **利用重金属原子的旋－轨耦合显著增强磷光发射。**分子的全波函数包含轨道波函数和电子自旋波函数，轨道波函数与自旋波函数的耦合（旋－轨耦合）作用，使得分子三线态具有了部分单线态的性质，从而 $T_1 \rightarrow S_0$ 自旋禁阻被部分解禁，磷光发射得到增强。

原子核电荷数越大，自旋－轨道耦合作用越强，所以一般含有重金属（Ru、Os、Ir、Pt 等）原子的化合物具有较强的旋－轨耦合作用，磷光发射显著增强，可以检测到强的室温磷光。

自旋－轨道耦合作用也会增强单线态向三线态（$S_1 \rightarrow T_1$）的系间窜跃。一般含重金属（Ru、Os、Ir、Pt 等）原子的化合物单－三系间窜跃概率接近 100%。

③ **电致磷光能够利用三线态激子发光，内量子效率可以达到 100%。**理论上，OLEDs 器件中电致生成的单线态激子与三线态激子的比例为 1 ∶ 3；电致荧光只利用单线态激子发光，一般情况下，内量子效率最多为 25%；电致磷光能够利用三线态激子发光，内量子效率可以达到 100%；理论上，电致磷光的效率可达电致荧光的 4 倍。

图 3-28 所示为有机电致磷光的发现过程。尽管中国学者最早发现，但向产业化转化方面却落后了一步。

本节重点

（1）为什么磷光一般要比荧光弱得多。

（2）利用重金属原子的旋-轨耦合显著增强磷光发射。

（3）电致磷光如何使内部量子效率达到 100%。

图 3-27　电致磷光与电致荧光的区别

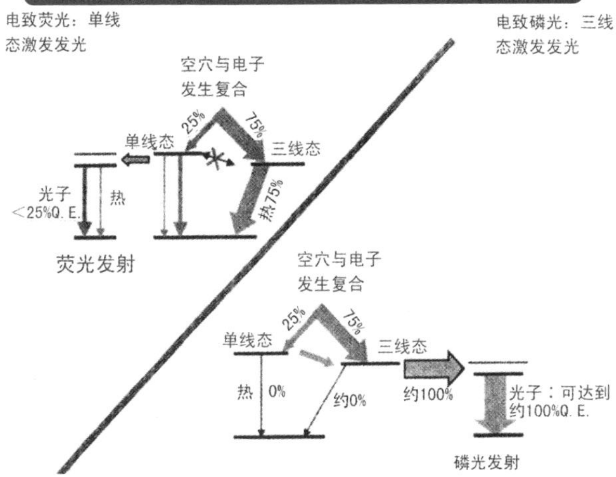

图 3-28　有机电致磷光的发现过程

- 1998年，马於光等用锇的配合物[Os(CN)$_2$(PPh$_3$)$_2$(bpy)]掺杂到聚合物PVK中
- 1998年，Forrest等用铂的配合物(PtOEP)掺杂在小分子主体Alq$_3$中，并证实为三线态发光

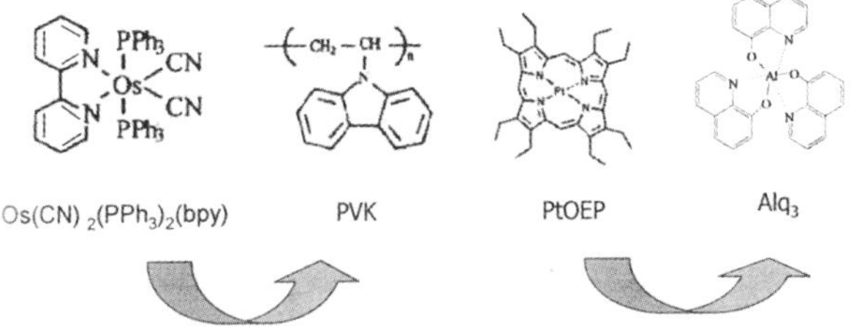

3.5 OLED 器件用磷光发光材料

3.5.1 金属配合物系磷光发光材料

使用被称为“金属配合物”的材料有可能高效率地发射磷光。“金属配合物”这一名称尽管听起来比较陌生，但正如其名称所表达的，在占据中心位置的金属离子周围，结合有有机物配位基。如图 3-29 所示，有机物基由金属离子联络在一起。中心金属离子采用铱（Ir）、铂（Pt）等重（贵）金属离子可以达到相当好的效果，而通过改变金属配合物中有机配位基的结构可以获得不同颜色的发光。磷光材料因其特殊的电子结构，使得**自旋禁阻**的三线态发光成为可能。铱（Ir）、铂（Pt）等金属配合物系磷光材料，因其强烈的**自旋－轨道耦合**，具有较短的磷光寿命，因而具有较高的磷光效率和强烈的室温磷光。同时，配体的分子结构对配合物的电致磷光性能起着决定性的作用，通过改变金属配合物中有机物配体的结构可以获得不同发光颜色的磷光材料。

为满足发射蓝（B）、绿（G）、红（R）光的要求，早就有人着手研究开发相应的配位结构等。图 3-30 所示为铱（Ir）配合物磷光物质对应不同波长的发光。以发蓝光为例，通过将配体氟化等，可以使发光的波长缩短，再通过改变第二配体等，已使当初发光的波长 476nm［CIE 色度坐标（0.16，0.36）］缩短到目前的 470nm［CIE 色度坐标（0.16，0.26）］。当然，并非“金属配合物材料全都能发射磷光”。因中心金属离子的不同、配位结构不同等，情况各异。

本节重点

（1）何谓金属配合物，它的结构有什么特点。

（2）介绍不同结构的铱（Ir）配合物。

（3）利用金属配合物如何获得不同发光颜色的磷光材料。

图 3-29 金属配合物的典型结构

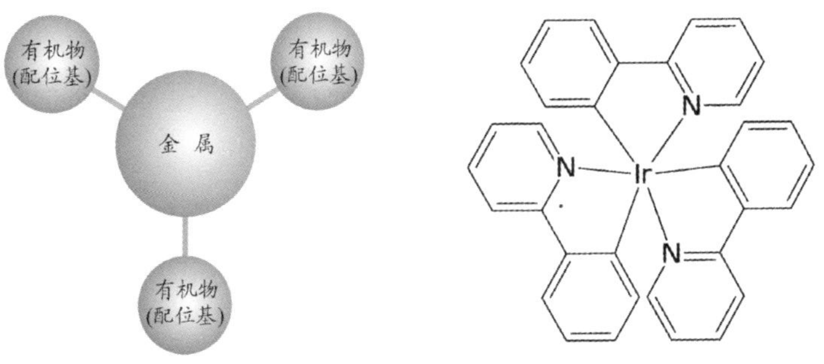

(a) 金属配合物结构示意　　(b) 铱 (Ir) 配合物 [Ir(ppy)$_3$]

所谓金属配合物是金属与有机物之间形成的杂化 (Hybrid) 物质

图 3-30 铱 (Ir) 配合物磷光物质对应不同波长的发光

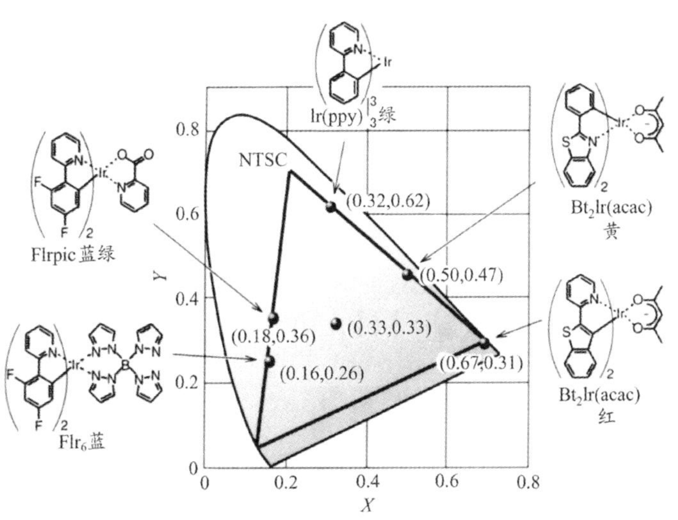

3.5.2 OLED 用铱（I*r*）系金属配合物磷光发光材料

目前已公开发表多种磷光有机 EL 材料，图 3-31 给出了目前应用前景最好的 Ir（铱）系金属配合物磷光发光材料。通过对配位子的 π 电子系进行控制，可以获得从蓝色到红色的各种各样的发光色。如：

① 红光发光材料：$(btp)_2Ir(acac)$、$(piq)_2Ir(acac)$、$(pbq\text{-}F)_2Ir(acac)$、$(1\text{-}niq)_2Ir(acac)$、$(2\text{-}niq)_2Ir(acac)$、$(m\text{-}niq)_2Ir(acac)$、$(napm)_2Ir(bppz)CF_3$、$(nazo)_2Ir(fppz)$、$(nazo)_2Ir(bppz)$、$(dpqx)_2Ir(fppz)$、$Ir(Cziq)_3$、$Ir(MOCziq)_3$、$(Cziq)_2Ir(acac)$、$(MOCziq)_2Ir(acac)$、$Ir(TPApiq)_3$、$Ir(TPAfiq)_3$、$(PPPpy)_2Ir(acac)$、$(PPPpyp)_2Ir(acac)$、$(PPPpyf)_2Ir(acac)$ 等。

② 蓝光发光材料：FIrpic、$Ir(ppz)_3$、$(dfppz)Ir(fppz)_2$、$TBA[Ir(ppy)_2(CN)_2]$、$Ir(ppy)_2PBu_3CN$、$Ir(F4ppy)_3$、$Ir(pmb)_3$、$(dfppy)Ir(fppz)_3$ 等。

③ 绿光发光材料：$Ir(ppy)_3$、$(ppy)_2Ir(acac)$，$Ir(mppy)_3$、$(tbi)_2Ir(acac)$，$(Oppy)_2Ir(acac)$，$(CF_3pimpy)_2Ir(acac)$，$(CzppyF)_2Ir(acac)$ 等。

经常报导的代表性实例有发红光的 $Btp_2Ir(acac)$，发绿光的 $Ir(ppy)_3$，利用二者可以获得比较好的 CIE 色度，但对于蓝光来说，目前色度还不够理想（见图 3-32）。FIrpic 是通过含有 F 置换基及电子吸引性的甲基吡啶（Picoline）酸，力图实现蓝色发光的磷光材料，也并不很成功。现在除 Ir 外，已知还有 Au、Pt、Os、Ru、Re 等贵金属配合物都可做主发光材料。

事实上，磷光发光材料现在还存在很多需要解决的问题：

① 磷光材料含有稀有金属，材料昂贵。

② 美国环宇显示技术公司（Universal Display，UD）掌握着磷光材料的基本专利，使用该专利要与该公司谈判。

③ 蓝光磷光材料其发光寿命短，几乎没有可实用的材料，等。

本节重点

(1) 针对红、绿、蓝三色分别介绍典型的磷光发光材料。
(2) 随着发光波长缩短，磷光发光材料在结构上有何变化。
(3) 磷光发光材料还存在哪些需要解决的问题。

图 3-31　有机 EL 材料的 Ir（铱）系金属配合物磷光发光材料

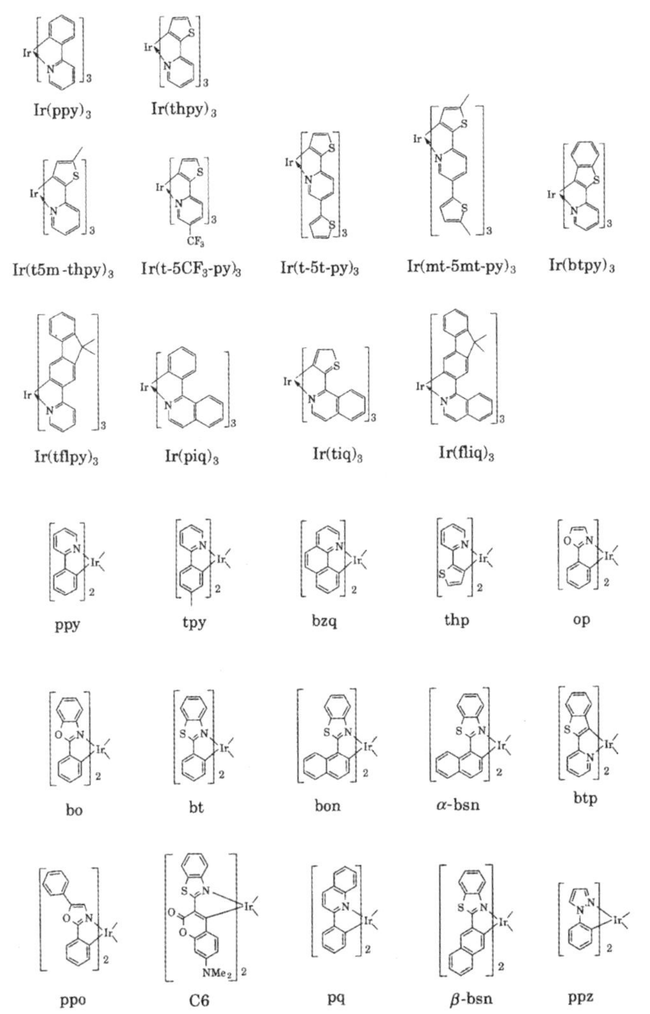

3.5.3 量子点显示

量子点显示（Quantum Dot Display，QDD）是采用量子点（Quantum Dots，QD）技术的显示设备。

量子点（Quantum Dots，QD）是新兴的半导体纳米材料，由肉眼无法看到的、极其微小的半导体纳米晶体组成，其主要成分是锌、镉、硒和硫原子。1983 年，美国贝尔实验室首次对这种半导体材料进行了研究，数年后，耶鲁大学的物理学家马克·里德将这种半导体微块正式命名为“量子点”并沿用至今。

作为纳米级别的无机物质，量子点有一个与众不同的特点：当受到光或电的刺激时，量子点便会发出有色光线，光线的颜色由量子点的组成材料和大小形状决定，这一特性使得量子点能够改变光源发出的光线颜色（见图 3-32）。它能够将 LED 光源发出的蓝光完全转化为白光，而不是像 YAG 荧光体那样只能吸收一部分，这意味着在同样的灯泡亮度下，量子点 LED 灯所需的蓝光更少，在电光转化中需要的电力更少、效率更高，在节能减排方面更胜一筹。

现今量子点技术分为两种：光致发光量子点（Photo-Emissive Quantum Dot）和电致发光量子点（Electro-emissive Quantum Dot）。

光致发光量子点通过光的刺激使量子点发出光线。QDLED、QDLCD 的说法都是基于光致发光。该技术已用于 TFT-LCD 背光源（LED-backlit LCD）。

QLED 是基于电致发光特性的量子点发光二极管显示技术，其采用量子点作为活泼的电致发光层，位于电子传输层和空穴传输层之间，不需要滤色片或起偏器，因此可以提高发光效率。

1994 年发表第一个关于电致发光 QD-LED 的报道，随后，为了实现量子点的高效电激发，人们做了许多尝试。Dabbousi 将 CdSe 量子点分散到聚乙烯咔唑和一种噁二唑衍生物中；CoSe 使用相分散技术将单层量子点封装进一个有机空穴传输层中；之后，人们又用有机电子传输层封装这个装置；2007 年，Li 报道了使用 CdSe 和 ZnS 或 CdS/ZnS 的核壳结构量子点作为发射层、两侧封有有机电子传输层（ETL）、空穴传输层（HTL）的 QD-LED。采用有机－无机混合 QD-LED 既受益于福斯特能量转移，又有较高的稳定性。然而，由于有机和无机电荷传输层的淌度不同，混合 QD-LED 不能实现电荷注入平衡。2014 年，Peng 在混合 QD-LED 的量子点层和氧化锌 ETL 之间注入一层 PMMA，优化了电荷平衡。

本节重点

（1）何谓量子点，用于显示的量子点多由哪些材料制造。
（2）何谓光致发光量子点，介绍其在显示领域的应用概况。
（3）何谓电致发光量子点，介绍其在显示领域的应用概况。

图 3-32 利用量子点进行色变换的原理

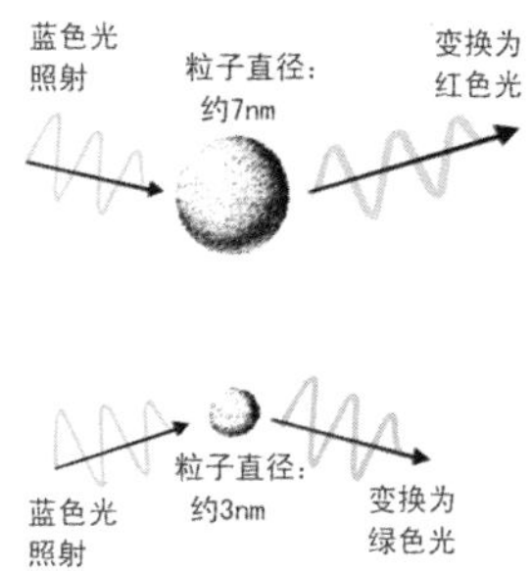

(a) 变换后的波长受粒子径控制

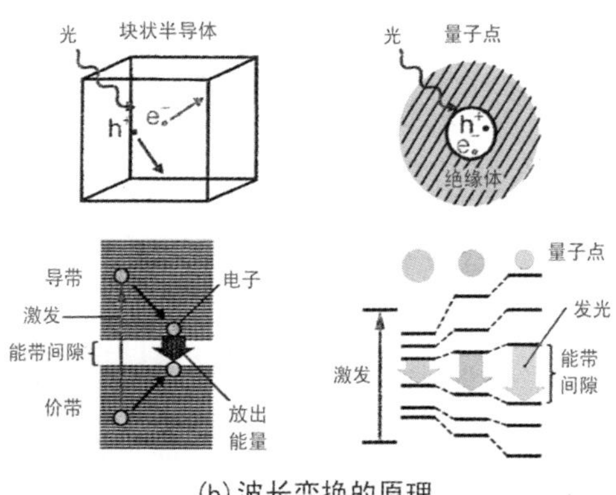

(b) 波长变换的原理

3.5.4 PLED 用 FIrpic 衍生物和聚芴衍生物

迄今为止已报道的磷光有机 EL 材料如图 3-31 所示，都是以 Ir（铱）系金属为中心的金属配合物材料。通过对配位子的 π 电子系进行控制，获得从蓝光到红光的各种各样的发光。代表性实例有红光的 $BtP_2Ir(acac)$，发绿光的 $Ir(ppy)_3$ 二者均可获得比较好的 CIE 色度，但关于蓝色发光，目前的色度尚不理想（见图 3-33）。图中所示的 FIrpic 是利用含有 F 置换基和电子吸收性甲基吡啶酸的，以实现蓝光发光的磷光材料，但至今色度仍有待提高。

共轭系高分子最具代表性的材料是 PPV。初期高分子 EL 元件制作是通过有机溶剂将可溶性前躯体制成膜后，经加热得到 PPV 薄膜。此后，通过在苯撑基中附加长链，由溶液直接得膜。代表性的 PPV 衍生物如图 3-34 所示。由这些材料可以得到从绿到橙的光。为实现高效率，需要容易地由电极向发光层注入电子或空穴，为此需要载流子取得平衡。据报道，采用 OC_1C_{10}—PPV 的绿色发光，已达到超过 16lm/W 的高发光效率。采用高分子系最早达到实用化的材料就是这种 PPV 系。但是，由于分子结构这一本质原因，PPV 系想要发蓝光是很难的。

芴系高分子是有可能发蓝光的。聚芴具有良好的热稳定性和化学稳定性，在溶液或固体状态下显示出非常高的荧光/量子产生效率。通过在芴的 9 位上置换烷基长链，则聚芴变成在有机溶剂中可溶的，从而具有优良的成形性。一些聚芴衍生物的分子结构如图 3-35 所示。聚芴的主要问题是因为其结构而引发的液晶性。在加热或在电场中，分子链与分子链发生汇合，会产生基于此的发光 [Excimer（活化变体）发光]。报道指出，这种活化变体发光是由于低分子量成分受热或电场作用发光引起的。在去除分子量 20000 以下的低分子量成分之后，实际上制成的高分子 EL 元件的稳定性大幅度提高。现在，通过聚合前提高单体纯度等方法来提高聚合物的分子量，可以使分子量达到 100 万左右。

本节重点

（1）介绍 PLED 用 PPV 衍生物的分子结构和发光光谱。
（2）介绍 PLED 用聚芴衍生物的分子结构和发光光谱。
（3）聚芴衍生物用于 PLED 存在什么问题，如何克服。

图 3-33　PLED 用 FIrpic 衍生物的发光光谱

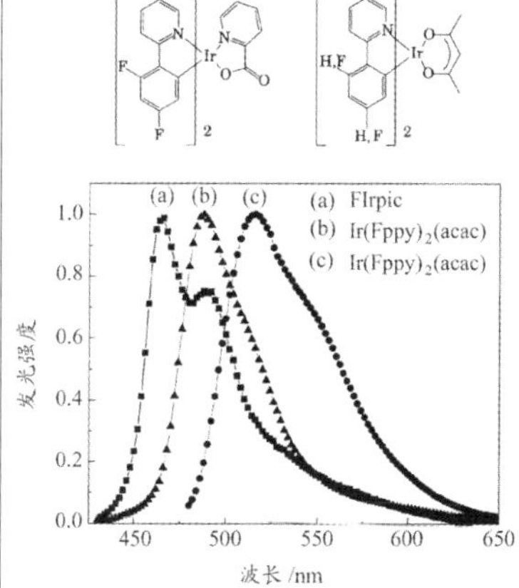

图 3-34　PLED 用 PPV 衍生物的分子结构

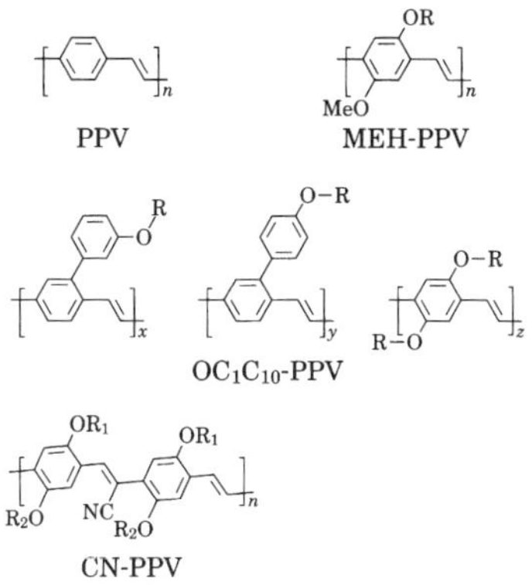

PPV

MEH-PPV

OC_1C_{10}-PPV

CN-PPV

图 3-35　PLED 用聚芴衍生物的分子结构

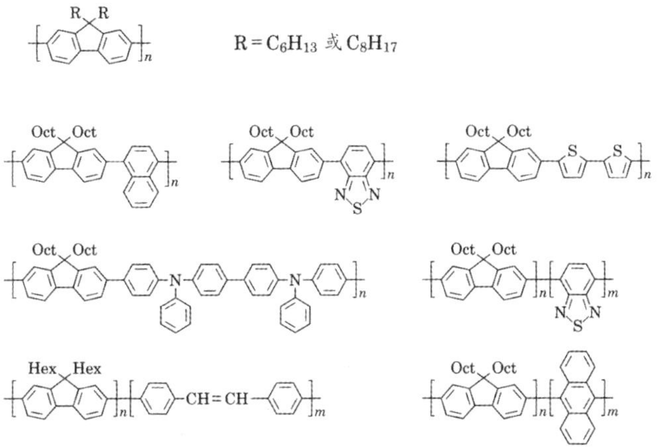

$R = C_6H_{13}$ 或 C_8H_{17}

3.5.5 高分子空穴注入材料及阳极材料

对于高分子系有机 EL 来说，在阳极一侧使用高导电性高分子材料可以改善空穴注入效率。迄今为止已报道的材料实例如图 3-36 所示。最具代表性的是图 3-36 中所示的导电性高分子材料 PEDOT : PSS。它是在噻吩（Thiophene）衍生物中掺入聚醚磺酸（Polyether Sulphone）组成的水溶性混合系。由于是水溶性悬浊液，即使采用旋涂（Spin-coat）法，也能在基板上形成均匀的薄膜。它的功函数为 5.1eV 左右。对于采用聚芴发光层的高分子 EL 元件来说，由于聚芴的 HOMO 能级深，因此由 ITO 直接向其注入很难。但是，通过在 ITO 和聚芴发光层之间形成 PEDOT : PSS 层，将电位分为两个台阶，则空穴注入变得容易些。

此外，采用非共轭系高分子而被赋予导电性的系统也可作为空穴注入层来使用。例如，在三苯胺侧链上掺杂乙烯高分子及受主（Acceptor）的 PVPTA2 : TBPAH 及 PTPDEK : TBPAH 等（见图 3-36）。采用这类空穴注入层不仅可以改善空穴注入效果，实现低驱动电压，而且还有使 ITO 表面平坦化，减少短路等缺陷的效果。

采用聚芴系，为获得蓝光以外的发光，需要导入其他的化学结构单元，3.5.4 节图 3-34 所示就是与噻吩、苯并叠氮噻唑及并苯单元所构成的共聚物。图 3-37 所示为导入三种不同的并苯单元［蒽、丁省（萘并苯）、戊省］所构成的共聚物。这种情况下的发光机制并非从聚芴的立体结构而是由导入的浓度只有百分之几的并苯单元引起。这种情况的发光机制是，从聚芴向并苯单元发生能量转移，或者在并苯单元上直接发生载流子复合而发光。另外，并苯单元还有对激子的抑制效果。这些并苯单元通过立体阻碍使聚芴单元的结构面发生扭曲配置（约 60°），基于这种扭曲，造成并苯单元的电子相对于聚芴链成为孤立状态。这恰似在聚芴膜中掺杂了并苯分子的状态。这些共聚体薄膜荧光光谱的峰值分别为 PADOF：435nm、PNDOF：525nm、PPDOF：625nm，具有非常高的色纯度，可以实现理想的 RGB 发光。发光的外部量子效率在 1% 上下。

本节重点

(1) 介绍高分子空穴注入材料及阳极材料。
(2) 说明导入并苯的聚芴衍生物作为空穴注入材料应采取的措施。
(3) 说明导入并苯的聚芴衍生物的发光机制。

图 3-36　作为空穴注入材料的共轭系高分子（PEDOT：PSS）和非共轭系高分子（PVPTA2：TBPAH 等）的分子结构

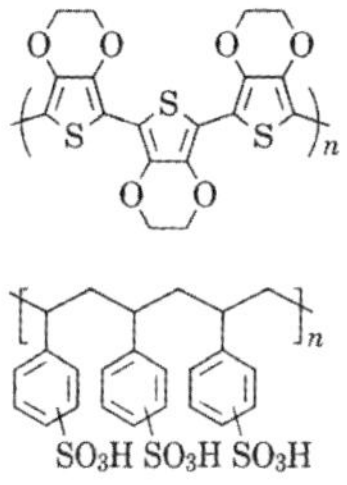

PEDOT:PSS

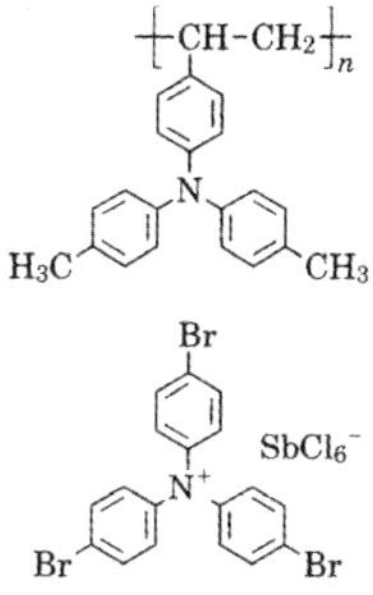

PVPTA2:TBPAH

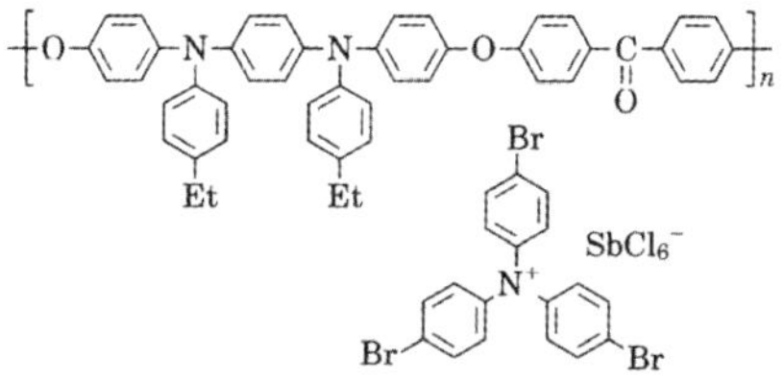

Et-PTPDEK:TBPAH

图 3-37　高分子系有机 EL 的阴极——导入三种不同的并苯单元构成的共聚物

共聚高分子	分子结构	发光峰位波长 /nm
PADOF	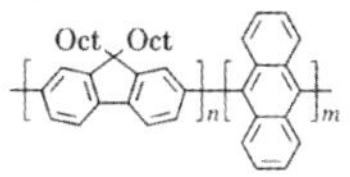 Oct Oct	435
PNDOF	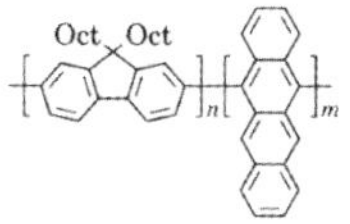 Oct Oct	525
PPDOF	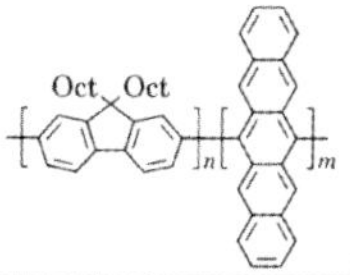 Oct Oct	625

注：$n:m=9:1$。

3.6 磷光发光和延迟荧光发光

3.6.1 主材料及客材料的激发能与发光的关系

采用常温磷光材料能实现 4 倍于荧光材料的发光效率，但仅靠变更发光材料还不能奏效。因为作为发光层，无论对于荧光材料还是磷光材料，如图 3-38 所示，都包括**主材料**和**客材料**，前者自身发光能力低，但其成膜性好，需要将其与发光能力高的客材料混合使用；后者自身发光能力高，但难以单独成膜，需要将其与成膜性好的主材料混合使用。主、客材料取长补短，相辅相成。

如图 3-38 所示，在荧光材料中，主材料的代表是铝配合物（Alq_3，喹啉铝），而在磷光材料中，主材料的代表是咔唑衍生物（CBP）；显示绿色发光的荧光客材料实例是香豆素 6，磷光客材料实例是铱配合物 [$Ir(ppy)_3$]。

将客材料在别的发光材料（主材料）中微量混合通常采用掺杂的方法，这种方法也称为**色素掺杂**。一般情况下，在主材料中加入百分之几的客材料便能使发光效率获得飞跃性提高。

尽管发光是由客材料得到的，但是其中涉及的发光机制有两个（见图 3-39）。一个机制是，电子与空穴的复合发生在主材料上，主材料处于激发状态，该激发能量转移至客材料而使客材料激发，进而产生发光，称这种机制为**能量转移机制**。另一个机制是，电子与空穴在客材料上发生复合，直接激发客材料而发光，称这种机制为**直接复合激发机制**。

无论对于哪个机制都要求主材料的激发能级高于客材料的激发能级，进而使发光能力高的客材料发光。这是因为在客材料的激发能级高于主材料激发能级的情况下，尽管客材料的发光能力高，但不能被激发也不会发光，其能量向主材料转移，结果从发光能力低的主材料以热的形式放出能量（见图 3-40）。

本节重点

(1) 举例说明荧光和磷光发光层所使用的主材料和客材料。
(2) 对两种材料的激发能级有何要求。

图 3-38　荧光（左）和磷光（右）发光层的主材料和客材料

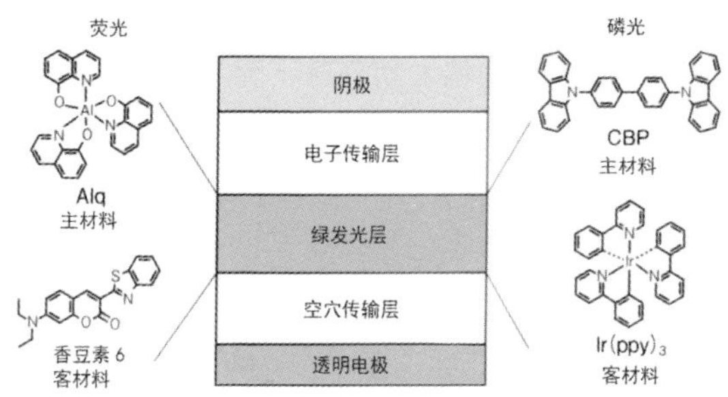

图 3-39　主材料和客材料的激发能与发光的关系

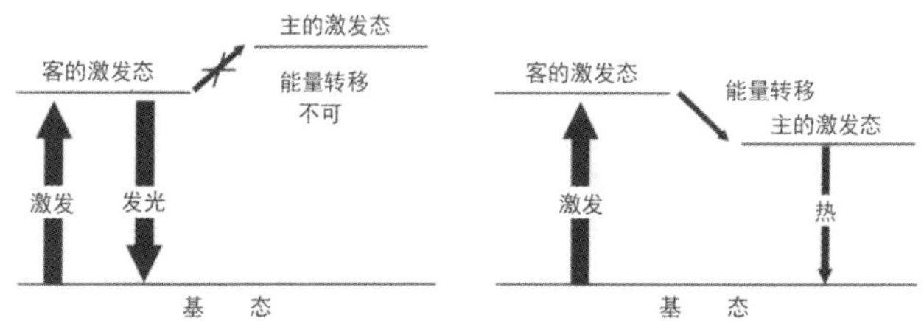

图 3-40　绿光磷光客材料和主材料的激发能

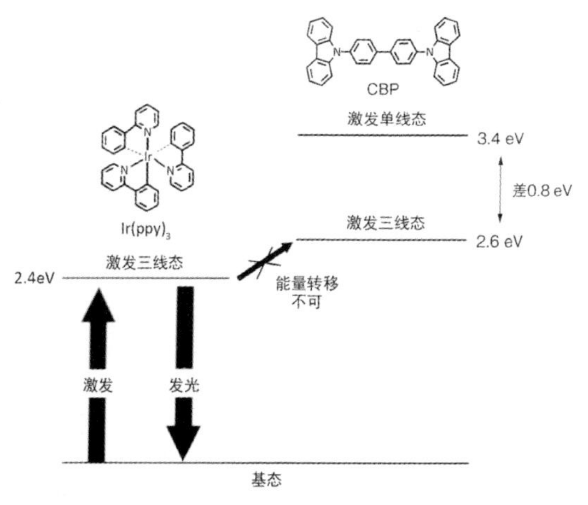

3.6.2 磷光主材料的激发三线态能量

在荧光材料和磷光材料中，所使用的主材料不同。这是因为，发光中所利用的激发状态对于荧光和磷光是不同的。

对于一般的有机材料来说，激发三线态能量比单线态能量低 0.5 ~ 1.0eV。因此，尽管 Alq_3 可以作为荧光的绿色发光材料的主材料来利用，但是作为绿色磷光主材料，由于三线态能级低而不能利用。

在利用磷光发光材料的场合，需要使用与荧光主材料相比具有更高激发能的宽能隙材料。例如，作为在 515nm 附近具有发光峰值的（三线态能量 2.4eV）绿光磷光发光材料 $Ir(ppy)_3$ 的主材料，需要探索单线态能量为 2.6 ~ 3.4eV 的材料。CBP 的单线态能量约为 3.4eV，三线态能量约为 2.6eV（见图 3-40）。

三线态能量因键合的式样不同差异很大，一般而言，缩短共轭长度可使三线态能量升高。下面介绍苯环相连接的情况（见图 3-41）。

苯的三线态能量是 3.65eV。两个苯环相连接的双苯的三线态能量为 2.84eV，E_T 下降了 0.81eV。由三个苯环直线键合的 p-3- 苯的 E_T 为 2.55eV，有可能用于绿光磷光发光材料。相比之下，由三个苯环偏键键合的 m-3- 苯的 E_T 为 2.81eV，与双苯具有几乎不变的 E_T。因此，为了通过苯的连接实现较高的 E_T，需要利用偏键键合。

使激发三线态能量提高的其他方法还有共轭切断，例如，正在研究的有导入螺旋的四联苯骨架，利用硅（Si）切断共轭的四苯基硅，还有三苯基氧化膦、三苯基硼等，如图 3-42 所示。

本节重点

(1) 为什么在荧光材料和磷光材料中所使用的主材料不同。
(2) 苯环相连接的情况如何通过缩短共轭长度提高三线态能量。
(3) 举出通过共轭切断使激发三线态能量提高的实例。

图 3-41　苯环的键合式样与三线态能量的关系

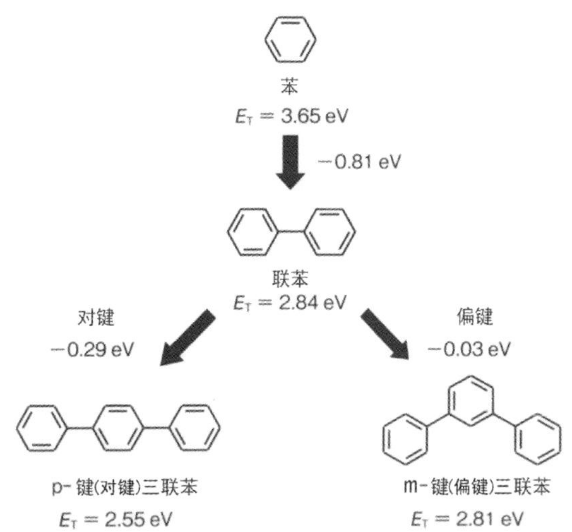

图 3-42　可用于共轭切断的化学结构的实例

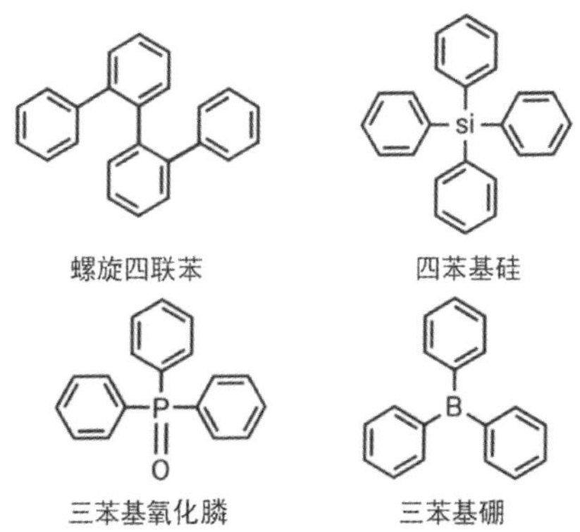

3.6.3 最早研究的磷光材料

在载流子复合中，生成单线态激子的比例为 25%，生成三线态激子的比例为 75%。如果能利用磷光，就可以获得 3 倍于荧光材料的量子效率（见图 3-43）。

本来，单线态激子向三线态激子的系间窜越，由于自旋禁阻是不允许出现的，但是世界上存在很有意思的材料。通过占比例为 25% 的单线态激子向三线态激子转换，使三线态激子的生成效率达到 100%（见图 3-44）。其中一种材料便是苯甲酮（Benzophenone）。二苯甲酮的 PL 量子效率在低温时可达接近为 1 的值。但是，在接近室温时，只能获得磷光极弱的发光。关于利用磷光的研究，尽管很早前就已开始，但长期以来一直停留在低温发光水平。

关于磷光室温发光最初报道的材料是铂朴啉（PtOEP）。该材料产生在 640nm 附近呈现峰值的红色发光，外部量子效率在 3.6% 左右。1999 年，当时普林斯顿大学的 S.R.Forrest 博士（现密歇根大学）的研究团队发表了利用铱配合物 [Ir(ppy)$_3$] 的有机 EL，外部量子效率 8%，发光效率 31lm/W，亮度 28cd/A，超越了当时荧光有机 EL 外部量子效率 5% 的极限值，达到相当高的水平。Ir(ppy)$_3$ 的 PL 量子效率从室温到低温都几近 100%，作为机 EL 的发光材料最适合不过。

利用磷光材料的有机 EL 在国际上也称为高性能 OLED（High-performance OLED）。Ir(ppy)$_3$ 发绿光，十分接近 RGB 三原色中的 G。特别是，红光磷光材料可以由荧光材料代用。现在人们已经制作出各种各样的元件结构，且有外部量子效率达 30% ~ 40% 的高效率有机 EL 的报道，但在高电流密度下，仍有相当大的效率降低现象出现（Roll-off 现象）。

本节重点

（1）荧光的 25% 部分也可以转变为磷光。

（2）藉由重原子效应，在室温也能获得高 PL 量子效率。

（3）高电流下效率会显著下降（Roll-off 现象）。

图 3-43　磷光发光材料

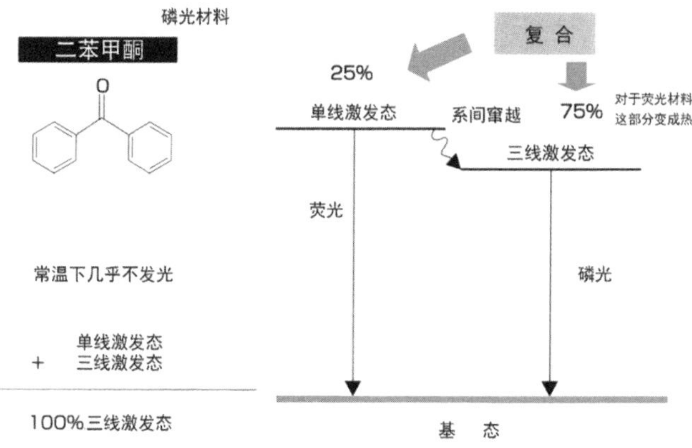

图 3-44　100% 转换为磷光的有机 EL 的结构

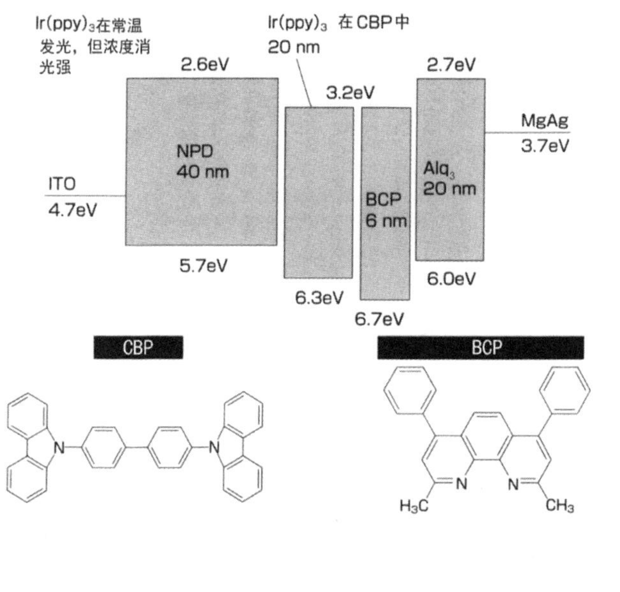

3.6.4 利用延迟荧光也可使激子生成效率达 100%

利用含有重原子的磷光材料可以将单线态激子转换为三线态激子。利用重原子效应使单线态激发状态与三线态激发状态在能量上处于相互接近的混合状态，从而便于从单线态转换为三线态。但是，对于三原色中能量最高的蓝光磷光材料来说，还必须考虑发光材料的能量不向周围分子转移的其他材料的三线态。因此，蓝色磷光材料的高效率化发展得相当迟缓，蓝光材料只好利用荧光材料。从另一个角度看，采用荧光材料如果能使激子生成效率达到 100%，则是人们求之不得的。

由日本九州大学最前沿有机光电子研究中心（OPERA）开发的，虽为荧光材料，但内部量子效率基本达到 100% 的有机 EL 新发光材料正好实现了这一目标，这便是**热激活型延迟荧光材料**（Thermally Activated Delayed Fluorescence，TADF）。所谓延迟荧光，如图 3-45 所示，是指借由三线态—三线态消减，单线态形成之后产生荧光的现象。例如，由于蒽晶体显示具有峰值为 400nm 的蓝光 PL，因此，若不使其吸收具有高于此能量的光，则不能发光。但是，用 670nm 的红光照射，却观察到蓝色 PL。这是由于 670nm 的红光激发蒽的三线态，由产生的三线态生成单线态激子而发光，它是延迟荧光。由于三线态有一定寿期，因此与直接被观察到的 PL[瞬时（Prompt）成分] 相比，属于延迟发光。

对于 TADF 来说，若单线态能级与三线态能级的能量差小，利用室温程度的热能（0.026eV），实现从三线态能级到单线态能级的逆交换项差而被激发，使三线态激子转换为单线态激子。由于单线态能级必然比三线态能级低，而且会返回三线态能级（交换项差），但是在 TADF 中，由于发生能量迁移的分子内偶极子相互正交，因此交换项差受到抑制。其结果是只有三线态激子向单线态激子发生转移。TADF 材料与含有重原子（稀有金属）的磷光材料相比，价格便宜而且容易制造，被称为第 3 代材料。

本节重点

(1) 存在自旋禁阻，发光变得延迟。
(2) 利用三线态-三线态消减使单线态激子产生。
(3) 从三线激发态通过放出热能转移到单线态。

图 3-45　延迟荧光

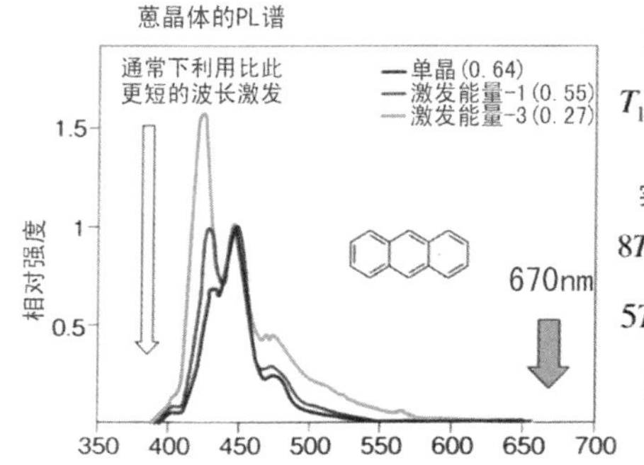

三线态-三线态消减（碰撞）

$$T_1 + T_1 \rightarrow S_1 + S_0 \rightarrow 2S_0 + h\nu$$

实际上借由下式发生

$$8T_1 \rightarrow S_1 + 3T^*$$

$$5T_1 \rightarrow S_1$$

由5个三线态产生一个单线态

通过热激活型荧光，从三线态直接发生向单线态的逆向系间窜越。其所需要的能量为热能（热活性）

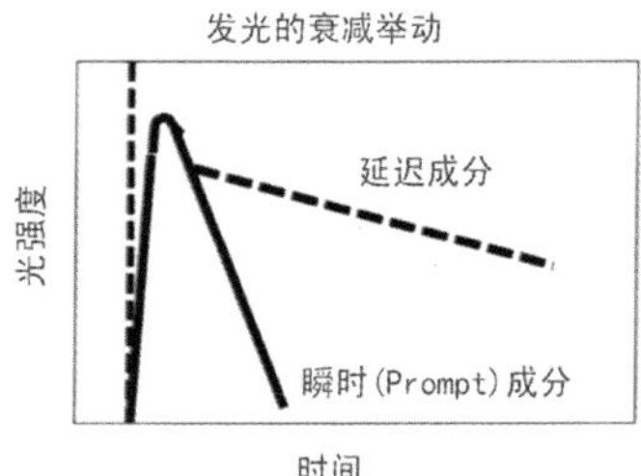

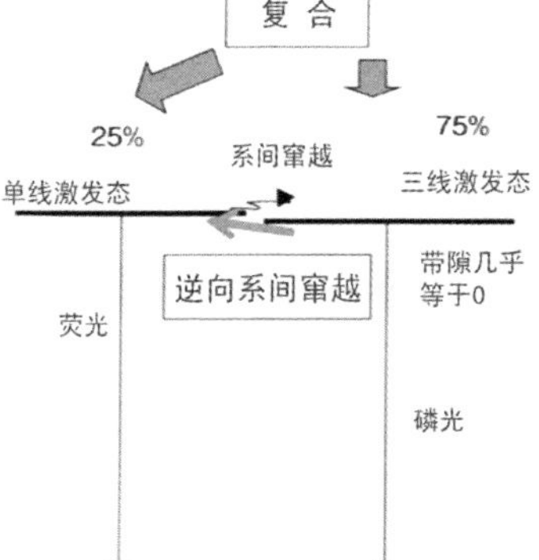

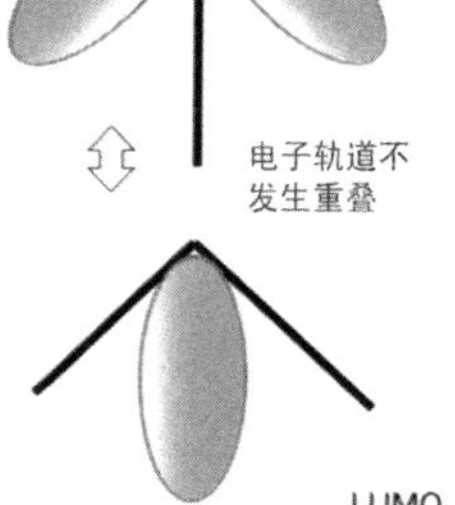

名词解释

重原子效应：由于重原子的存在，自旋相互作用变强，从而自旋反转容易发生。

书角茶桌

有机材料的成本及关键制作工艺

有机材料的特征是，通过原子（特别是碳）间共价键结合，可以形成各种各样的种类。但是，它们并非都是从最基本的单元出发合成的。从这种意义上讲，石油、煤炭等都可以作为合成的原料而使用。宝贵的原料若仅仅作为燃料，在获得能量的同时，放出CO_2和水，浪费资源，十分可惜，而且会导致全球变暖。石油价格逐年上升，必然引起以其为原料的有机试剂价格的上涨。

OLED 中普遍采用的材料喹啉铝 Alq_3 就是 20 世纪 90 年代前半期经由升华精制的，开始价格很贵，1g 超过 6 万日元。区区 1g，即使全部制成试剂，与一年的用量相比也相差甚远。而且制作工艺中的偏差在所难免，试验一次一次地重复，原料一次一次地投入。尽管现在情况有所不同，但是如何节省原料仍然是实验室大学生头痛的问题。

今天，1g 喹啉铝已降低到几千日元以下，而且制作工艺中的偏差已基本上能够控制。虽然发光材料，特别是磷光材料仍然很贵，大致在 10 万日元 /g 的程度。但这与以前相比，已有数量级的下降。以前平常说也在 50 万日元以上，今天已与普通稀有品的价格不相上下。

作为化学制品厂商，生产量小但附加值高的产品是其不懈的追求目标。实际上，利用现在的生产线，这些材料已能成千克地生产。即使 10 万日元 /g，购入 1kg，也才用 1 亿日元。即使这样，材料还是应该高效率地利用，不能充分利用的材料还要设法回收。

普通真空蒸镀的材料利用率很低，无论是点源还是小平面源，蒸发出的原料大部分没有被利用而浪费掉。为了提高膜层的均匀性，希望蒸发源与基膜的距离要远些，而为了提高材料的利用率，又希望二者的距离要近些，很难两全。采用多个小的喷嘴坩埚可以一定程度上解决这一问题。

第 4 章

OLED 的结构和材料

4.1 分层结构及高效率 OLED 器件

4.1.1 功能分离积层型元件结构

通过采用小分子材料的真空蒸镀法，比较容易制造有机材料特性匹配、各层作用分担的功能分离积层结构（见图 4-1）。即，通过充分发挥各层有机材料的功能达到整体的高性能化。在 OLED 中，由于是从阳极注入空穴，从阴极注入电子，为了实现高性能化，需要将电荷高效率输运至发光层的空穴传输层和电子传输层。

被输运的电荷在电子物性不同的空穴传输层／发光层，或电子传输层／发光层的界面附近蓄积，空穴与电子的复合在界面附近发生。因此，为了防止因界面附近的能量转移而引发的损失，无论对于空穴传输层还是电子传输层来说，都需要实现较高的 E_T。对于采用三线态激子的磷光 OLED 来说，要求邻接发光层的材料全都具有高 E_T。

作为照明用途，必须实现白色发光。由于组合成白色的三原色中蓝色具有最高的能量，因此，为实现高性能的白光元件，需要开发高性能的蓝光磷光元件及其周边材料。蓝光磷光元件用材料的开发对于 OLED 来说，是目前最热的研究课题之一。

空穴传输材料需要具有向一个邻近的分子提供 π 电子的自身容易被氧化的性质。一般情况下，采用电子供给性的芳基胺系材料。为实现高的三线态能量，通常采用共轭的切断，以及导入螺旋结构等（见图 4-2）。

本节重点

（1）何谓功能分离积层型元件，举出实例。

（2）为什么高性能 OLED 要采用功能分离积层型元件结构。

（3）说明功能分离积层型元件每一层的名称及所起的作用。

图 4-1　功能分离积层结构的实例

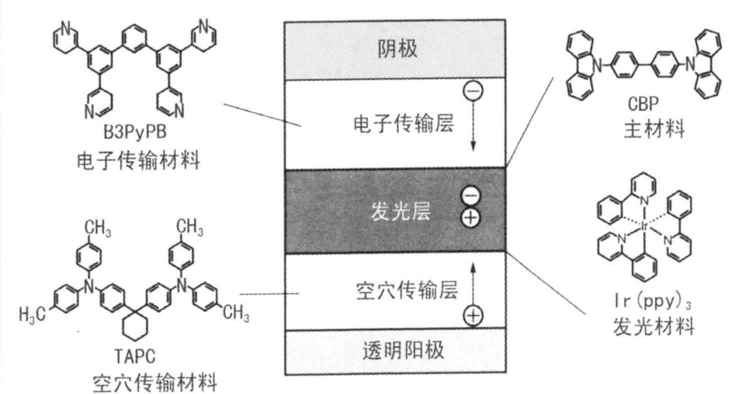

图 4-2　宽能隙空穴传输材料

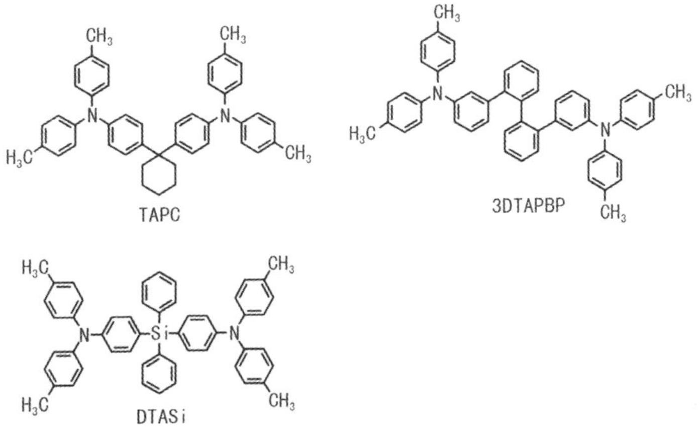

TAPC

3DTAPBP

DTASi

4.1.2 宽能隙主材料、电子传输材料，热活化延迟荧光发光材料

为了发光材料在低浓度的情况表现出高的发光效率，作为客材料的发光材料需要分散在主材料中使用。而且，后者还起到提高发光层成膜性的作用。因此，主材料的电子物性成为决定发光层内空穴与电子平衡的因素。已知的有卡唑衍生物、硅衍生物、膦氧撑衍生物等，图 4-3 所示为这类宽能隙主材料。

电子传输材料的开发比之空穴材料要晚。由于电子传输材料接受电子需要被还原，因此多采用电子不足的芳香环。已知的有恶嗪唑衍生物、苯吡啶衍生物等，图 4-4 所示为这类宽能隙电子传输材料。

在 2012 年末，当时还没有使用含有贵金属 Ir、Os、Pt 等的磷光发光材料，由日本九州大学的安达千波矢等报道了采用纯有机化合物，实现内部量子效率可达 100% 的热活化延迟荧光发光材料 4CzIPN。对于一般的有机材料来说，激发三线态能量比单线态能量低 0.5 ~ 1.0eV，但是通过分子设计等，可以使三线态与单线态的能量差变窄，达到 0.083eV (83meV)，这样，利用热能便可以使三线态激子向单线态转移，从而达到使全部激子以荧光发光形态而利用的目的。图 4-5 表示热活化延迟荧光发光材料 4CzIPN。

采用 4CzIPN 作发光材料的 OLED 元件实现了外部量子效率达 20% 的发光效率。与一般的荧光 OLED 相比，其发光效率达到 3 倍。据报道，热活化延迟荧光发光元件的外部量子效率可提高至 30%，实现了与磷光 OLED 不相上下的发光效率。

由于热活化延迟荧光 OLED 中所利用的是激发三线态能量，因此，与磷光 OLED 同样，为了实现高性能化，需要采用宽能隙的周边相关材料（见图 4-3、图 4-4）。

本节重点

（1）介绍高效率磷光蓝光和白光 OLED 元件的最新进展。
（2）高效率磷光蓝光和白光 OLED 元件中采取了哪些措施。
（3）为什么邻接发光层的材料都要选择宽能隙材料。

图 4-3 宽能隙主材料

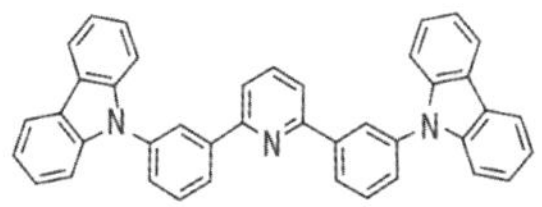

26DCzPPy

CzSi

DBFPO

图 4-4 宽能隙电子传输材料

Bpy-OXD

Tm3PyPB

B3PyPB

图 4-5 热活化延迟荧光发光材料

4CzIPN

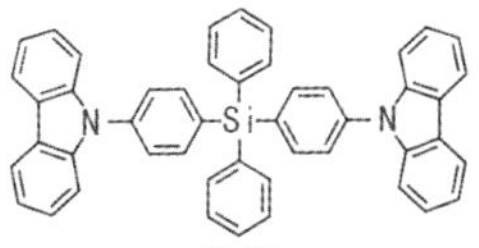

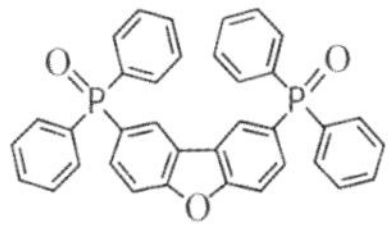

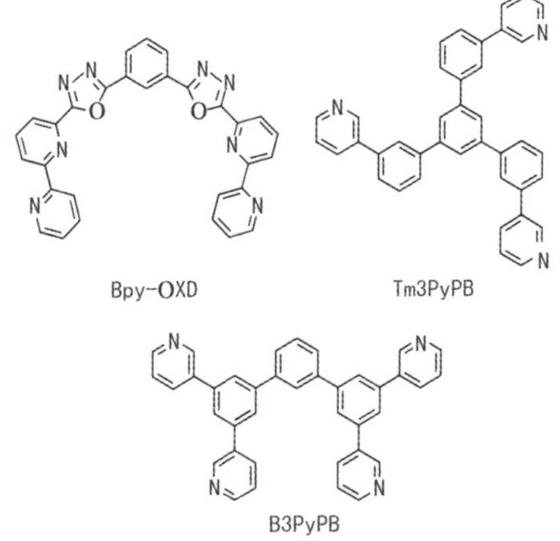

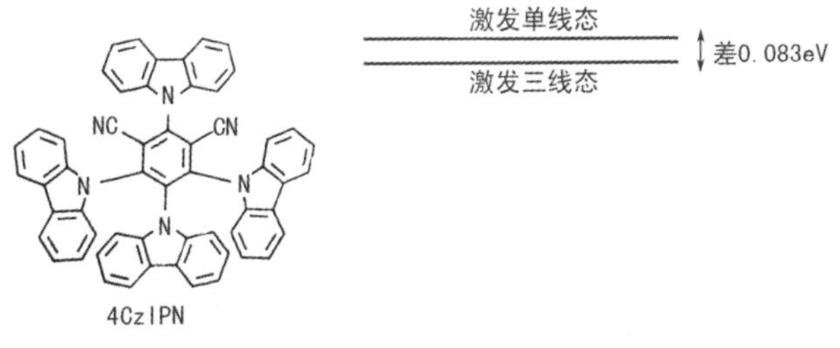

4.1.3 高效率磷光蓝光元件和白光 OLED 元件

从原理上讲，将电子 100% 变换为光的有 OLED 器件，有可能成为终极的节能光源。现在小分子蒸镀型白光 OLED 屏的电工效率已超过荧光灯的效率，达到 130lm/W。一般认为白光光源的理论极限效率是 248lm/W，将来可期待实现 200 lm/W 的高效率。照明领域的能源消耗占全部电力使用量的大约 20%，节能照明的贡献不可小觑。

目前需要解决的问题主要有三个：①低电压化；②提高内部量子效率；③提高光取出效率。由于节能光源并非仅与单一领域相关，而是涉及材料化学、光化学、半导体物理、量子化学计算等背景各异的领域，这就要求不同领域的研究者组成学科交叉团队，进行相互交叉的综合性开发。与智能手机同样作为节能光源的白光 OLED 照明走到我们身边已为期不远。

作为至此介绍的元件结构和材料的集大成者，下面举出采用宽能隙材料的蓝光磷光器件和白光磷光器件的实例。

2008 年日本山形大学的城户等，使用电子传输材料 B3PyPB 和一般的蓝光磷光发光材料 FIrpic，开发出高效率蓝光 OLED 元件。在分散有 FIrpic 的主材料中，采用的是促进空穴注入的芳基胺系材料 TCTA 和具有促进电子注入性吡啶的 DCzPPy。结果，在 1000cd/m^2 下实现了 46lm/W 的功率效率。

以这种器件为基本，在发光层的中央以极薄膜的形式插入与 FIrpic 成补色关系的橙色磷光发光材料 PQ_2Ir，在 1000cd/m^2 下，实现了 46lm/W 这一当时世界最高功率效率的白光磷光 OLED 元件（见图 4-6、图 4-7）。尽管这种器件中采用了通常的玻璃基板，但通过有效的光取出技术，可以实现超过 100lm/W 的功率效率。

本节重点

(1) 何谓堆叠型器件，它与 OLED 中的分层结构有何不同。
(2) 何谓交流驱动型 OLED，它与直流驱动型 OLED 有哪些区别。
(3) 介绍堆叠型器件和交流驱动型 OLED 的优点。

图 4-6　白光磷光 OLED 元件的结构

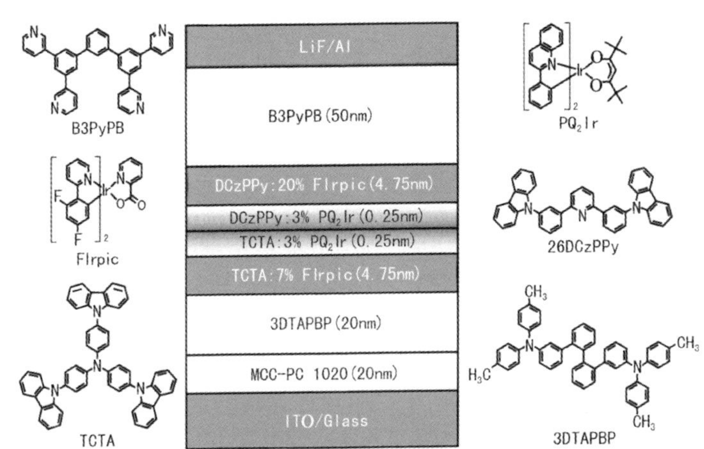

图 4-7　白光磷光 OLED 元件的效率

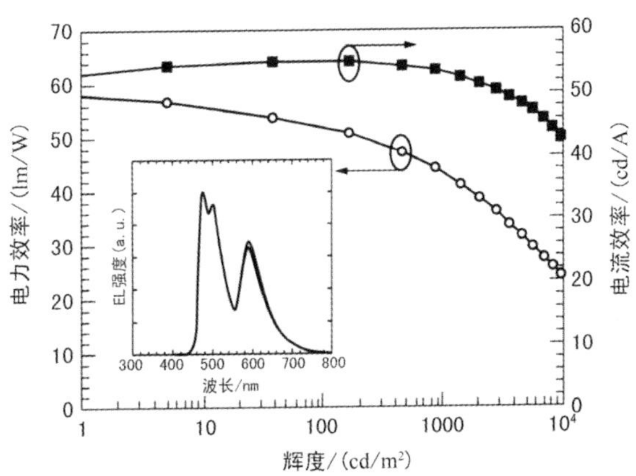

4.1.4 多光子发生器件（堆叠型器件）和交流驱动 OLED

下面介绍 OLED 的元件结构。OLED 的基本结构由邓青云最早发表，初期由九州大学的研究团队改进，已初步定型，此后的工作可以说是在基本结构之上的变形和功能分离的复杂化。但是，超越该范畴之外的工作也是有的。

其中之一是山形大学研究团队发表的多光子发生器件。若采用单独的元件，当施加电压为 V，有电流 I 流过时，可观测到的发光强度是 L。图 4-8 表示将 3 个元件相串联的实例。为使外部电路中有电流 I 流过，需要施加 $3V$ 的电压，而由元件观测到的发光强度是 $3L$。如果按相同电流的条件来比较发光效率，则三个元件串联情况的发光效率是单个元件情况的 3 倍。

为了将三个元件串联的情况做成一个元件，元件之间必须引入要求很高的特殊层。对该层的要求很高，作为金属电极必须是透明的，与此同时，除了具有电子之外还能注入空穴，称此为电荷发生层。山形大学研究团队采用的是三氧化二钒（V_2O_3）。多光子器件尽管电压高，但电流小，适合于照明用途。

九州大学研究团队开发的元件是将电荷发生层置于中央，在外侧采用封闭电极的结构。由此，若对这种元件施加交流电压，从电荷发生层会有空穴和电子分别按电场方向放出，而如果电压反向，则有与前相反的电荷注入。如图 4-9 所示。这样做的结果是先头注入的电荷与后面注入的相反电荷发生复合而发光。从两端的电极并不注入载流子，但可以观测到发光。多光子发生器件从结构上讲是由多个元件堆叠而成，又可以施加交流电压驱动，因此又称其为堆叠型器件和交流驱动 OLED。多光子发生器件中的这种载流子举动与无机 EL 元件十分相似。由于二者发光机制本身并不相同，自然不能混为一谈，但若从驱动方式看，将其看作无机 EL 也并非牵强。

本节重点

(1) 电荷发生层是关键所在。
(2) 由多个元件堆叠成一个元件。
(3) 没有载流子注入的有机“无机 EL”。

图 4-8　3 个元件相串联实例

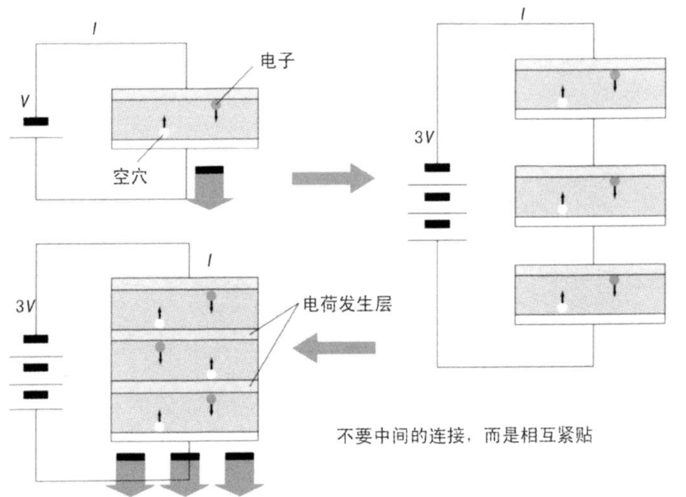

在通常的外部回路中，如果有一个电子流动，设内部量子效率为100%，则会产生一个光子。有n个元件便会有n个光子放出，故称其为多光子器件，有的国家也称其为堆叠结构

图 4-9　交流驱动的 OLED

即使从与电源相连接的电极没有注入载流子，靠从电荷发生层发生的载流子也能实现其复合

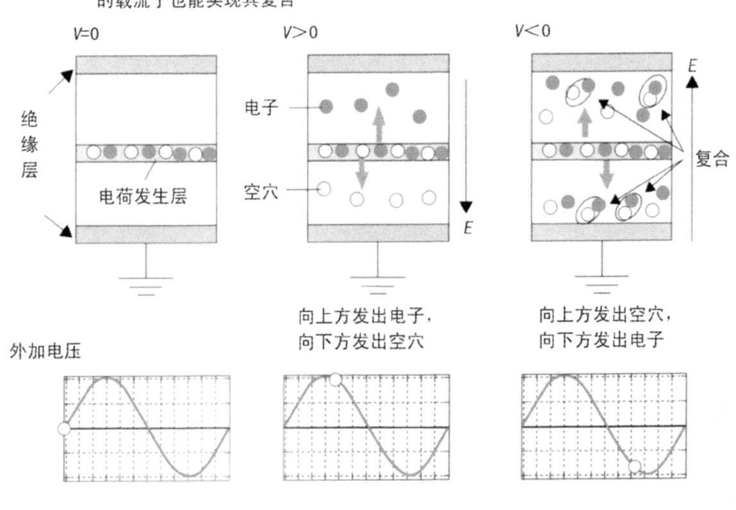

4.1.5 低电压磷光 OLED 元件

伴随着材料性能的飞跃性提高，2007 年，日本山形大学的城户等，将绿光磷光 OLED 元件的外部量子效率提高至 30%，达到原来的 1.5 倍。2014 年，同一研究团队进一步发表外部量子效率为 30% 的蓝光磷光元件的报告。

另一方面，OLED 的驱动电压的降低也不断取得进展。2013 年，日本山形大学的城户等，开发出采用两节干电池的 3V 获得 5000 cd/m^2 发光的绿光磷光 OLED 元件（见图 4-10）。在此研究中，通过在电子传输层和阴极间插入使电子注入性提高的锂配合物 Libpp 电子注入材料，在 1cd/m^2 下仅需要 2.07V 的电压，实现了在比发光材料的能隙还低的电压下的驱动（见图 4-11）。

2012 年末，日本九州大学的安达千波矢教授报道，他们不使用含贵金属 Ir、Os、Pt 等的磷光发光材料，而使用纯粹的有机化合物开发出热激活延迟荧光发光材料 4CzIPN，能使内部量子效率达到 100%。对于一般的有机材料来说，尽管激发三线态能级比单线态能级低 0.5 ~ 1.0eV，但是通过分子设计等手段，可使三线态与单线态能级差变窄至 0.083(83meV)，这样，利用热激活就可以实现从三线态激子向单线态激子的转换，通过使其作为荧光而发光，就可以利用全体激子发光，使内部量子效率实现 100%，称此为热激活延迟荧光（TADF，见 3.6.4 节）发光。

在发光材料中使用 4CzIPN 的 OLED 元件实现了 20% 的外部量子效率。与一般的荧光 EL 元件相比，达到 3 倍的效率。2014 年，首尔大学的 J.J.Kim 博士报道，激活延迟荧光元件的外部量子效率提高到 30%，达到与磷光 OLED 不相上下的效率。

由于热激活延迟荧光 OLED 中利用的是激发的三线态能级，与磷光 OLED 同样，为了实现高性能化，也需要宽能隙的周边材料。

本节重点

(1) 作为节能光源的 OLED 照明目前需要解决哪些问题。
(2) 说明热活化延迟荧光发光的原理。
(3) 介绍热活化延迟荧光发光的最新进展。

图 4-10　低电压绿光磷光 OLED 元件的结构

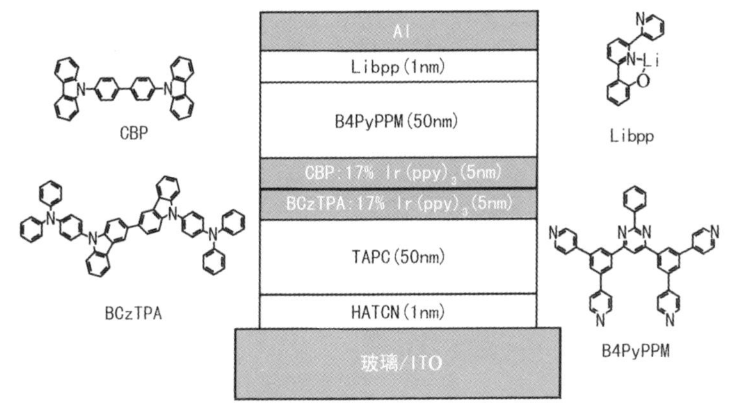

图 4-11　能隙低电压绿光磷光 OLED 元件的结构

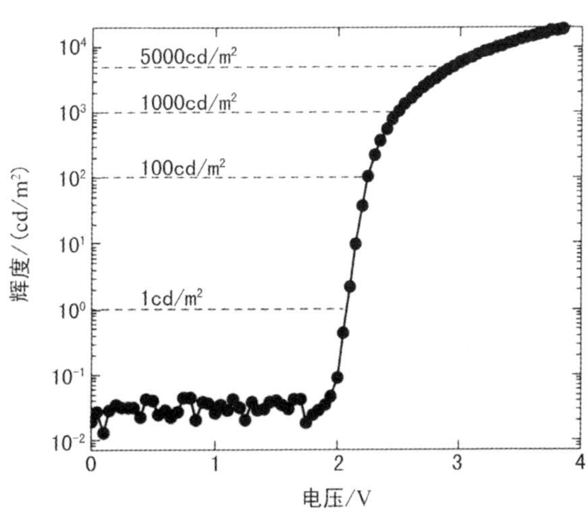

4.2 载流子注入、传输和阻止材料

4.2.1 载流子注入材料

作为阳极所使用的 ITO 的功函数一般为 4.5 ~ 5.2eV（以下按 5.0eV 考虑）。空穴传输材料，例如，α-NPD 的离化势约为 5.4 ~ 5.5eV。在这种情况下，空穴注入的障蔽（势垒）高度 V 约为 0.5eV。而室温（300K）若用能量表示，约为 0.026 eV。在这种情况下，按波尔兹曼统计，受热激活的空穴注入的概率（$-\Delta\Phi/k_BT$）在 10^{-9} 量级。因此，需要利用离化势位于 ITO 和 α-NPD 中间的有机材料，以促进空穴注入。基于这种考虑，一般要加入促进空穴注入的空穴注入层。经常使用的空穴注入层材料如图 4-12 所示，有铜酞菁染料（CuPc）、繁星式材料、聚苯胺、PEDOT ：PSS、SAM、HTA-CN、F4TCNQ 等。

电子传输侧也需要设置电子注入层，经常使用的材料为 Alq_3。但更重要的是碱金属和碱土金属的氧化物及卤化物（LiF、Li_2O、CaO、CsO、CsF_2 等）。这些都是离子晶体，对其进行直接蒸镀相当困难，一般是在分子状态下进行蒸镀。但是，离子晶体基本上都是绝缘体，如果在有机层上附着较厚，会抑制从阴极金属的电子注入。许多文献报道，上述碱金属和碱土金属氧化物及卤化物的膜厚一般不足 1nm。

读者自然要问，为什么附着绝缘体会促进电子注入呢？目前提出的理由有两个。一个是，这些金属氧化物及卤化物蒸镀之后，被马上后续蒸镀的活性 Al 还原，从而得到与蒸镀低功函数的碱金属等同样的效果；另一个是，借由以分子状附着的金属氧化物及卤化物的电偶极子，形成电气二重层，其结果是真空能级倾斜，造成从阴极金属电子注入的壁垒下降，从而促进电子注入。

本节重点

（1）采用热激活，初始能量与最终能量之差非常重要。

（2）构成台阶状可使注入效率提高。

（3）改善 ITO 的结合（附着）性。

图 4-12　空穴注入层材料

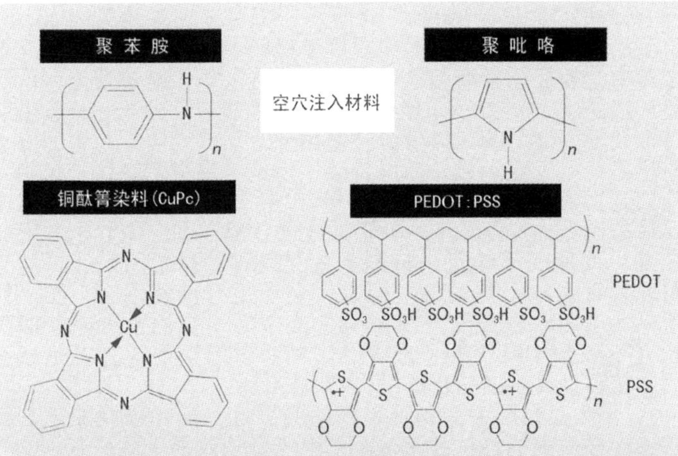

大巴及高铁车辆用的蓝色颜料

PEDOT:PSS是在PEDOT中加入PSS的凝集体

聚苯胺、聚吡咯、PEDOT:PSS都是导电性高分子。像存在称为苯胺黑的黑色染料的情况那样，随着聚苯胺厚度的增加，光透过性变差。由于PSS的硫酸基在水中是可溶的，PEDOT:PSS是以粉碎的纳米粒子在水中分散的形式在市场销售

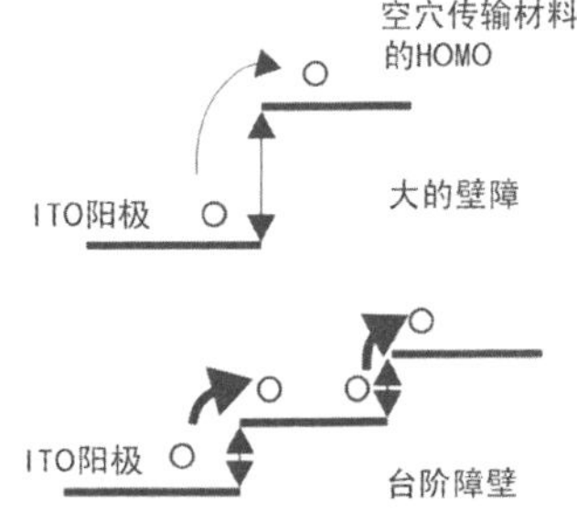

分两次注入，可改善空穴注入（注：此图中空穴的能量是以反向表示的）

电子注入材料

LiF，Li_2O，CaO，CsO，CsF_2等以厚度不足1nm的层导入，可促进电子注入。厚度过厚时，由于这些都是绝缘体，反而会使电子注入变差

促进电子注入的机制有两条：
①碱金属及碱土金属被还原，从而获得与蒸镀金属同样的效果；
②由于电气二重层的影响，使注入障壁下降

4.2.2 常用的载流子传输材料

邓青云博士最初利用的三苯胺环己烷（Triphenylamminecyclohexane），九州大学研究团队所利用的 TPD，柯达公司用的 α-NPD 等的共同点如图 4-13 所示，都有三苯胺骨架（α-NPD 为丁二基置换体）。这些也是感光材料中常用的结构。在三苯胺基中，氮原子具有孤立电子对，这种电子容易被夺走，从而易形成游离正离子。二聚体的玻璃化温度（T_g）低，一般是通过形成三聚体、四聚体使分子量增加。从感光体所利用的有机材料看，不一定利用三苯胺骨架，但是，要引入胺络物结构。空穴迁移率为 10^{-2} ～ $10^{-3}cm^2/Vs$。空穴的迁移也是导致电子迁移的原因，一旦由 LUMO 造成电子迁移，则会使分子的能量变高，致使其不稳定，特别是易受氧等的影响。因此，尽管 Alq_3 具有弱电子传输性，但是人们还是经常使用它。图 4-14 所示为其他一些电子传输材料，其中电子传输性更高些的有唑（Oxazole）噁衍生物、三唑（Triazole）衍生物。前者是成膜后比较容易发生多晶化的材料。

尽管发光层中受到迁移率高的困扰，但如果载流子传输层中迁移率高的话，会带来驱动电压低的效果，这是有利的。作为新材料，名古屋大学理学研究科山口茂弘教授提出的硅衍生物和硼衍生物（见图 4-14）就是迁移率高的电子传输材料，正在实用化。

提高载流子传输材料的迁移率就意味着减小载流子传输材料的串联电阻。因此，也用于 4.2.1 节中所示的载流子注入材料，但一般要在空穴传输层中掺杂电子受体（酸），以提高其电导性。电子传输层中也要掺杂 Liq 及碱金属等，以提高其导电性。

本节重点

(1) 空穴传输材料以三苯胺系为主流。

(2) 电子传输性高的噁唑衍生物、三唑衍生物。

(3) 新材料，如硅衍生物、硼衍生物系也已实用化。

图 4-13　载流子传输材料

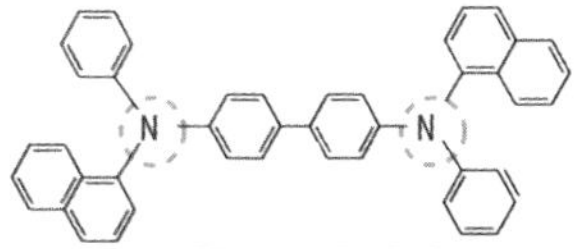

α-NPD (NPB)

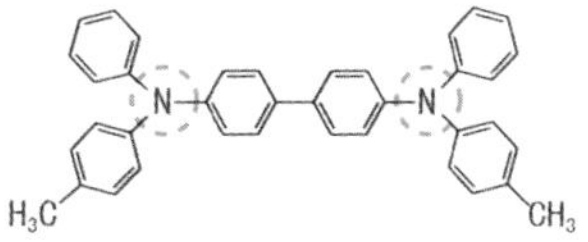

TPD

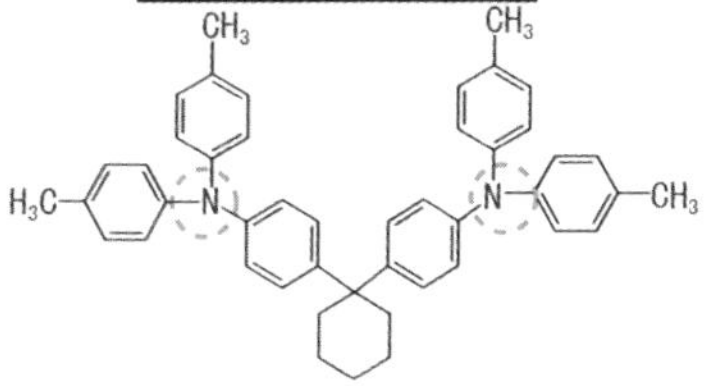

TACP

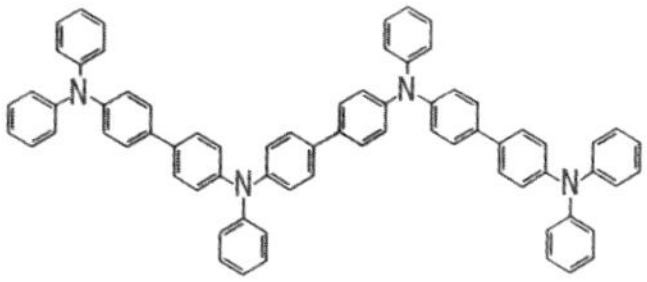

三苯胺四量体

氮具有孤立电子对，该电子中的一个被夺走则很容易接受空穴。胺就是一个典型位置

图 4-14　其他电子传输材料

噁唑衍生物（PBD）

三唑衍生物

噁唑衍生物（OXO-7）

硼衍生物

硅衍生物

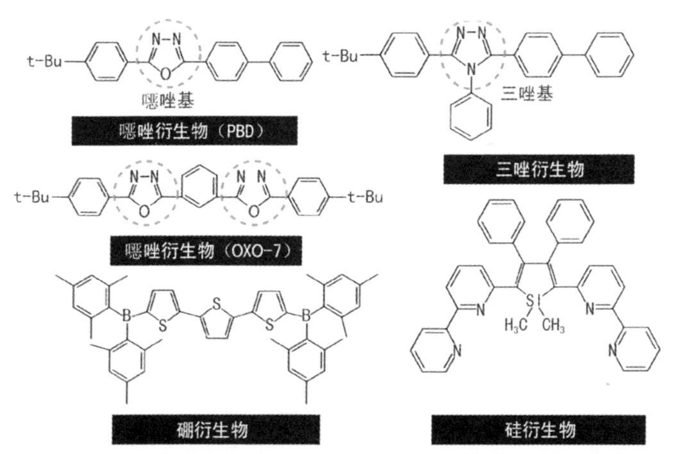

Alq_3也作为电子传输材料被使用。它的电子迁移率大致在10^{-5}～$10^{-6}cm^2/(V \cdot s)$。而硅衍生物大致在$10^{-3}cm^2/(V \cdot s)$。容易接受电子的材料在大气中变得不稳定，而且噁唑衍生物及三唑衍生物容易结晶化

4.2.3 防止空穴穿透的载流子阻止材料

即使在常见的典型的由空穴传输层和发光层构成的两层型试件中，由于两种材料的能量状态不同，界面上会发生载流子蓄积（见图 4-15），特别是由于二者的电导率不同，外加电压要由两层来分担。一般来说，空穴传输材料的电导率要高于发光层的，在外加电压低的情况下，空穴经传输会更快地达到界面。

但是，在许多情况下，对于空穴来说，由于从空穴传输层到发光层侧存在壁垒，因此在界面附近会发生空穴的蓄积，而且这种空穴的蓄积会使发光层的电场升高，促进电子注入，从而会促进界面附近载流子高效率地复合。

但是，随着层结构变得复杂，在掺杂磷光材料的系统中，一般由空穴比较容易传输的材料构成。而且，由于空穴传输容易，原本不属于发光层的别的有机层也可能发光。这时就要利用空穴阻止层（见图 4-16）。

空穴阻止层，英语为 Hole-Blocking Layer。与之对照，若有电子阻止层，则英语为 Electron-Blocking Layer。大多数有机材料具有更容易传输空穴的倾向。因此，对于与空穴传输层相组合的系统中，有机 EL 容易变成富空穴的。为此，除了要采取措施促进从阴极的电子注入以促进复合之外，还要导入空穴阻止层，以便改善载流子的平衡。

在空穴阻止材料中，已经知道的有（BCP）、Bphen、PCBI 等。其特征是具有比发光层的 HOMO 更深的 HOMO，同时具有不妨害发光层电子注入的LUMO。在导入空穴阻止层的系统中，例如，即使与空穴传输层相组合的元件，在空穴传输层相与发光层的界面附近，即使在复合区域以外，发光层与空穴阻止层的界面附近也会有载流子的复合发生。

本节重点

(1) 分析载流子在界面积蓄的原因。
(2) 空穴阻止层有什么作用。
(3) 对空穴阻止材料有哪些要求，举出几个实例。

图 4-15　两层型试件中的载流子蓄积

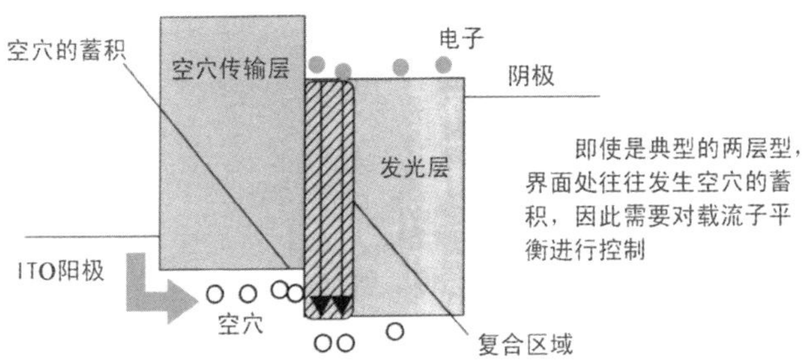

图 4-16　空穴阻止层材料

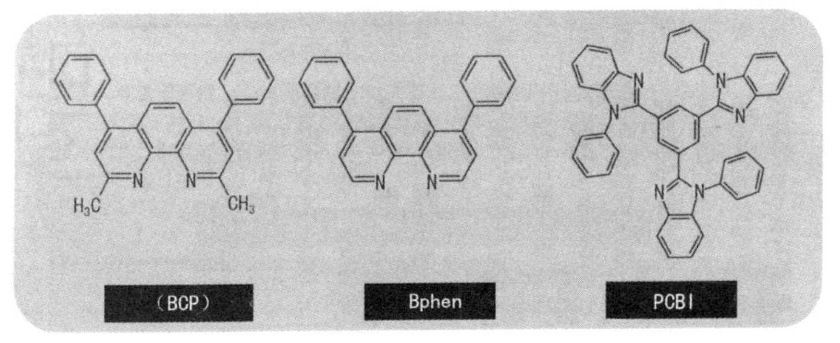

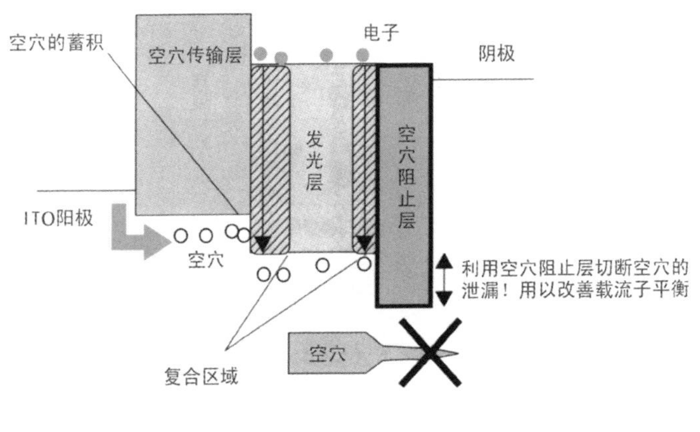

4.3 OLED 器件用电极材料

4.3.1 小分子系无源驱动型 OLED 器件的结构

图 4-17 所示为小分子系无源矩阵驱动型有机 EL（OLED）器件的结构。在已形成条状阳极（Anode）的玻璃基板上，重叠沉积纳米尺度极薄的有机膜，而后与阳极相对，并与之横竖正交，沉积条状金属阴极（Cathode）。从图 4-17 可以看出，包括 ITO 阳极在内，膜层总厚度仅 0.4 ～ 0.5 μm，是极薄的。正因为膜层极薄，一方面对有机发光材料及薄膜质量提出极严格的要求；另一方面，为实现极薄显示器提供了可能性。目前人们正在开发像纸一样薄，能自由弯曲、可折叠的极薄（中国台湾地区称其为超超薄）显示器，而发展前景十分看好的电子纸也在开发之中。

有机 EL 元件的电极，由设于基板一侧的阳极和设于元件上部的阴极两种。一般说来，作为阳极应是透明导电材料，作为阴极多采用金属材料。阳极的作用是将空穴向空穴注入层及空穴传输层等有机层注入；而阴极的作用是将电子向电子注入层及电子传输层等有机层注入。为了实现载流子的有效注入，降低注入能垒是第一要务。由于用于有机 EL 的大部分有机材料的 LUMO 能级在 2.5 ～ 3.0eV，而 HOMO 能级在 5 ～ 6eV，因此，阳极材料的功函数高些为好，而阴极材料的功函数低些为好。

早期的小分子系无源矩阵驱动 OLED 器件采用封装罐封装，如图 4-17 右下方所示。但现在封装罐封装已难以满足许多产品的要求。OLED 柔性显示器要求可弯曲、可折叠；其次，实际上，几层有机膜加起来的总厚度也只有 100 ～ 200nm，电极和基板也相当薄。而金属罐封装使用的“罐”又厚又硬，且非面结构。封装罐的“厚”和“硬”使上述发光层部分“薄”和“柔”的优势化为乌有。因此目前多采用复合膜封装。

本节重点

(1) 说明小分子无源驱动型 OLED 器件的结构。
(2) 简述小分子无源驱动型 OLED 器件的制作步骤。
(3) 为了获得薄型（柔性）器件应采用何种封装形式。

图 4-17　小分子系无源矩阵驱动型有机 EL(OLED) 器件的结构

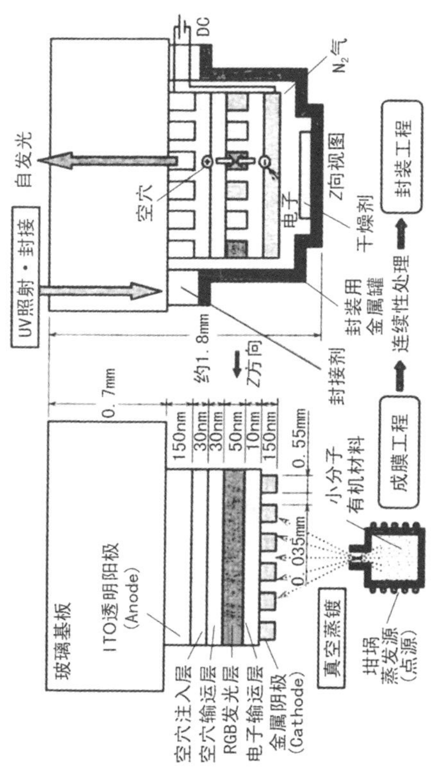

4.3.2 取出光的透明电极

含 OLED 在内，发光元件及器件至少应有一个透光面，以便光取出。由于 OLED 中要流过电流，因此也必须具备导电性。为此，需要使用透明电极，透明电极主要采用的是氧化物半导体。通常见到的氧化物，如二氧化硅（SiO_2）、三氧化二铝（Al_2O_3）等都是绝缘性的，但有些金属氧化物却显示出导电性。

导电性高的材料以金属为代表，但是金属不透明，而具有显示金属光泽的独特的色特性。这是由于固体中存在的电子使光反射造成的。决定这种光反射的是金属本身的等离子体振动，等离子体振动频率是决定能否对光发生反射的分水岭。频率比等离子体振动频率低的电磁波被反射，而频率比等离子体振动频率高的电磁波得以透射。等离子体振动频率如图 4-18 中式（4-1）所示，与载流子密度的平方根成正比。银的载流子密度为 $6.9\times10^{22}cm^{-3}$，因此波长比 130nm 长的电磁波会被反射。ITO 的载流子密度低一个数量级，约为 $10^{21}cm^{-3}$，因此只有那些波长大于 1000nm 左右的电磁波才会被反射。也就是说，可以透过 350 ～ 780nm 的可见光。

图 4-19 表中列出可以用作透明电极的材料。由于金属铟的储量有限，而用途很广，需求量很大，今后价格高涨在所难免。从资源考虑需要寻找替代材料。在这种背景下，氧化锌（ZnO）成为不错的选择。

本节重点

（1）使用氧化物半导体制造既透明又导电的阳极。
（2）由掺杂量和氧缺失可以决定各种特性。
（3）何谓表面电阻，它的大小决定于哪些因素。

图 4-18　透明电极

在10cm×10cm的ITO基板上外加电压，上部所显示的是所流过的电流值。试验表明，如同玻璃一样的透明ITO膜确实能导电

导电性基本上决定于电子密度，而材料对光的透射率强烈地决定于电子浓度

造成金属特有的金属光泽原因的等离子体共振频率由式(4-1)决定

$$\omega_p^2=\frac{n_c e^2}{\varepsilon m^*} \quad (4-1)$$

式中，n_c为电子密度；e为电子电量；ε为介电常数；m^*为电子的有效质量。频率比低ω_p的低频光被反射，比ω_p高的光透射。透明氧化物半导体的电子浓度比金属的低一个数量级，因此使原来处于紫外区域的ω_p转移到红外区域，所以可见光透明

图 4-19　主要的透明电极材料

	ITO (掺Sn的In_2O_3)	SnO_2	ZnO	IZO (InZnO)
带隙宽度 /eV	3.6~3.8	3.5~3.9	2.5~3.3	3.5~3.8
载流子密度 /cm^{-3}	10^{20}~10^{21}	10^{16}~10^{17}	10^{19}~10^{20}	10^{19}~10^{20}
其他	结晶态 良好的蚀刻性 对还原气氛耐性差	结晶 用于太阳电池	结晶	非晶态

这些氧化物半导体材料便于空穴注入，因此多用于阳极，但其属于N型半导体。对于透明电极来说，一般不用体电阻率，而是用表面电阻表示其导电性

表面电阻　$R_S=\frac{a\rho}{bd}$

$=\frac{\rho}{d}$　(a=b即为正方形时)

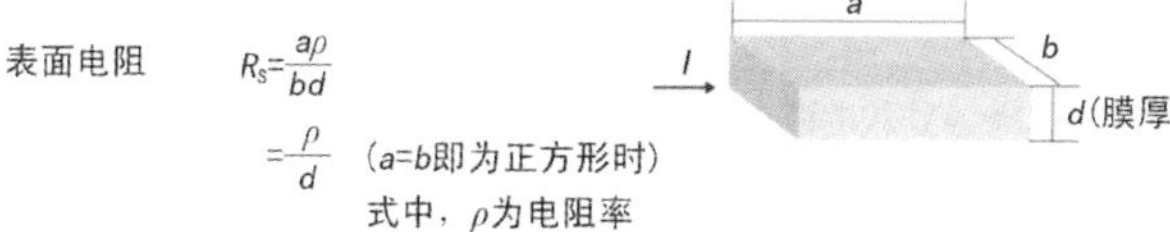

式中，ρ为电阻率

注意，随着膜厚增加，R_s变小。

4.3.3 阳极材料——IZO 与 ITO 的比较

阳极的作用是将空穴向空穴注入层、空穴传输层等有机层注入，因而选择阳极材料的先决条件包括：①良好的导电性；②良好的化学及形态的稳定性；③功函数需与空穴注入材料的 HOMO 能级匹配。当用作下发光或透明器件的阳极时，另一个必要条件就是在可见光区的透明度要高。传统的阳极材料包括透明导电氧化物和金属两大类，前者在可见光范围内是接近透明的，而后者导电性较好，但体材料基本不透明，需要制备膜厚小于 15nm 的金属薄膜才能达到透明度的要求（见图 4-20）。

氧化铟锡 (ITO) 是最常被用作阳极导电体的金属氧化物，其电阻率通常为 $(1\sim8)\times10^{-4}\Omega\cdot cm$，在膜厚为 150 nm 时，方阻约为 10Ω/t，透明度能保持在 90% 以上。ITO 的功函数一般在 4.5 ～ 4.8eV 之间，接近空穴传输材料的 HOMO 能级（5 ～ 6eV），适宜空穴注入。利用氧等离子体、紫外光臭氧处理清洁 ITO 表面，可使 ITO 的功函数增加至 5eV 以上，并增进与有机层界面间的接合性质，增加空穴的注入，降低驱动电压，更重要的是可以增加器件的稳定性与寿命。同时 ITO 薄膜制备工艺成熟，可采用溅射成膜、电子束蒸镀、化学气相沉积 (CVD)、喷雾高温分解等方式成膜，易于获得高质量的薄膜。

相较之下，室温下制备的氧化铟锌（IZO）具有更低的电阻率和更高的功函数，其电阻率约为 $(3\sim4)\times10^{-4}\Omega\cdot cm$。不过值得注意的是 IZO 薄膜在 400℃ 以下成膜的性能基本保持不变，能够保持非晶态，而 ITO 由于在高温下会发生结晶，形成电阻率更低的薄膜，故其高温成膜的性能要优于 IZO。ITO 与 IZO 的详细对比如图 4-21 所示。

本节重点

（1）解释 ITO 既透明又导电的原因。
（2）试对 ITO 与 IZO 进行比较。
（3）常用的透明阴极材料有哪些？试对其性能进行比较。

图 4-20　阳极材料——透明阳极的发展现状

阴极结构	T_{max}	元件结构
Mg：Ag(10nm)/ITO(40nm)	70%	穿透式
CuPc/ITO	85%	穿透式
CuPc/Li(1nm)/ITO	—	穿透式
BCP/Li(0.5~1nm)/ITO	90%	穿透式
Ca(10nm)/ITO(50nm)	80%	穿透式
LiF(0.3nm)/Al(0.6nm)/Ag(20nm)/Alq_3*	—	上发光
LiF(0.5nm)/Al(3nm)/Al：SiO(30nm)	—	上发光
Ca(12nm)/Mg(12nm)/ZnSe*	78%	上发光
Ca(20nm)/Ag(15nm) Ca(10nm)/Ag(10nm)	— 80%	上发光 上发光
N-掺杂层/ITO	>90%	上发光

T_{max}：最大穿透度；*：覆盖层(Capping Layer)

图 4-21　阳极材料——IZO 与 ITO 比较

阳极材料	IZO	ITO	
材料	In_2O_3:ZnO	In_2O_3:SnO_2	
组成/%(质量分数)	90:10	90:10	
成膜基板温度/℃	-20~350	室温	200~300
膜质	非晶态	部分结晶	结晶
电阻率/(μΩ·cm)	300~400	500~800	200以下
透射率/%	81	81	
折射率	2.0~2.1	1.9~2.0	
功函数/eV	5.1~5.2	4.5~5.1	
特性	表面平滑性 低温成膜性 具热稳定性	低电阻	

4.3.4 阴极金属和功函数

与阳极相对应的，阴极的主要作用是将电子向电子注入层、电子传输层等有机层注入。为了提高电子注入效率，降低注入能垒是第一要务，因而要求作为阴极的金属逸出功要尽可能低。当金属功函数越小时，与高分子 LUMO 能级的能垒愈小，注入能垒愈小的器件，其起始电压愈低，对应的器件功耗就更低；然而逸出功较低的金属相对比较活泼，容易受到周围环境的影响而发生化学反应，从而导致器件失效，因而合理选用阴极材料也是十分重要的。

由于大部分应用于电致发光的有机材料的 LUMO 能级在 2.5 ~ 3.5eV，低功函数的金属，如碱金属跟碱土族金属或镧系元素（2.63 ~ 4.70eV），都可作为有机发光二极管的阴极材料。若将功函数低于 3eV 的金属按功函数从小到大排序，则如图 4-22 所示：Cs（1.95）＜ Rb（2.16）＜K（2.28）＜Na（2.36）＜Ba（2.52）＜Ca（2.90）＜Li（2.93）。为了克服低功函数金属具有高度化学活性的问题，防止水和氧气对低功函数金属阴极产生不利影响，人们往往采用合金阴极 Ca/Al，Mg/Ag，Mg/Mg/Ag，Gd/Al，Al/Li，Sn/Al 和 Ag/Al 等，而且此类合金一般具有较好的成膜性与稳定性。其中，以低功函数的金属 Mg 和高功函数但化学性能比较稳定的金属 Ag 共蒸形成的合金阴极 Mg ∶ Ag(10 ∶ 1) 应用最为广泛。

正如之前所提到的，传统的阴极均选用低功函数金属作为阴极，但由于金属的不透明性，光只能够从基板（玻璃基板）出射，为提高光线的出射效率，研究者们开始考虑透明阴极的设计与制作，目前国内外主要采用 Mg-Ag 和 ITO 制作透明阴极，但这种合金的功函数较高，电子注入效率低，整流特性不好，同时由于金属对光的吸收特性使 Mg-Ag 合金的厚度不能够太厚，为了实现透明，其厚度常常控制在 7.5 ~ 10nm 之间，而且对于镀膜和引线都要求较高，因而这种透明阴极的实现方法并不理想。

最新的研究将目光投向硼化镧（LaB_6），这种材料具有如下的特点：逸出功低，多晶 LaB_6 功函数约为 2.6 ~ 3.0eV，而单晶的 LaB_6 功函数更低，将极大地提高电子的注入效率；LaB_6 的热稳定性能和化学稳定性能很好，不与水、氧气、盐酸等反应，只在 600 ~ 700℃ 时才能被氧气氧化；由于金属原子与硼原子之间没有价键，金属原子的价电子是自由的，所以硼化物具有高电导率，在保证透明度的前提下，方阻可低至 50Ω/□。综合这些优势，LaB_6 是极具潜力的一种透明阴极材料。

本节重点

（1）不同金属有不同的功函数，试对阴极金属功函数排队。
（2）为利于电子注入，低功函数的金属更好。
（3）低功函数的金属化学活性高。

图 4-22　阴极金属

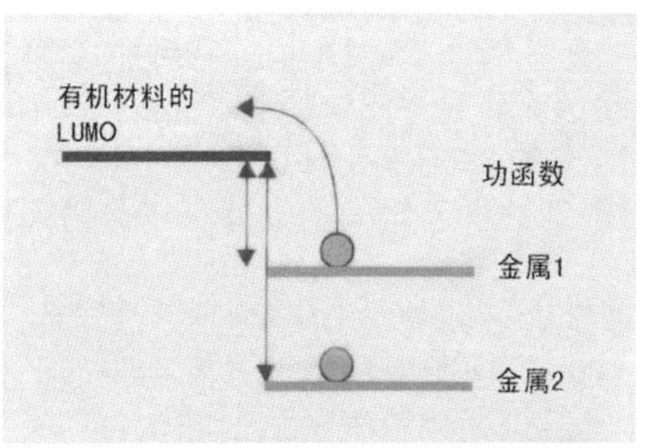

金属1与金属2相比，金属1的电子注入障壁低。这种大概的能量差决定于有机材料的LUMO与金属2功函数之差

对于电子注入来说，功函数小的金属更为有利

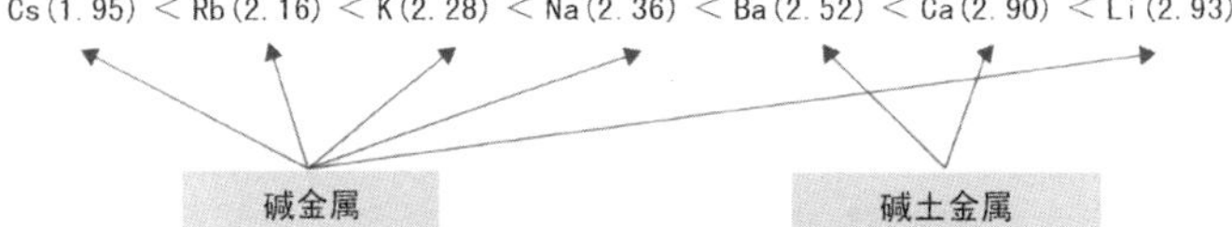

按功函数从小到大的顺序对金属排队(单位eV)

危险!

- 上述这些金属不能以单质的形式直接蒸镀。遇到氧和水会发生激烈反应
- 一般要利用碱分配器(Alkalidispenser)
- 以金属盐的形式加热，使之还原为金属进行蒸镀

- 比较安全的阴极金属是Mg和Ag共蒸镀的合金
- 尽管特性容易产生分散性，但Al：Li合金是简便易得的材料
- 一般情况下，在电子注入材料蒸镀后 ，还要蒸镀Al
- 用于顶发射元件，一般采用极薄的Mg：Ag合金价透明阴极
- 对于逆结构（从阴极侧开始制作）的情况，AlNd合金十分有效

名词解释

碱金属分配器：紧密放置金属或合金先驱体(Precuisor)的蒸发舟。利用通常的电阻加热产生反应，对还原的金属进行蒸镀。

4.4 OLED 器件的彩色化方式

4.4.1 彩色显示不可或缺的 RGB

在本节将话题集中于 OLED 显示器本身。让我们将身边彩色电视的画面用放大镜放大，或许能清楚地看到红（Red）、绿（Green）、蓝（Blue）小的发光单元（亚像素，Pixel）。这种 RGB 的发光是如何得到的？若做大的划分可以分为如图 4-23 所示的四种类型。

第 1 种是 RGB 并置方式，即将分别产生 RGB 发光色的 RGB 亚像素并排布置。采用真空蒸镀的情况是利用掩模，需要至少三次蒸镀形成发光层。采用喷墨法的情况也必须个别地完成发光层的形成。

第 2 种是 RGB 纵向叠层方式，即 RGB 发光色元件并非横向并置，而是上下叠层方式。由透明电极相互连接，逐层堆叠。为制作一个像素都要分别进行透明电极形成（溅射法）、金属蒸镀等，工序数增加，导致相当麻烦。这是其主要缺点。

前面 2 种的共同特点是，相当麻烦的发光层形成可由一次工序来完成。其中一种是采用白光光源，RGB 光由彩色滤光片取出。在这种情况下，RGB 每个亚像素需借由滤光片将其余的两个发光成分滤除掉，造成发光效率低下。假设 RGB 三个成分以相同的比例含于白光中，则每个像素的效率都在 1/3 以下。这样，即使有 20% 的外部量子效率，其发光效率也仅有 7% 以下。但是发白光时，需要 RGB 都发光，这样就会出现光的浪费现象。为防止这种现象的发生，特意留出发白光的区域，构成 WRGB 方式。

最后 1 种是蓝光 + 色变换方式，发光层采用 RGB 中能量最高（波长最短）的蓝光，该蓝光作为发光层，红和绿是藉由色变换层再吸收（蓝光）而产生的发光。这是由出光兴产提出的所谓色变换（Color Changing Media，CCM）方式。CCM 的形成与滤光片法同样可以简单地制成，发光层仅形成蓝光的即可，具有工艺简单的特点。

本节重点

（1）最基本的是 RGB 三色并置方式。
（2）利用滤光片的白光方式。
（3）利用色变换的 CCM 方式。

图 4-23　彩色显示器四种类型

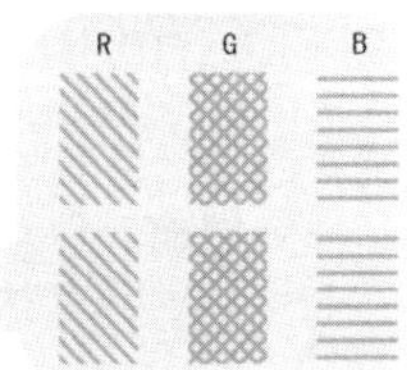

使R(红)、G(绿)、B(蓝)相组合,可再现各种彩色

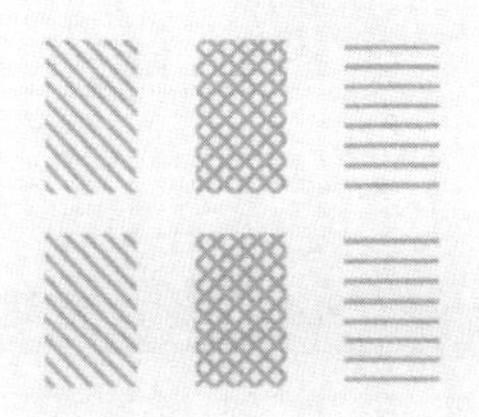

(a) RGB并置方式

借由掩模蒸镀,分别形成RGB元件，故可保证RGB每个亚像素的质量，高效率发射光

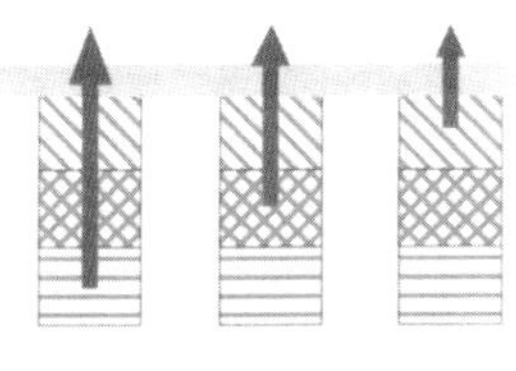

(b) RGB纵向叠层方式

RGB元件是利用透明电极制作的，伴随显示器结构的复杂化，工艺过程也相当复杂，中间电极也存在问题

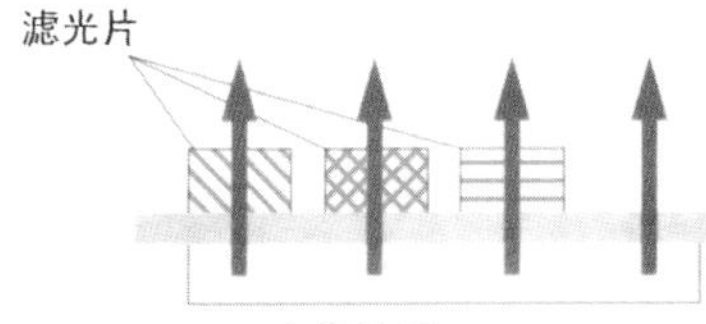

(c) 白色光+滤光片

用于液晶显示器的背光源就是由这种OLED实现的，而滤光片的形成可以由另外的制程来实现，制作工艺简约

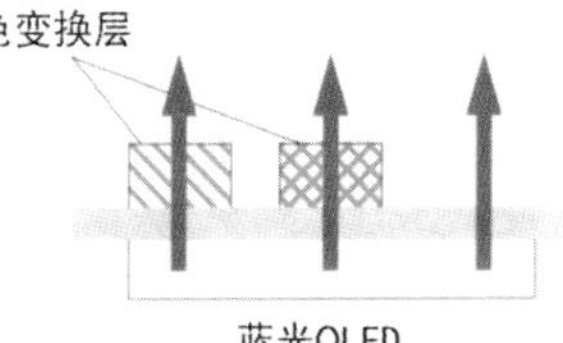

(d) 蓝色光+色变换方式

不是采用白光，而是采用能量更高的蓝光。色变换层的形成可由另外的制程来实现，制作工艺简约

4.4.2 OLED 彩色化方式的比较

早期的有机 EL 显示器产品多采用区域彩色化（Area Color）方式，而非一般意义上的全彩色化（Full Color）方式。所谓区域彩色化，是使一个一个彼此分隔的区域（Area）产生红、绿、蓝等颜色，各像素（区域）的颜色并不发生变化。我们身边的实例，如车用显示器（Car-audio）、AV（Audio-Visual System，视听系统）等显示器制品都是采用的这种彩色化方式。目前实现批量化生产的有机 EL 显示器大多是区域彩色化方式的制品。

目前早已实现批量生产的有机 EL 显示器的全色显示，同其他平板显示器的情况一样，也是将整个画面分解为一个一个小的像素，并使每个像素发出不同颜色的光来实现的。为使像素能发出全色光，每个像素都由三个亚像素（Sub-pixel）构成，而单个亚像素分别发出红（R）、绿（G）、蓝（B）三原色的光。通过使上述三原色发光量变化，可获得所需要的彩色。图 4-24 所示为 OLED 全彩化方式的比较。按上述三原色获得方法的不同，有机 EL 显示器实现全色显示主要有下述三种方式：①三色独立像素方式（三色分涂方式）；②彩色滤光片（Color Filter，CF）方式；③色转换（Color Changing Mediums，CCM）方式。

从技术和制作过程讲，上述三种方式各有长处和短处，不好一概而论哪种更好。到目前为止，三色独立像素方式采用较多，但随着最近大尺寸有机 EL 显示器需求的增加，彩色滤光片方式和色变换方式也开始采用。

本节重点

(1) OLED 实现全彩化的方法有哪几种。
(2) 试从色的纯度、发光效率对几种全彩化的方法加以比较。
(3) 试从制作流程对几种全彩化的方法加以比较。

图 4-24　OLED 全彩化方式的比较

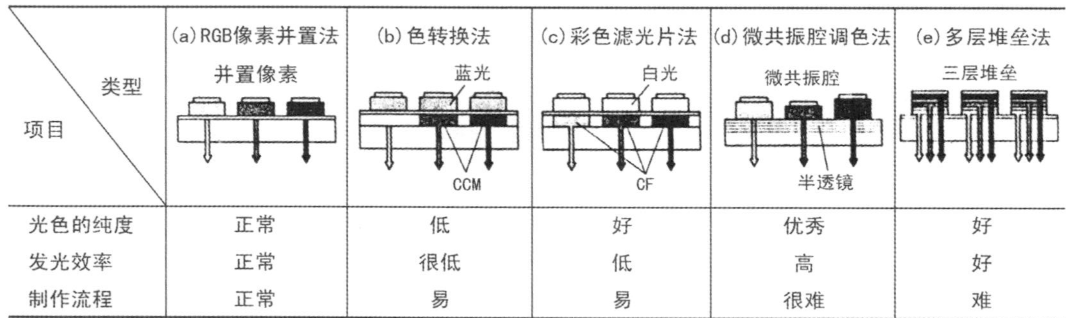

项目 \ 类型	(a) RGB像素并置法	(b) 色转换法	(c) 彩色滤光片法	(d) 微共振腔调色法	(e) 多层堆垒法
光色的纯度	正常	低	好	优秀	好
发光效率	正常	很低	低	高	好
制作流程	正常	易	易	很难	难

4.4.3 三色独立像素方式（三色分涂方式）

三色独立像素方式是在每一像素中分别独立布置 RGB 三色亚像素（Sub-pixel），如图 4-25 所示，即在发光层所在的位置使 RGB 三色发光区域分割布置的方式。对应 RGB 亚像素的每个区域，分别采用各自对应的发光材料，并由此构成整个发光层。对于小分子系材料来说，蒸镀发光材料时需要采用阻挡用的金属掩模，仅在需要的部位沉积发光材料，而遮挡不需要沉积的部位，布置 RGB 三色亚像素分三次蒸镀进行；对于高分子系（聚合物系）材料来说，需要采用喷墨（Ink-jet）法或凹版（Gravure）印刷法。一般是通过掺杂法获得不同颜色的发光材料，即在成膜性及发光亮度均良好的发光材料中，掺杂微量的有机染料（色素），使之产生所需要的 RGB 发光。

如图 4-25 所示，阴极侧的电极为公用（Common）电极，而 RGB 三色对应的阳极（ITO）分别独立布置。例如，需要 R 发光时，R 阳极上施加电压，从而使红色发光层发光。像这样，由于 RGB 三色像素独立布置，故称其为三色独立像素方式，又由于 RGB 三色发光材料分别涂敷，故称其为三色分涂方式。

为了在同一块基板上形成大小为 100μm 左右十分精细的 RGB 像素，需要采用金属掩模，但随着有机 EL 显示器向高精细化、大型化进展，金属掩模的对准（Alignment）精度变差，高精细全色显示变得越来越难。在对 RGB 像素依次进行三次蒸镀时，保证对准精度意味着在准确地蒸镀完 R 像素之后，要精确控制掩模的移动量，保证在第二次蒸镀时对准 G 像素，第三次蒸镀对准 B 像素。金属掩模移动量的精度即是上述的对准精度。真空蒸镀时需要加热，金属掩模受热膨胀引起的位置偏差越靠端部越明显，对于较大的金属掩模，端部的位置偏差与中央部位的位置偏差相比可达数十微米。可以想象，在这种情况下，整个画面的 RGB 关系会发生错乱：依位置不同而异，需要发红光的像素对应的不是发红光的材料，需要发绿光的像素对应的不是发绿光的材料等。发生这种“张冠李戴”的情况，怎么能产生所需要的显示效果呢？

当然，对于显示画面较小的有机 EL 显示器，三色独立像素方式可以充分发挥其长处。

本节重点

(1) 画图表示三色独立像素（三色分涂）方式处。
(2) 三色独立像素（三色分涂）方式有什么长处。
(3) 三色独立像素（三色分涂）方式有什么短处。

图 4-25 三色独立像素方式（三色分涂方式）

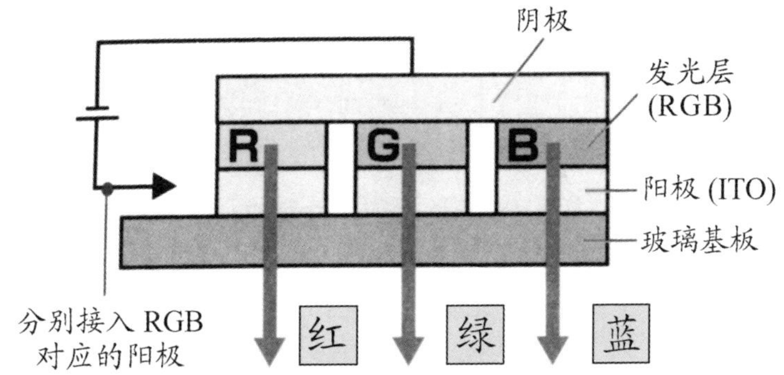

○发光效率高

○色再现性好

×蒸镀工艺复杂，难以实现大画面、高精细化

（为便于说明，发光元件为单层有机层结构）

4.4.4 彩色滤光片（CF）方式

三色独立像素方式的优点是由像素发出的光不用变换而直接取出，发光材料的性能可以充分发挥，发光效率和色再现性等优于其他方式。这种方式开发历史最长，也是目前开发的重点。这种方式的缺点是发光层的蒸镀需要多次才能完成，工艺复杂；对于大尺寸画面来说，要制作的像素很多，致使精度要求极高；而且，由于 RGB 发光材料的发光效率有高有低，寿命有长有短，需要对其进行平衡。

彩色滤光片（Color Filter，CF）方式（见图 4-26）是由发光层发出白光，通过彩色滤光片分别取出 RGB 三色的方式。白色光可由三色发光层积层的方法来获得，但一般是利用补色关系，由红色和蓝色发光层的积层来获得。由于发光元件为单一白色，而不采用三色独立发光的 RGB 像素，因此不需要对发光材料的发光效率和寿命进行平衡。由于发光元件发出的白色透过 RGB 的效率近似地说均为 1/3，彩色滤光片方式可以利用现有的 LCD 用彩色滤光片技术来实现。

彩色滤光片方式的缺点是发光效率（光的利用率）低，且对比度较差。为获得与三色独立像素方式不相上下的亮度，必须提高有机 EL 发光元件的发光亮度。为此，不仅功耗增加，特别还需要开发高效率发光的白色有机电致发光材料。

本节重点

(1) 画图表示彩色滤光片（CF）方式。
(2) 彩色滤光片（CF）方式有什么长处。
(3) 彩色滤光片（CF）方式有什么短处。

图 4-26 彩色滤光片 (CF) 方式

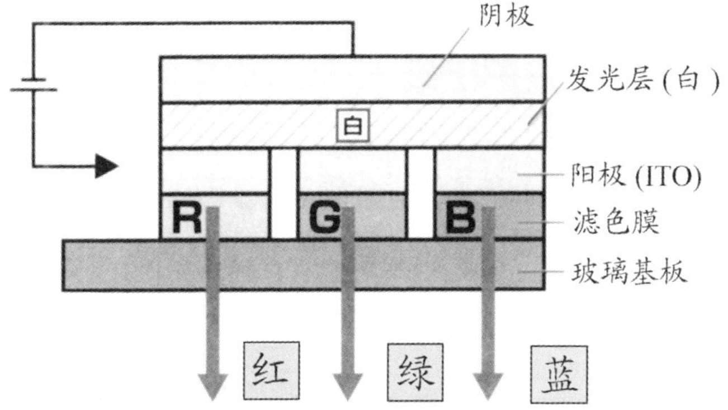

(为便于说明，发光元件为单层有机层结构)

○发光层的成膜一次完成，生产效率高

○适合大画面、高精细化

×采用滤色膜会产生光的衰减，若提高辉度，必然增加功耗，因此需要开发高效率发光的白色有机 EL

×需要开发针对有机 EL 的滤色膜

4.4.5 色变换（CCM）方式

色变换（Color Changing Mediums，CCM）方式（见图 4-27）是由蓝光发光层发出蓝光，由分散有荧光染料（色素）的色变换层吸收该短波长蓝光（B），并将其变换为较长波长的绿光（G）和红光（R）的方式。如图所示，色变换方式的发光层仅由同一种蓝色（B）发光材料构成，由其发出的蓝光，对于 B 像素来说可直接取出，对于 R 像素来说是通过红色荧光染料（色素），对于 G 像素来说是通过绿色荧光染料（色素），分别经过色变换（Color Changing），取出红（R）光和绿（G）光。红光和绿光的色变换是利用蓝光的能量分别激发相应染料（色素）的荧光体，并使其放出光。同彩色滤光片方式相比，这种激发方式的发光效率（光的利用效率）更高些。

色变换方式不需要分别布置三色独立发光的 RGB 像素，制作方法简单。色变换层同彩色滤光片的制作方法相类似，可采用光刻法制作。由于不是采用三色独立像素，不需要对各自的发光效率和寿命进行平衡。色变换方式的缺点是外光容易造成荧光体的二次激发，致使对比度下降，再加上荧光体自身的色变换效率较低等，对于实用来说，需要解决的问题还很多。

本节重点

(1) 画图表示色变换（CCM）方式。
(2) 色变换（CCM）方式有什么长处。
(3) 色变换（CCM）方式有什么短处。

图 4-27　色变换 (CCM) 方式

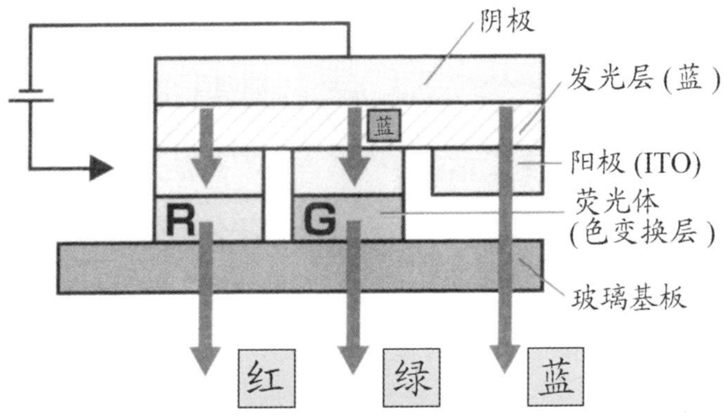

(为便于说明，发光元件为单层有机层结构)

○ 发光层的成膜一次完成，生产效率高

○ 适合大画面

× 需要改善荧光体的光变换效率

× 为防止外光等，还需要设置滤色膜

4.5 OLED 器件的驱动

4.5.1 矩阵方式显示器驱动扫描方式的种类

图 4-28 所示为矩阵方式显示器驱动扫描方式的种类，现分述如下：

① 点顺序驱动扫描方式　显示器画面的横向 X 行，纵向 Y 列构成的像素按矩阵状排列，仅对选定的 X 电极（扫描线）、Y 电极（数据线）交叉点对应的像素实施驱动。结果，仅 X 电极（扫描线）、Y 电极（数据线）交叉点对应的一个像素处于发光状态。发光时间仅为面顺序驱动扫描方式的（1/像素数），因此亮度弱。点顺序驱动扫描方式广泛应用于布劳恩管（CRT）显示器、小画面液晶显示器（有源矩阵、多晶硅 TFT）、EL 显示器等平板显示器。

② 线顺序驱动扫描方式　扫描过程中，连接 X 电极（扫描线）的整条线上的所有像素同时发光，因此，与点顺序驱动扫描方式相比，像素的发光时间增加到数据线数 n 的 n 倍。而与面顺序驱动扫描方式相比，像素的发光时间仅为扫描线数 m 的 $1/m$。但是，若利用像素（电容）的存储作用，则可达到与面顺序驱动扫描方式相同的效果。线顺序驱动扫描方式多用于液晶显示器（无源矩阵及有源矩阵驱动，a-Si　TFT）及有机 EL 显示器。

③ 面顺序驱动扫描方式　扫描过程中，按画面（1 帧）为单位处于亮状态，即直到数据重写之前，整个画面保持亮状态。这种面顺序驱动扫描方式亮度最高，多用于高精细大画面液晶显示器。

顺便指出，线顺序驱动扫描方式及面顺序驱动扫描方式的驱动电路中，都需要附加用于像素数据保持的存储电路。

本节重点

(1) 介绍点顺序驱动扫描方式，它有何优缺点。
(2) 介绍线顺序驱动扫描方式，它有何优缺点。
(3) 介绍面顺序驱动扫描方式，它有何优缺点。

图 4-28　矩阵方式显示器驱动扫描方式的种类

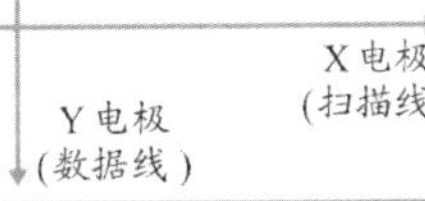

点顺序驱动扫描方式

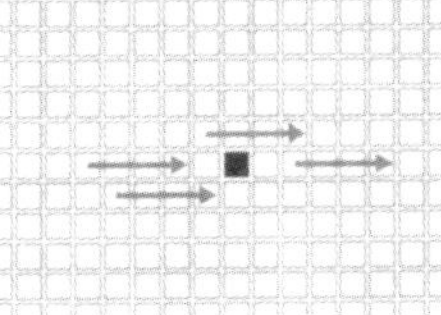

辉度	显示器应用实例
仅选定的 X 电极 (扫描线)、Y 电极 (数据线) 交叉点对应的像素发光。发光时间仅为面顺序驱动扫描方式的 (1/像素数)，辉度弱	• 布劳恩管 (CRT) • 液晶显示器 (有源矩阵 TFT，多晶硅 TFT)

线顺序驱动扫描方式

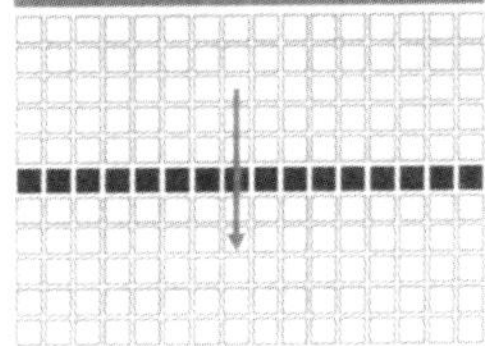

辉度	显示器应用实例
由于逐线扫描处于亮态，因此发光时间是点顺序驱动扫描方式的数据线数n的几倍，而是面顺序驱动扫描方式扫描线数m的$1/m$	• 液晶显示器 (无源矩阵驱动及有源矩阵驱动，非晶硅 TFT)
但是，利用像素 (电容) 的存储作用，可达到与面顺序驱动扫描方式相同的效果	• 有机 EL 显示器

面顺序驱动扫描方式

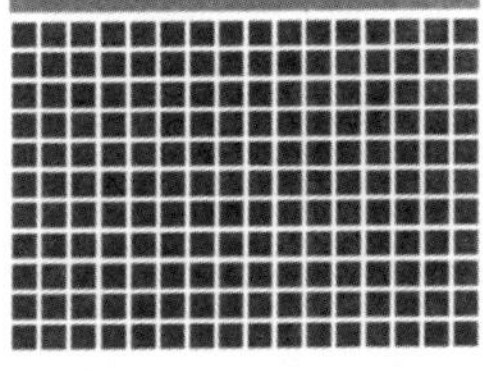

辉度	显示器应用实例
以一个画面 (1 帧) 为单位依次处于亮态。也就是说直到数据重写之前，整个画面保持亮态，辉度最高	• 高精细大画面液晶显示器

4.5.2 无源矩阵（简单矩阵）驱动方式

OLED 根据驱动方式的不同，可分为主动式 OLED（AM OLED）和被动式 OLED（PM OLED）。按国内业界的习惯，多称前者为有源驱动方式，后者为无源驱动方式。其中无源驱动又分为静态驱动和动态驱动两类。静态驱动的有机发光显示器件上，一般各有机电致发光像素的阴极是连在一起引出的，各像素的阳极是分立引出的，这就是共阴极的连接方式。静态驱动电路一般用于字段式显示屏的驱动上。在动态驱动的有机发光显示器件上，人们把像素的两个电极做成了矩阵型结构，即水平一组显示像素的同一性质的电极是共用的，纵向一组显示像素的相同性质的另一电极是共用的。在实际电路驱动的过程中，要逐行点亮或者要逐列点亮像素，通常采用逐行扫描的方式，行扫描，列电极为数据电极。

PM OLED 即被动式驱动有机发光二极管（Passive Matrix OLED）。

如果将 OLED 比作 LCD。PM OLED 就如同 STN LCD；而主动式有机发光二极管（Active Matrix OLED，AM OLED）就如同 TFT LCD。前者较不适合用于显示动态影像，反应速度相对较慢，较难发展中大尺寸面板，不过相对较为省电；后者则是反应速度较快，并可发展各种尺寸应用，最大可达电视面板需求，但相对被动式较为耗电。

无源方式的构造较简单，驱动视电流决定灰阶、分辨率及画质表现，以单色和多色产品居多，应用在小尺寸产品上。被动式 OLED 的制作成本及技术门槛较低，却受制于驱动方式，分辨率无法提高，因此应用产品尺寸局限于 2in 以内（见图 6-14），产品将被限制在低分辨率小尺寸市场。若要往较大尺寸应用发展，PM OLED 会出现耗电量增加、寿命降低的问题，目前在主屏上应用很少。图 4-29 所示为无源矩阵（简单矩阵）驱动方式。

本节重点

（1）无源矩阵驱动方式的驱动电极如何布置，电压如何施加。
（2）无源矩阵驱动方式的像素大小由什么参数确定。
（3）无源矩阵驱动方式存在哪些问题。

图 4-29　无源矩阵（简单矩阵）驱动方式

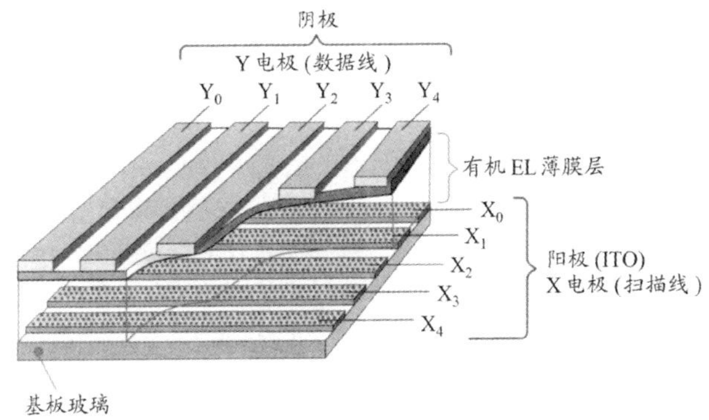

(a) 无源矩阵（简单矩阵）驱动方式的结构

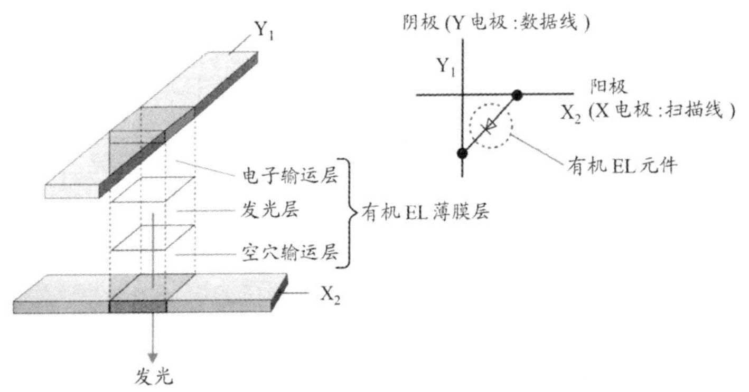

(b) 通过电极（X_2，X_1）向有机EL薄膜层施加电场的情况

4.5.3 有源矩阵驱动方式

有源驱动的每个像素配备具有开关功能的低温多晶硅薄膜晶体管（Low Temperature Poly-Si Thin Film Transistor，LTPS TFT），而且每个像素配备一个电荷存储电容，外围驱动电路和显示阵列整个系统集成在同一玻璃基板上（见图 4-30）。但与 LCD 相同的 TFT 结构无法用于 OLED。这是因为 LCD 采用电压驱动，而 OLED 却依赖电流驱动，其亮度与电流量成正比，因此除了进行 ON/OFF 切换动作的选址 TFT 之外，还需要能让足够电流通过的导通阻抗较低的小型驱动 TFT（见图 4-31）。

有源驱动本质上属于静态驱动方式，具有存储效应，可进行 100% 负载驱动，这种驱动不受扫描电极数的限制，可以对各像素独立进行选择性调节。有源驱动无占空比问题，易于实现高亮度和高分辨率显示。有源驱动由于可以对亮度的红色和蓝色像素独立进行灰度调节驱动，这更有利于 OLED 彩色化实现（见图 4-32）。

有源矩阵的驱动电路内藏于显示屏内，更易于实现集成化和小型化。另外，由于解决了外围驱动电路与屏的连接问题，这在一定程度上提高了成品率和可靠性。

随着显示器尺寸地不断增大，以及驱动频率地不断提高，传统非晶硅薄膜晶体管的电子迁移率（迁移率为单位场强下电子的平均漂移速度，可以理解为导电能力）很难满足需求，而且均一性差，所以找到了一种复合金属氧化物，即所谓的氧化铟镓锌（IGZO）。它的电子迁移率高，制备工艺简单，均一性好，而且是透明的。

图 4-30　有源矩阵驱动方式的结构

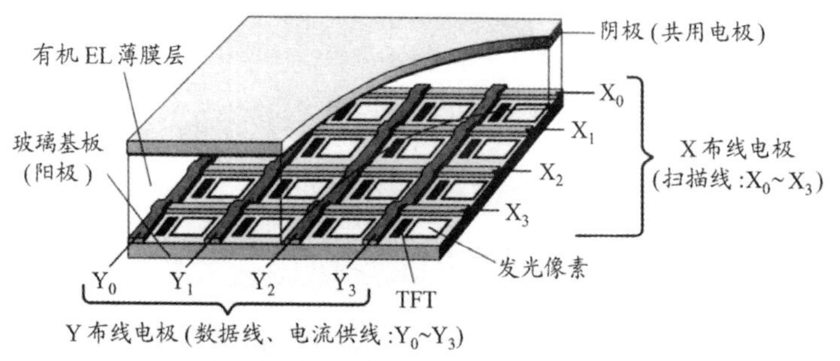

本节重点

（1）有源矩阵驱动方式的驱动电极如何布置，如何实施驱动。
（2）有源矩阵驱动方式与无源矩阵驱动方式有哪些区别。
（3）OLED 用有源矩阵驱动方式与 TFT LCD 用的有何不同。

图 4-31　有源矩阵驱动方式中阳极的像素结构

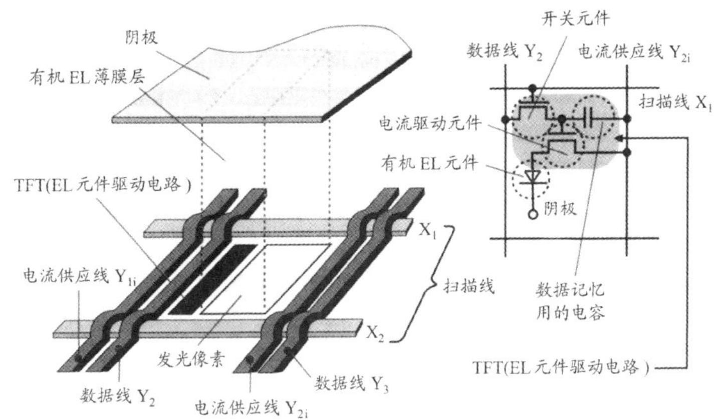

图 4-32　TFT 电路和主动（有源）面板结构示意图

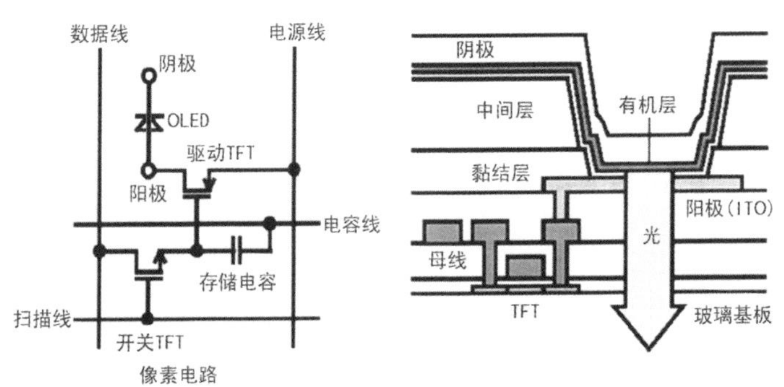

4.5.4 无源矩阵和有源矩阵两种驱动方式的对比

OLED 显示器的驱动方式与 LCD 有相似之处，既可采用被动矩阵（国内称为无源矩阵）型，又可采用主动矩阵（国内称为有源矩阵）型。前者在相互垂直交叉的阳极和阴极间三明治式地布置有机层，后者是每一个像素配置作为开关及驱动元件的薄膜三极管（Thin Film Transister，TFT）。在 OLED 显示器量产开始阶段，大多都为无源矩阵驱动型，其画面一般较小，仅非动画显示领域。

图 4-33 所示为用于 OLED 显示器的无源矩阵和有源矩阵两种驱动方式的对比。

无源矩阵为占空（Duty）驱动，仅在垂直线选择时为亮态。伴随垂直线（数据线）增加，辉度下降，因此垂直线的数量受限制（一般为 480 条）。垂直线（数据线）选择时，发光辉度 = 需要的辉度 × 垂直线数，因此需要高驱动电压。外设型驱动 IC，小型化受到限制。采用简单矩阵加有机 EL，制作工艺简单价格便宜。

有源矩阵为静态（Static）驱动，在两次选择之间一直处于亮态。辉度与垂直线（数据线）的增加无关，可以实现高辉度。在所要求辉度的驱动电压下连续发光，因此，低电压驱动即可（低功耗）。驱动电路内藏于显示屏上，可实现窄边框化、小型化。采用低温多晶硅（LTPS）或铟镓锌氧化物（IGZO）TFT，制作工艺较复杂。

顺便指出，已成功用于 LCD 的 *a*-Si TFT 并不能用于 OLED。这是由于 LCD 为电压驱动，而 OLED 为电流驱动。为了能使更大的电流通过，人们已开发出低温多晶硅 TFT（LTPS TFT）。LTPS TFT 技术可适用于大画面，高清晰度，动画显示。

低温多晶硅 TFT 还能与驱动电路等周边电路一起在玻璃基板上实现一体化，也适应小型化、窄边框化等。一体化的驱动电路也有利于降低价格。目前以三色独立像素方式为中心，采用 LTPS TFT 或 IGZO TFT 技术的 OLED 显示器已成为主流。

本节重点

(1) 试对有源矩阵驱动方式与无源矩阵驱动方式加以对比。
(2) 为什么 OLED 显示器不能利用 a-Si TFT，而要用 LTPS TFT 驱动。
(3) IGZO TFT 比之 LTPS TFT 有哪些优势。

图 4-33 用于 OLED 显示器的无源矩阵和有源矩阵两种驱动方式的对比

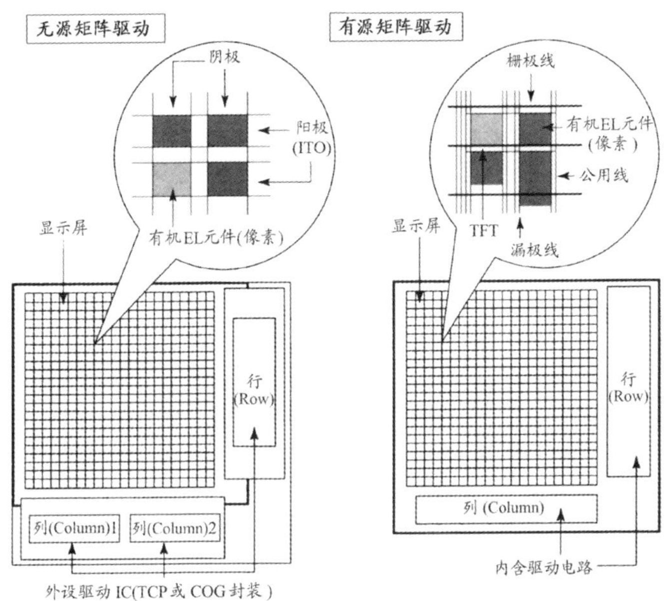

驱动方式	无源矩阵驱动		有源矩阵驱动	
驱动法	●占空 (Duty)驱动 (仅在垂直线选择时为亮态)		●静态 (Static)驱动 (在两次选择之间一直处于亮态)	
高辉度 高精细化	△	伴随垂直线 (数据线)增加，辉度下降，垂直线的数量受限制 (目前为 480 条)	◎	与垂直线 (数据线)的增加无关，可以实现高辉度
低功耗	△	垂直线 (数据线)选择时，发光辉度 = 需要的辉度 × 垂直线数，因此需要高驱动电压	○	在所要求辉度的驱动电压下连续发光，因此，低电压驱动即可 (低功耗)
小型化	○	外设型驱动 IC，小型化受限制	◎	驱动电路内藏于显示屏上，可实现窄边框化 (小型化)
元件结构 价格	◎	简单矩阵 + 有机 EL， 制作：工艺简单，低价格	△	低温多晶硅 (LTPS) TFT，制作工艺复杂

书角茶桌

热活化延迟荧光（材料）

热活化延迟荧光(TADF)材料是继有机荧光材料(第一代OLEDs发光材料)和有机磷光材料(第二代OLEDs发光材料)之后发展的第三代有机发光材料之一。

该类材料的三线态激子可以通过反系间窜越转变成单线态激子，即可以同时利用单线态和三线态发光，发光效率在理论上能达到100%。总结文献中各TADF分子特点，我们也不难发现有高效率的TADF分子一般具有最低单线态(S_1)和最低三线态(T_1)的能量差很小，通常在0.1eV以下，且分子刚性强等特点。同时，TADF分子结构可控，即可以通过改变分子设计来调控。比如说改变D、A的连接方式和数量；也可减少分子电子轨道的HOMO和LUMO电子云的重叠来减小能量差。TADF分子刚性强，性质较稳定，不含贵重金属，价格便宜，可以说同时具有传统荧光和磷光材料的优点，在OLEDs领域的应用前景广阔。

1961年，Parker和Hatchard在四溴荧光素中首次发现TADF现象。1980年，Blasse和Mc Millin首次合成出金属Cu(I)掺杂的TADF化合。2009年，Endo等人首次把Sn(IV)包含的TADF材料应用于OLED器件，并测试了其光电性能。2012年，Goushi等人把TADF激基复合物应用于OLEDs。同年，Adachi课题组取得重大突破，把TADF基OLEDs的外量子效率(EQE)提高到20%左右，打破了荧光OLEDs的极限，接近磷光OLEDs。接着他们又成功合成了从蓝光到红光的TADF材料。现阶段，国内外对TADF材料的研究掀起了新的热潮，也取得了相应的研究成果，实现了OLEDs全色光的覆盖，彰显了TADF分子在OLEDs领域中举足轻重的地位。

由于热活化延迟荧光材料具有很小的单线态一三线态能级差，最低激发三线态激子可以通过吸收环境热反向系间窜越（如图中白色箭头所示）到达最低激发单线态参与发射荧光，实现理论达到100%内量子效率。高性能的热活化延迟荧光OLED解决了以往传统荧光及磷光OLED低效率、高造价以及性能不稳定的难题，被誉为继荧光和磷光OLED后的“第三代OLED器件”。

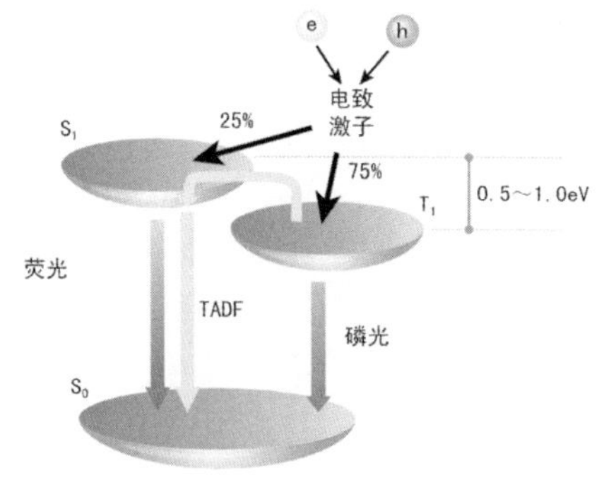

第 5 章

OLED 是如何制造的

5.1 OLED 器件的制作工艺（1）——制作工艺流程

5.1.1 小分子系无源矩阵驱动型全色 OLED 的制作工艺流程

与 TFT LCD 相比，OLDE 的制作工艺流程要简约得多，仅为前者的大约 1/3。尽管依显示方式的不同而异，但都包括在玻璃基板上形成阳极（Anode），空穴传输层及发光层、电子传输层等有机膜层，阴极（Cathode）等工艺过程。经贴合封装盒（Metal Cap），完成整体封装。在显示器驱动方面，无源矩阵驱动和有源矩阵驱动有所差异，但有机膜层形成以降的工序都是相同的，只是有源矩阵驱动型要采用 TFT 基板，因此不需要阳极的 ITO 膜，最后也不需要驱动 IC 的封装。

OLED 器件制作包括：ITO/Cr 玻璃清洗→光刻→再清洗→前处理→真空蒸发多层有机层（4 ～ 5 层）→真空蒸发背电极→真空蒸发保护层→封装→切割→测试→模块组装→产品检验、老化实验以及 QC 抽检工序。

图 5-1 表示小分子系无源矩阵驱动型全色 OLED 的制作工艺流程。从图中可以看出，整个工艺流程分为前处理工程、成膜工程和封装工程三大部分。其中，前处理工程包括：ITO 阳极的图形化、辅助电极及绝缘膜的图形化、阴极障壁形成、基板等离子清洗等；成膜工程包括：依次形成空穴注入层、空穴传输层、RGB 发光层、电子传输层（以及电子注入层）、最后沉积作为阴极的金属膜；封装工程包括：金属封装罐的自动传输，干燥剂充填，框胶印刷、干燥，完成封接，划片、分割，通电检查，最终完成显示模块等。除了传统的金属罐封装形式之外，为了配合可弯曲式（挠性或柔性）显示器及有机 EL 显示器轻量、超薄的要求，现在大部分所利用的是交互采用聚合物膜与陶瓷膜的多层膜封装模式。

本节重点

（1）试针对 TFT LCD 和 OLED 的制作工艺流程加以对比。
（2）叙述小分子系无源矩阵驱动型全色 OLED 的制作工艺流程。
（3）何谓无源矩阵驱动和有源矩阵驱动 OLED。

图 5-1　小分子系无源矩阵驱动型全色 OLED 的制作工艺流程

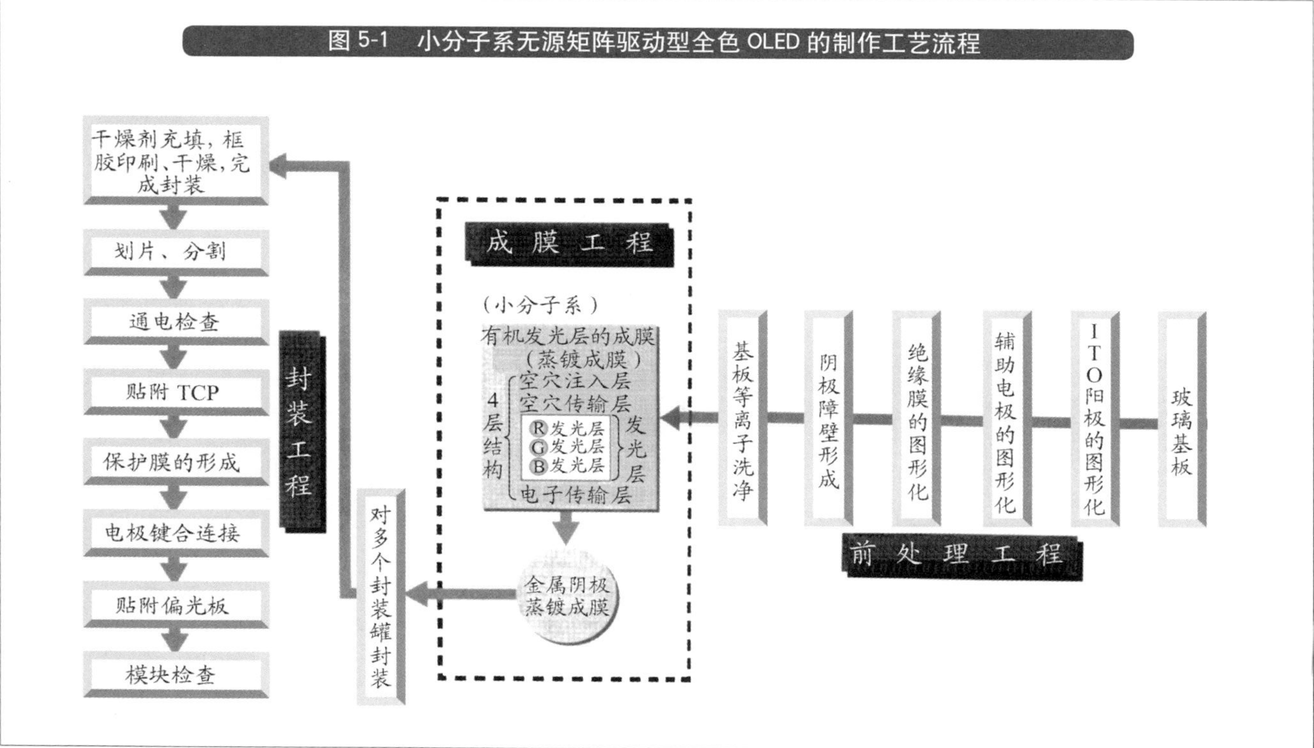

5.1.2 前处理，成膜和封装

① **前处理工程（ITO 的洗净及表面处理）** 作为阳极的 ITO 表面状态好坏直接影响空穴的注入和与有机薄膜层间的界面电子状态及有机材料的成膜性。如果 ITO 表面不清洁，其表面自由能变小，从而导致蒸镀在上面的空穴传输材料发生凝聚，成膜不均匀。通常先对 ITO 表面用湿法处理，即用洗涤剂清洗，再用乙醇、丙酮及超声波清洗或用有机溶剂的蒸汽洗涤，后用红外灯烘干。洗净后对 ITO 表面进行活化处理，使 ITO 表面层含氧量增加，以提高 ITO 表面的功函数，也可以用过氧化氢处理 ITO 表面，使 OLED 器件亮度提高一个数量级。因为过氧化氢处理会使 ITO 表面过剩的锡含量减少而氧的比例增加，使 ITO 表面的功函数增加从而增加空穴注入的概率。紫外线－臭氧和等离子表面处理是目前制作 OLED 器件常用的两种方法，主要目的是：去除 ITO 表面残留的有机物；促使 ITO 表面氧化增加 ITO 表面的功函数。图 5-2 所示为 OLED 显示屏制作工艺流程。

② **成膜工程** OLED 器件在高真空腔室中蒸镀多层有机材料薄膜，膜的质量是关系到器件质量和寿命的关键。在真空腔室中有多个加热舟蒸发源和相应的膜厚监控系统、ITO 玻璃基板固定装置及金属掩膜（Mask）装置。有机材料的蒸汽压比较高，蒸发温度在 100 ～ 500℃之间，应针对以下特征精准选择工艺参数：蒸汽压高（150 ～ 450℃）；高温条件下易分解，易变性；泡沫状态下导热性不好。

在蒸发沉积有机材料薄膜时，使用导热性好的加热舟，使蒸发速度容易控制。常用的加热舟有金属钼和钽加热舟，为了使加热更均匀，再加上带盖的石英舟，它使加热得到缓冲。在进行有机材料薄膜蒸镀时，一般基板保持室温，防止温度升高破坏有机材料薄膜，蒸发速度不宜过快或过慢，使膜厚度不均匀，过厚。蒸发多种材料分别在几个真空室中进行，防止交叉污染。在彩色 OLED 器件制作中，含有掺杂剂的有机材料薄膜的形成，要采取掺杂剂材料与基质材料共蒸发的工艺，一般掺杂剂材料控制在 0.5% ～ 2%（占基质材料的摩尔数），要求在控制基质材料和蒸发量的同时，严格控制掺杂剂材料在基质中的含量。

③ **封装工程** OLED 器件的有机薄膜及金属薄膜遇水和空气后会立即氧化，使器件性能迅速下降，因此在封装前决不能与空气和水接触。因此，OLED 的封装工艺一定要在无水无氧、通有惰性气体（如氩气）的手套箱中进行。封装材料包括黏合剂和覆盖材料。黏合剂使用紫外固化环氧固化剂，覆盖材料则采用玻璃封盖，在封盖内加装干燥剂来吸附残留的水分。图 5-3 所示为 OLED 封装模组制作工艺流程。

本节重点

（1）无源矩阵和有源矩阵驱动 OLED 分别采用何种加工的基板。
（2）全色显示 OLED 的成膜工程。
（3）介绍无源矩阵和有源矩阵驱动 OLED 的封装工程。

图 5-2　OLED 显示屏制作工艺流程

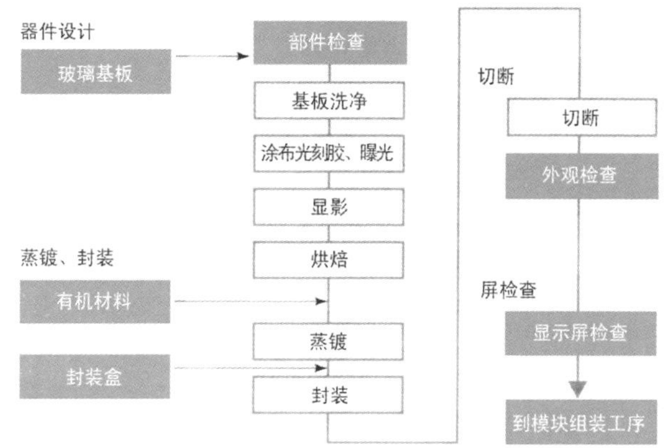

图 5-3　OLED 封装模组制作工艺流程

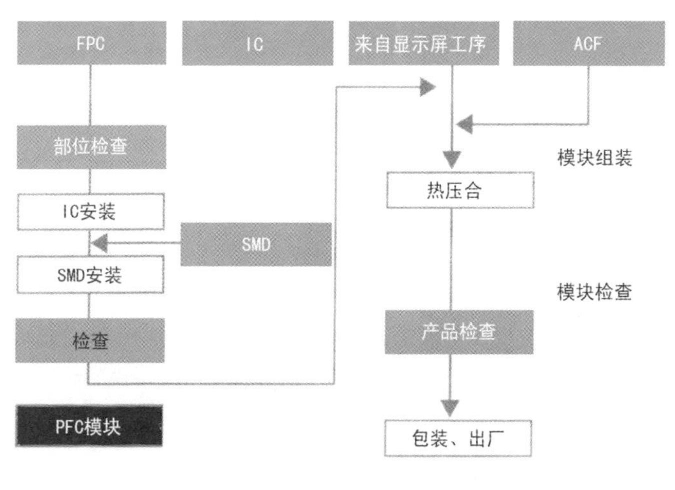

5.1.3 PMOLED 和 AMOLED 的制作工艺流程

图 5-4、图 5-5 分别表示 PMOLED 和 AMOLED 的制作工艺流程，以下略微具体地加以说明。在玻璃基板上，由溅射法形成 ITO 膜，形成 ITO 布线及引出电极。对这种 ITO 进行洗净后，在其上由真空蒸镀形成有机 EL 层。对于全色显示的情况要利用金属掩模（遮挡掩模）进行 RGB 三色的分别蒸镀。在此实现图形化，接着是形成阴极。如图 5-5 所示，使用 TFT 基板的有源矩阵型 OLED 中，不需要 ITO 膜的形成及其后洗净工序，但必须采用带有驱动电路的 TFT 基板。

需要同时进行的作业是封装盒工序。由于有机材料耐水性极差，必须加以密封。封装盒采用金属的较多，但为了适应日益增长的薄型、柔性等方面的需求，采用封装膜封装的越来越多。封装盒内放入干燥剂，与形成有机层等的玻璃基板压接，最后抽出气体密封。对于大尺寸基板上形成多个屏的情况，还要切分成一个一个的屏。

对于低温多晶硅 TFT（LTPS TFT）方式来说，由于在玻璃基板上已经做好 TFT 的驱动电路等周边回路，但对于无源矩阵型来说，必须进行驱动 IC 的安装。在此后的模块工程中，还要进行屏与驱动电路的组装、压接等。

有机层的图形化有各种不同的方案，但小分子系都采用真空蒸镀法。对于三色独立色素方式来说，由于 RGB 三色需要分别蒸镀，因此蒸镀工序会增加。而且，无论采用直列式还是群集式，都需要加长生产线，致使设备变大。

高分子系一般采用甩胶涂布法、喷墨打印法等。甩胶涂布法的材料利用率低，喷墨打印法的关键是提高 RGB 亚像素的图形精度。目前这些非真空的制作工艺都有长足进展，详见5.4节。

本节重点

（1）分别介绍 PMOLED 和 AMOLED 的制作工艺流程。
（2）PMOLED 和 AMOLED 的制作工艺流程有哪些是共同的。
（3）PMOLED 和 AMOLED 的制作工艺流程有哪些是不同的。

图 5-4　无源矩阵驱动 OLED(PMOLED) 显示器制作工艺流程

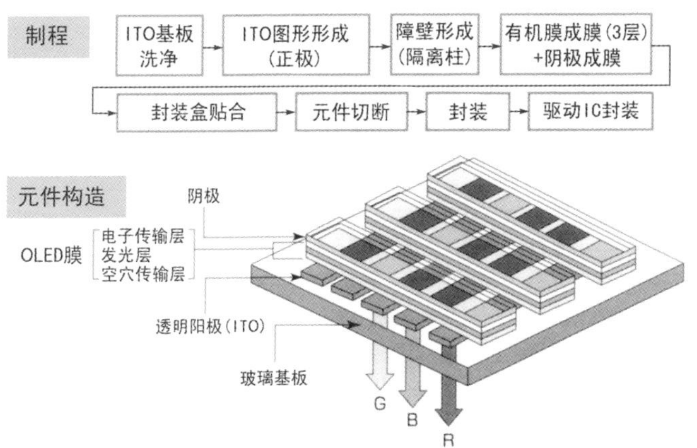

图 5-5　有源矩阵驱动 OLED(AMOLED) 显示器制作工艺流程

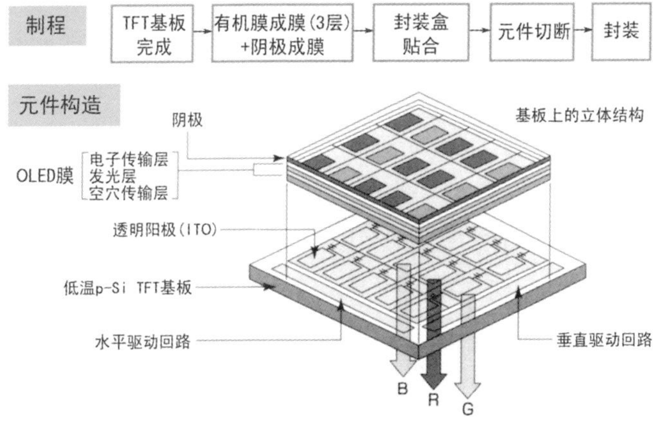

5.1.4 从群集式到直列式蒸镀装置的过渡——可以缩短生产节拍（间隔）时间的直线式生产线

OLED 显示器产品开发初期，为了沉积器件中所用的各种膜层，多采用集群（Cluster）式真空蒸镀生产线。这种生产线的特点是，由多个蒸镀室集群式排列成圆周状，中间设一中央室，中央室与各个蒸镀室之间借由截止阀相连接。设置中央室的目的，一是维持整个蒸镀环境的真空气氛；二是对各个蒸镀室进行隔离，防止各个蒸镀室的环境气氛互相干扰。

先在一个室中进行蒸镀，蒸镀完成后，通过截止阀，将基板转移至中央室，以便为下一个基板的蒸镀让出空间。与此同时，将中央室中的基板移送至下一个蒸镀室，进行第二层膜的蒸镀，依此连续进行，最终完成多层膜的蒸镀，并将制品取出。

在图 5-6 所示的实例中，通过中央室相互连接的蒸镀室共有 6 个，其中 2 个作为基板的出入室，另外 4 个可以进行不同膜的四层蒸镀。对于这种方法来说，无论何种原因，一旦基板不能返回或移出中央室，则不能进行基板的操作，生产连续性受到破坏，另一个问题是难以对应基板尺寸的大型化。

为了减少生产节拍（间隔）时间（Tact Time），有必要设置基板不停滞的流动生产线，即采用所谓直线生产线。近年来，在 OLED 显示器产品的实际生产中，越来越多地采用这种直线式（In-line）方式。所谓 In-line，是在直线上布置制作设备而进行器件生产的方式。相对于集群式来说，其缺点是设备布置所占空间大。但由于各层的蒸发源并行（串联）排列，基板在持续不断地行进状态下，形成层状结构。当然，蒸发源需要采用线状或面状布置。在实际操作中，只需将清洗干净的基板在生产线的始端送入，从终端即可取出沉积好膜层的制成品。由于最后还要进行基板切割，这种生产线可适应各种尺寸的基板，对于用户来说，十分方便。直线式方式也可对应大尺寸基板的操作。

另外，还有人提出采用直线式生产线，但基板不是沿水平方向移动，而是沿垂直方向移动的方案，这种方式的优点是设备占用水平空间小。在这种情况下，需要采用面状蒸发源，基板在上下运动过程中，膜层连续性地沉积。

本节重点

(1) 蒸镀多层膜是整个制作工艺的关键。
(2) 基板的放入取出也十分重要。
(3) 便于连续性流水作业的直线式生产线。

图 5-6　群集式、直列式蒸镀工艺线的对比

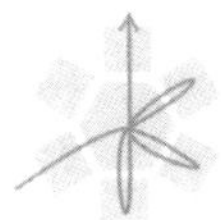

群集式蒸镀工艺线

在群集式中，基板以下中央空为中转站，依次在各室中分别蒸镀

直列式蒸镀工艺线

在直列式中基板沿直线前进依次蒸镀

群集式蒸镀装置实例

直列式蒸镀装置实例

5.1.5 利用条状阴极障壁兼作掩模制作像素阵列

对于无源矩阵显示器来说，为实现像素阵列，需要采用同条状阳极垂直布置的条状阴极。但对于有机 EL 来说，由于发光层采用多层极薄的有机膜，若采用先沉积阴极金属膜，再经刻蚀形成条状阴极，会伤及有机膜。因此，有必要在薄膜形成的过程中，完成阴极的图形化。

图 5-7 所示是从侧面，即垂直于 ITO 阳极的方向看，阴极障壁的形成过程及阴极障壁所起的作用。首先，在布置有 ITO 条状阳极的玻璃基板表面，由旋涂（甩胶）法涂布光刻胶，再通过光刻工艺，形成与 ITO 条状阳极垂直，而且横截面为倒梯形的条状阴极隔离墙（障壁）。早期条状阴极障壁的最大宽度为 30 μm，阴极节距为 330 μm，而后逐渐向精细化方向进展。

将做好条状障壁的基板置于真空蒸镀室中，逐层蒸镀有机发光层和阴极金属膜。相对于金属而言，有机材料的蒸气压高，特别是在高温下易分解，一般由电阻加热蒸发。由于加热温度低，蒸发分子的飞行速度慢，如同雪花那样，慢慢飘落下来，即使在条状障壁的阴影部位，有机分子也能沉积，结构形成薄而均匀的膜层。

图 5-8 所示为小分子系无源矩阵驱动型全色 OLED 的关键技术，包括 ITO 薄膜处理技术，阴极隔离柱技术，真空蒸镀技术，精准对位技术，掩模版技术，封装技术等。本章内容主要是针对这些关键技术来介绍的。

本节重点

(1) 叙述无源矩阵驱动全色 OLED 中阳、阴极阵列的形成过程。
(2) 倒梯度阴极障壁是如何形成的，它起什么作用。
(3) 蒸镀有机膜和蒸镀金属阴极时为什么阴极障壁有不同作用。

图 5-7　利用条状阴极障壁兼作掩模制作像素阵列

(a) 制作阴极障壁

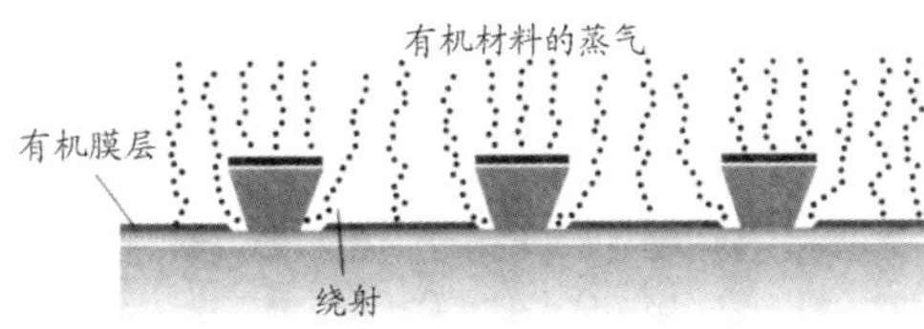

(b) 蒸镀有机膜

真空蒸镀空穴注入层、发光层和电子输运层等。由于有机材料的蒸压高，蒸发分子不受条状障壁阴影的影响，形成薄而均匀的膜层

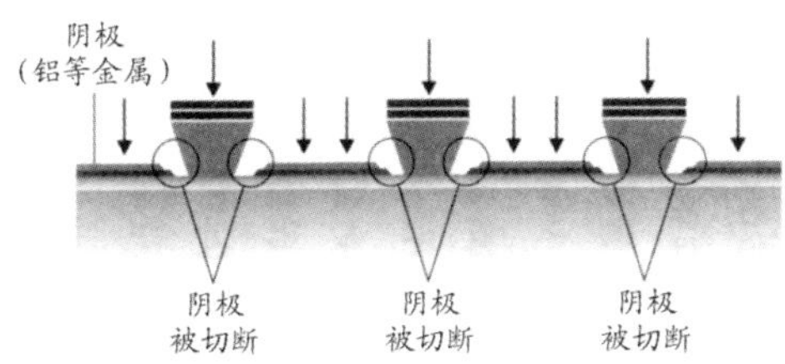

(c) 蒸镀阴机

阴极材料为铝等，气态金属原子沿直线前进受条状障壁的阴影影响，金属不能沉积在条状障壁的正下方，从而使阴极分隔

图 5-8　小分子系无源矩阵驱动型全色 OLED 的关键技术

① ITO 薄膜处理技术	④精准对位技术
②阴极隔离柱技术	⑤掩模版技术
③真空蒸镀技术	⑥封装技术

5.1.6 利用条状阴极障壁的无源驱动 OLED 元件的像素结构

金属的熔点高、蒸气压低，一般需要在高真空下进行电子束蒸镀。由于蒸发温度高，气态金属原子的飞行速度快，沿直线前进。受到条状阴极障壁的阴影作用，金属不能沉积在条状障壁的正下方，从而对阴极产生分割作用，如图 5-9 所示。

按传统方式，形成条状阴极一般采用遮挡掩模法，即先将遮挡掩模置于基板表面，在蒸镀过程中，仅掩模条状漏孔部分才能有金属沉积在基板上。但遮挡掩模法有不少难以克服的缺点，如沉积材料的利用率低、图形精度差、掩模受热易变形、难以适应大面积基板等。而采用条状障壁技术，可自动实现阴极的分离，且能克服遮挡掩模法的诸多缺点。实验证明，条状障壁对阴极确实产生可靠的电气绝缘作用。而且，人们利用这种条状绝缘障壁结构，成功制作出实用的高像素、密度 RGB 全色动画显示 OLED 器件。

人们对上述条状阴极障壁技术进行了一系列改进。例如，如图 5-10 中所示，在条状绝缘障壁下增加一绝缘缓冲层，可以进一步解决同一像素各层间的短路问题，同时增加相邻像素之间绝缘的可靠性。

当然，采用条状障壁对阴极进行分割的方法也有不足之处：条状障壁通常由光刻法制成，制备这种截面为倒梯形的条状障壁需要精细的制备条件；这种条状障壁下方还需要阳极绝缘缓冲层，否则容易造成同一像素不同层间的短路；元件完成后，一个一个的条状障壁仍突出在表面之外，其损坏和脱落将会局部地损坏元件。

本节重点

(1) 采用遮挡掩模法形成条状阴极有哪些优缺点。
(2) 说明采用条状阴极障壁的无源驱动 OLED 的像素结构。
(3) 采用条状障壁对阴极分割的方法有哪些不足之处。

图 5-9 ITO 电极的图形化

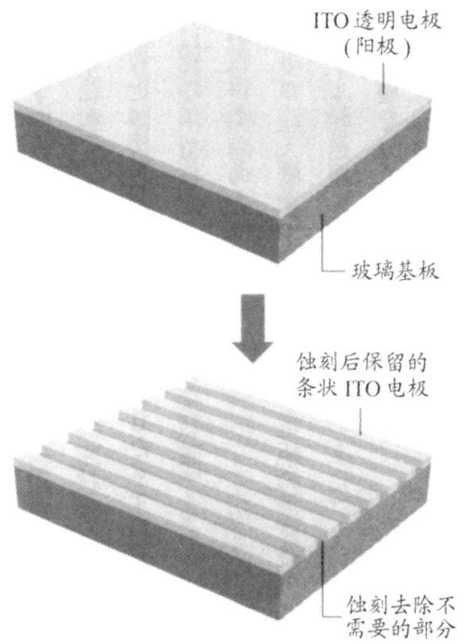

图 5-10 采用条状阴极障壁的无源驱动 OLED 元件的像素结构

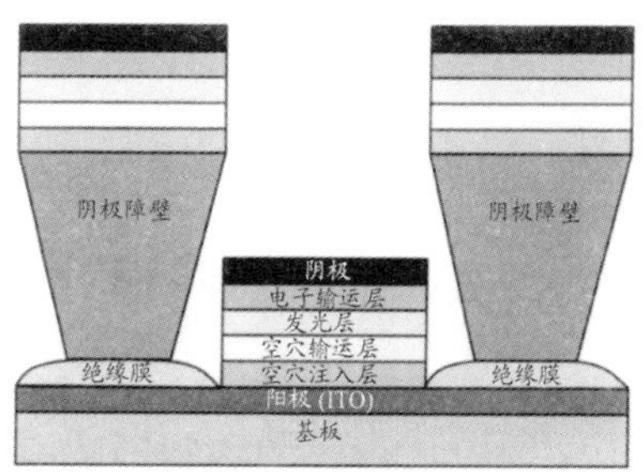

5.2 OLED 器件的制作工艺（2）——蒸镀成膜

5.2.1 容易控制膜厚的真空蒸镀法

所谓真空蒸镀法，是指在减压的真空环境中，一般是赋予镀料热能，使其在基板上沉积的方法（见图 5-11）。真空蒸镀法的特征主要有：①属于干法工艺；②容易进行膜厚方向的控制；③借由掩模可以实现分涂；④凡是能进行热蒸发的材料都可以利用。作为缺点，由于真空设备尺寸较大，在线布置往往受限。

随着压力下降，残留气体浓度变低，平均自由程（残留气体分子间每次碰撞间的平均距离）变长。例如，在大气压下仅有几个纳米的平均自由程，在 10^{-2} Pa 压力下，会增加到 0.2m。通过提高平均自由程和提高蒸发源温度可以赋予蒸镀原子更高的能量。

真空蒸镀中，一般是将基板（沉积侧）布置在上方，而蒸发源位于下方。有机分子在处于固态形状时，仅有范德瓦尔斯力作用，通过加热，热运动加剧，而后飞向某一空间的上方。高分子材料通过链节互联构成主链，分子量大的材料，其主链由于热运动而断裂。蒸发的材料在基板上沉积后，这种断裂的部位会发生再结合，一般不会发生什么问题，但实际上并不能完全复原，对于这类材料来说，应注意考查真空蒸镀是否适用。

图 5-12 所示为真空蒸镀用于 OLED 亚像素分涂的原理。利用掩模先蒸镀 A 部分的 R 像素材料；此后移动掩模，蒸镀 B 部分的 G 像素材料；再移动掩模，蒸镀 C 部分的 B 像素材料。

若采用数十厘米乃至数米量级的掩模，紧靠四端支撑，很薄的掩模不可避免地会出现塌陷变形，致使与基板的密着性变差。一旦掩模与基板间出现间隙，蒸镀的精度就会变差。这是采用真空蒸镀法制作显示器的主要缺点。

本节重点

(1) 由热给予蒸发粒子动能。
(2) 高真空下的平均自由程长。
(3) 利用遮挡掩模实现亚像素分涂。

图 5-11　制作 OLED 的基本方法——真空蒸镀

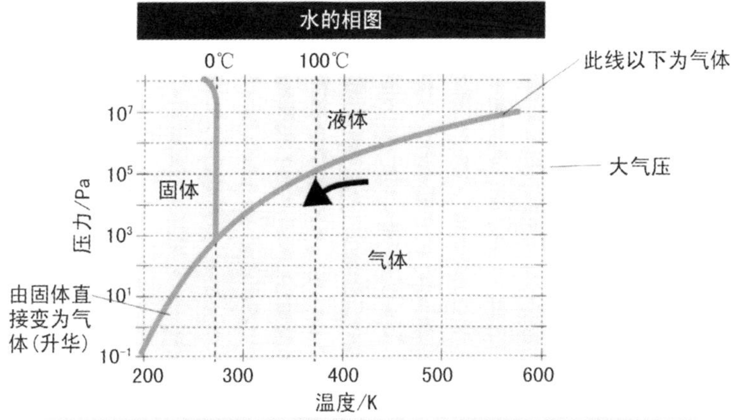

对于其他物质来说，随着压力下降，在一定温度不发生热分解的条件下，也会变为气体

真空蒸镀

图 5-12　真空蒸镀法制作 OLED 亚像素分涂的原理

区域A

掩模版

蒸镀

不受掩模版遮挡的位置形成有机层

A → B → C

R　G　B

在改变掩模版位置的同时进行蒸镀，可实现不同的发光色

掩模版一旦发生翘曲而不能紧贴基板

→

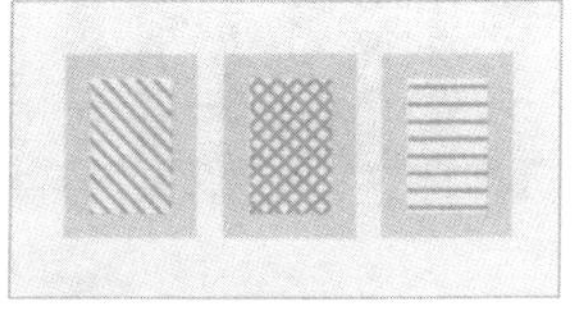

亚像素的边缘会发生“混色”现象

尽管蒸发的材料直接入射，但在掩模版翘曲边沿也会有倾斜入射的镀料沉积在基板上

5.2.2 OLED 元件制作中蒸镀成膜的特殊性

真空蒸镀是薄膜沉积的先进技术，但基于下述原因，利用真空蒸镀制作高质量的 OLED 用有机膜却不是很容易的事。

① 有机材料的熔点低、蒸气压高，高温易分解，因此不能采用电子束蒸发，而只能采用电阻加热坩埚蒸发。图 5-13 所示为坩埚蒸发源和电子束蒸发源的结构示意。采用加热坩埚蒸镀 [图 5-13(a)] 小分子发光层，一般是将颗粒状镀料放入坩埚之中，由电阻等加热，使坩埚温度升至 200 ～ 300℃，坩埚中的镀料熔化蒸发，气态有机分子从坩埚喷嘴飞出，沉积在已形成 ITO 电极的基板上。这种方法，一次放入坩埚中的镀料不能太多，否则镀料长时间处于熔融状态下，不利于有机材料的稳定。因此坩埚结构、供料系统设计等仍有不少问题需要解决。

相比之下，采用水冷铜坩埚的电子束蒸发源 [图 5-13(b)] 镀料仅在电子束轰击的局部熔化蒸发，既能蒸镀高熔点金属，又有利于形成高质量的膜层。但由于有机材料不导电，特别是电子束加热温度太高，易于引起有机材料分解，因此电子束蒸镀不适用于小分子有机发光层的蒸镀。

② 有机 EL 中几层有机膜的总厚度仅 100 ～ 400nm，是相当薄的，要确保每层无针孔、无缺陷，且膜厚均匀（要保证在 ±5% 以内）是极重要的。但是，随着基板尺寸变大，要实现整个基板膜厚及表面质量均匀是相当困难的。其原因是，气态有机分子从坩埚喷嘴飞出，坩埚蒸发源可以看作是“点源”，基板上正对喷嘴的部位膜层较厚，而远离喷嘴的部位膜层较薄。每层有机膜都有最适膜厚，膜厚变化必然引起元件特性变化，从而每块基板上可取的合格元件数变少，即成品率变低。

③ 有机物作蒸发源遇到不少困难，特别是其热导率很低（同金属或无机物相比要低得多），采用大坩埚可放入较多的镀料，一次装料可使用较长的时间，但由于放入的镀料多，其热导又低，蒸发时由外部传入的热量不足以补充镀料蒸发吸收的热量，从而影响正常蒸镀。

本节重点

(1) 利用真空蒸镀制作 OLED 有机膜会遇到哪些困难。

(2) OLED 元件制作中常采用哪两种蒸发源。

(3) 真空蒸镀有机材料为什么一般选用小口坩埚。

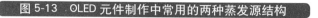

图 5-13 OLED 元件制作中常用的两种蒸发源结构

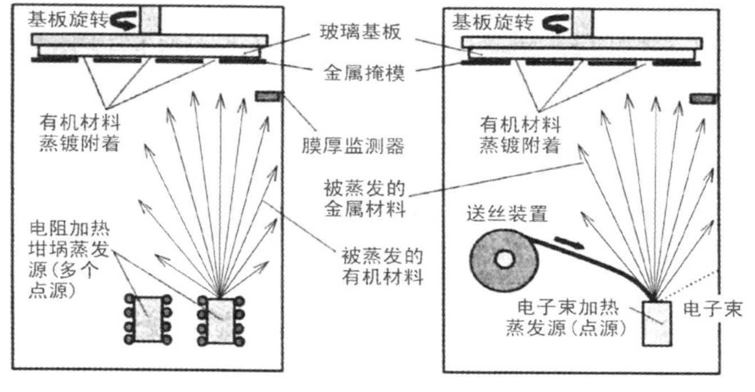

(a) 有机薄膜的坩埚蒸发源蒸镀

(b) 水冷铜坩埚的电子束蒸发源蒸镀

5.2.3 热壁（Hot Wall）蒸镀法与普通点源蒸镀法的对比

目前，OLED 器件中不可或缺的 4 ～ 5 层有机层，多由真空蒸镀制作 。图 5-14 所示为真空蒸镀腔体示意图。

图 5-15 所示的热壁（Hot Wall）蒸镀法就是为蒸镀有机 EL 薄膜而专门设计的。如图 5-15(a) 所示，热壁蒸镀法在采用坩埚蒸发源（点源）这一点上与传统方法 [图 5-15(b)] 并无差别。但是，前者从蒸发源到玻璃基板的空间被加热的壁（Hot Wall）所包围，被蒸发的有机材料不在热壁上附着，而是再蒸发，经过分布校正板，垂直射向玻璃基板表面。热壁法可以解决普通点源蒸镀中有机材料的有效利用率低、沉积速率慢、难以适用于大面积基板等缺点，可以进行有机薄膜的在线沉积，适合连续性生产。

图 5-14 真空热蒸镀腔体示意图

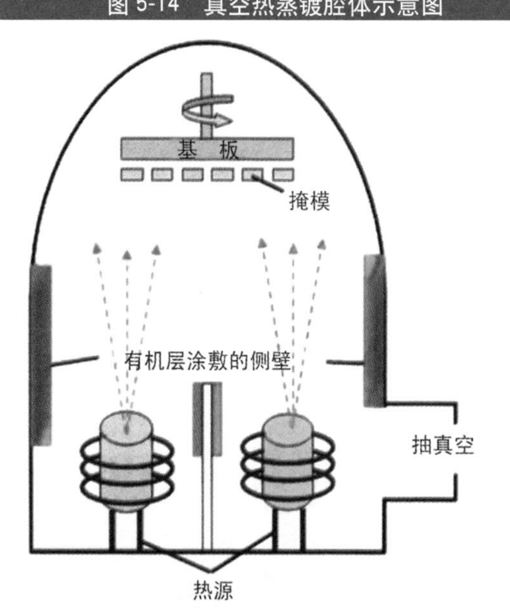

本节重点

(1) 蒸镀有机材料会遇到哪些问题，采取何种措施对应。
(2) 何谓热壁（Hot Wall）蒸镀法。
(3) 热壁（Hot Wall）蒸镀法有什么优点。

图 5-15　热壁（Hot Wall）蒸镀法与普通点源蒸镀法的对比

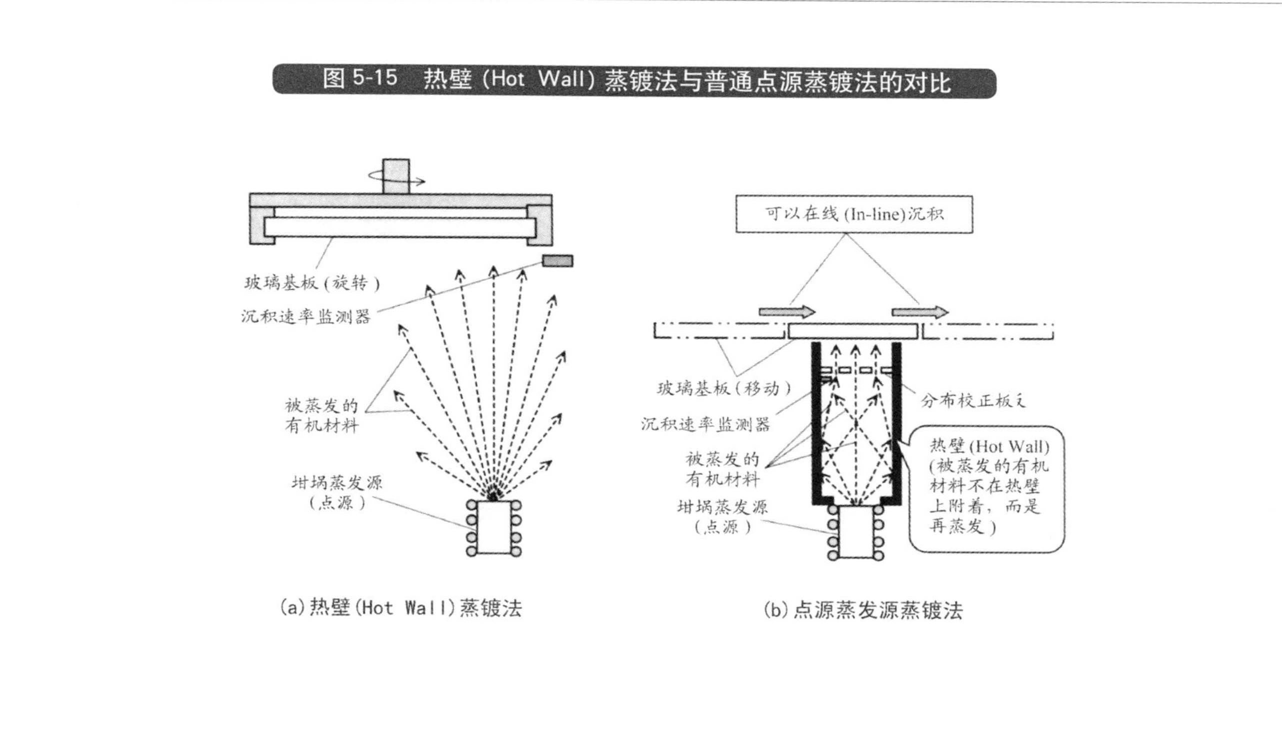

5.2.4 不断进化中的真空蒸镀法

真空蒸镀法的主要缺点是所采用的真空装置很大，不仅价格高，而且造成生产节拍时间难以缩短等。但是，目前在实际制造 OLED 器件的生产线上，主要层状结构的形成，全部是由真空蒸镀法来完成的。因此，作为真正实现 OLED 量产的关键设备，非真空蒸镀设备莫属。这是因为，无论对于显示器还是照明器件来说，不能精细完美地制作膜结构，作为商品的良率则不能保证所致。

当初在生产 OLED 时采用的是作为点蒸发源的努森池（Knudsen Cell）。在采用努森池时使容器内达到热平衡状态，从其上方开口飞出的蒸发分子的量可仅由容器的温度来控制。但是，在采用这种蒸发源的场合，从其开口向上蒸发分子会以倒圆锥状向上扩展，与在基板上成膜的有机分子相比，附着在周围器壁上的有机分子占压倒性数量。此外，蒸发源正上方与其外周侧的蒸发量也不相同，因此要通过使基板旋转克服这种不均匀性。成膜速度也受到限制，材料的利用率很低，仅为 2% ～ 4%。

所以，人们提出不是采用点源，而是采用线源的构想，并开发出直线蒸发源（Linear Source）。这种蒸发源是将点蒸发源紧密地排成一列，并按一条直线开出而制成的。与点蒸发源相比，通过使其与基板靠得更近，可以明显减少材料的浪费，甚至可以接近零浪费。若果真如此，可以想象这种线蒸发源的材料使用效率是相当高的，但实际的材料使用效率取决于实际投入的原料有多大比率被元件所利用，如果采用时常加热的方式，基板传输等的空转时也会继续蒸发，因此实际的材料使用效率充其量也只有 20% ～ 30%。

最近，还开发出使事前蒸发的分子以线状或面状（多点蒸发源，Manifold）喷出，极力将空转时的喷出减少为零的蒸发源。另外，为了使蒸发源不发生蒸发分子的再附着，也提出对全体进行加热的热壁（Hot Wall）蒸发源方式。通过上述蒸镀装置的改进，材料的利用率已达到 70% ～ 80%。图 5-16 所示为进化中的真空蒸镀。

本节重点

（1）从点蒸发源到线蒸发源。

（2）膜厚偏差要控制在 5% 以内。

（3）离蒸发源近些、蒸镀快些，可进一步提高材料的使用效率。

图 5-16　进化中的真空蒸镀

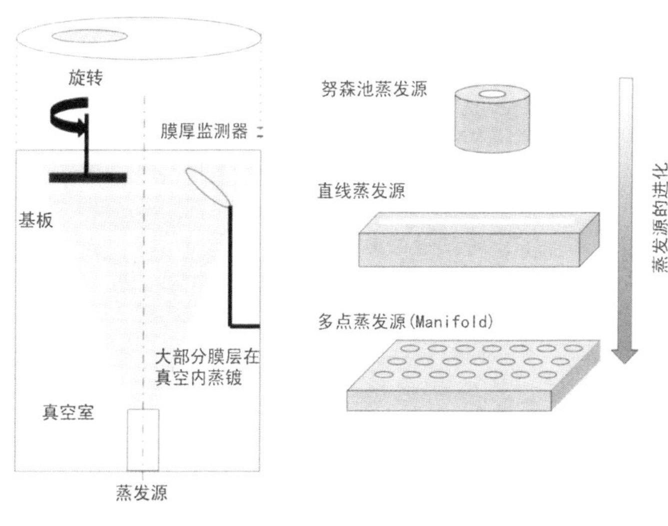

努森池蒸发源

在与布置基板一侧的相反位置设置膜厚监测器，对蒸镀过程在线监测
为保证膜质均匀性，采用点蒸发源时镀料浪费较多

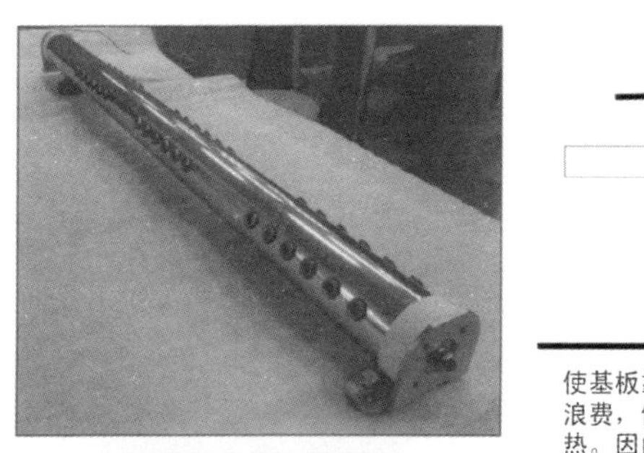

直线蒸发源

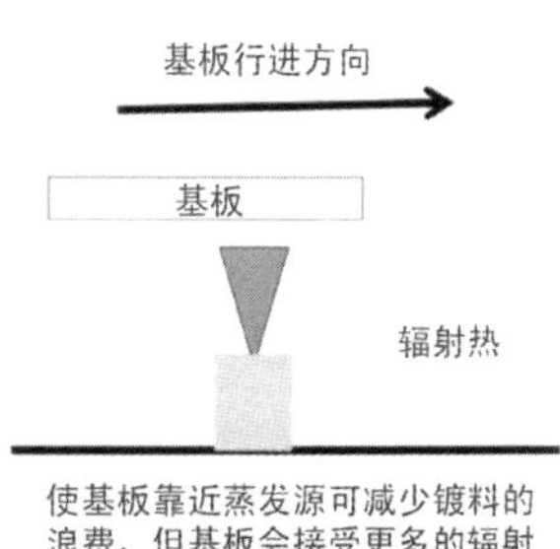

使基板靠近蒸发源可减少镀料的浪费，但基板会接受更多的辐射热。因此，蒸镀过程更快地进行

5.2.5 主材料和客材料的共蒸镀——色素掺杂法

如图 5-17 所示，共蒸镀法是使两种以上的蒸发源同时蒸发，通过共沉积来制作膜层的方法。特别是，在蒸发层中可以通过共蒸镀进行色素掺杂，可以说这是共蒸镀这一名称的最具体体现。在无机半导体中，所谓掺杂，充其量也只有 ppm 量级，但在有机材料的场合，一般要达到几个摩尔分数量级。

关于如何控制掺杂浓度，所利用的是分子束与蒸发速度成正比的关系，在使两种有机材料同时蒸发的场合，利用共蒸镀之比等于二者蒸发速度之比。经常见到的是在主色素中掺杂一种客色素的情况，也有的研究团队是在发光层中掺杂两种客色素（后者称为辅助掺杂）。

在邓青云最早发表的 OLED 中，阴极 Mg ： Ag 合金就是采用共蒸镀法制作的，其以后的第 2 次发表中，将产生浓度消光的有机色素在适当的主材料中采用共蒸镀法，向人们展示了进行色素掺杂的最初实例。

图 5-18 所示是借由色素掺杂制备的 OLED 的 EL 谱。通过在 Alq_3 中掺杂苯乙烯（Styryl）衍生物（DCM）和香豆素（Coumalin）衍生物（C540），在发光色发生变化的同时，也能使发光效率提高。

借由色素掺杂实现高性能 OLED，不仅适用于荧光材料，对于磷光材料来说，作为经常使用的手段也获得成功。大致估计，荧光色素在 1% 左右可获得最高效率，而磷光材料比此要多，一般采用几个摩尔分数的色素掺杂。

将蒸镀比率提高到数十摩尔分数（几乎达到 1 ： 1）用以制作空穴传输层及空穴阻挡层的有机合金（Alloy）化层，对于薄膜形态的稳定化十分有效。总之，共蒸镀法是制作 OLED 的重要方法。

本节重点

（1）两种材料同时蒸发也可以说是色素掺杂法。
（2）掺杂两种色素实现发光。
（3）既适应于荧光材料，又适应于磷光材料。

图 5-17　共蒸镀（色素掺杂）

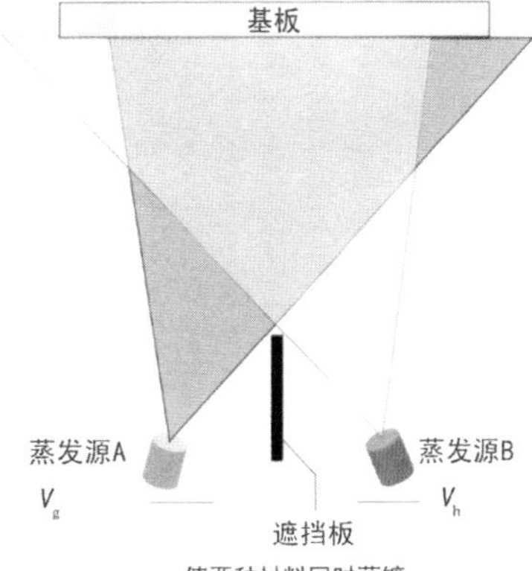

使两种材料同时蒸镀

分子束流正比于蒸镀速度

蒸镀速度比=掺杂浓度

$$掺杂浓度 = \frac{V_g}{V_h + V_g} = \frac{V_g}{V_h}$$

$$V_h \gg V_g$$

例如：若在 V_h=0.2nm/s下
使 V_g=0.02nm/s，
则掺杂浓度为1%（物质的量）

图 5-18　在主材料 Alq_3 中掺杂客色素 C540 或 DCM 的 OLED 的 EL 谱

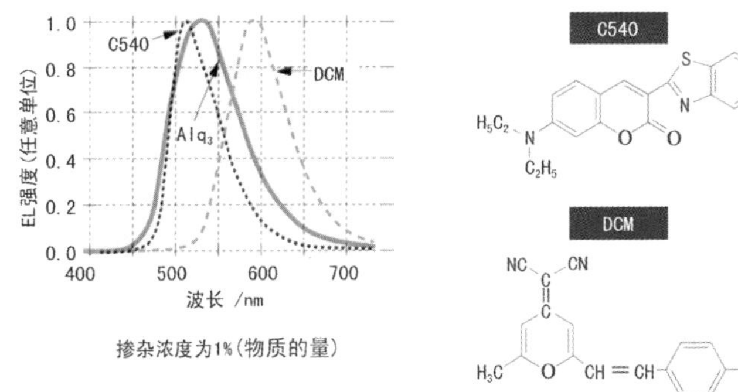

掺杂浓度为1%（物质的量）

单独存在时会发生浓度消光，而将不发光的材料也分散于主材料中，可获得高效率

5.2.6 引入辅助发光(EA)掺杂剂的发光系统

应用于 OLED 的 RGB 掺杂物中，红光材料是发光效率最低的，一度成为有源矩阵及无源矩阵驱动全彩化显示器无法顺利量产的原因之一。

实际上，在过去研究红光材料方面，OLED 业界曾制定出一个相当确切的目标：材料的发光效率要高于 4cd/A，$CIE_{x,y}$ 色度学坐标要接近饱和（x=0.065，y=0.35），在固定电流驱动及起始亮度在 300cd/m^2 的要求下，元件寿命要超过 10000h（现在全彩面板要求更高）。过去很少有红光材料能达到上面的要求，少数接近这些条件的材料之一为业界所熟知的 DCJTB。早在 1999 年 Sanyo、Kodak 发表的文章中提到，DCJTB 在 2.4in LTPS AMOLED 中的红光发光效率只有大约 1cd/A，而此效率仅为绿光的 1/10，如果要达到 RGB 白光均衡的要求，则红光所消耗的能量可能要占到整个元件的一半以上。

红光材料发光效率之所以最低，是因为原来的红光 OLED 在接近橙色的色纯度非常低所致。必须探求色纯度高的红光发光。为此，三洋电机于 1999 年通过引入辅助发光（EA）掺杂技术，获得了高效率且鲜艳的红光发光（见图 5-19）。原来的红光元件中，主材料使用的是 Alq_3（喹啉铝配合物），它单独存在时发绿光。在其中混入掺杂剂则可以发红光，若加上其本身所发的绿光，红中加绿则变为橙色。

为了发出纯红光，他们加入了发光辅助（EA）掺杂（见图 5-20）。借由此，将主材料的激发能平滑地转移到掺杂剂，尽管主材料不发光，但靠掺杂剂有可能发出纯的红光。作为 EA 掺杂，采用的是能量居于红光与主材料能量之间的红荧烯（Rubrene）。采用将红荧烯掺杂在发光层内的膜层。这样，能量便由主材料向着红荧烯转移，再由红荧烯向着红光掺杂剂平滑地转移，由于抑制了主材料的发光，从而有可能发出色纯度高的红光。提高红荧烯的浓度可以降低电压，寿命也可以提高到原来的 2 倍以上。

本节重点

（1）高浓度 RGB 色素在高分子基体中相混合会发出何种光。
（2）请解释色素间的能量的转移“与距离的六次方成反比”。
（3）低浓度 RGB 色素在高分子基体中相混合会发出何种光。

图 5-19　DCM2 的发光路径图

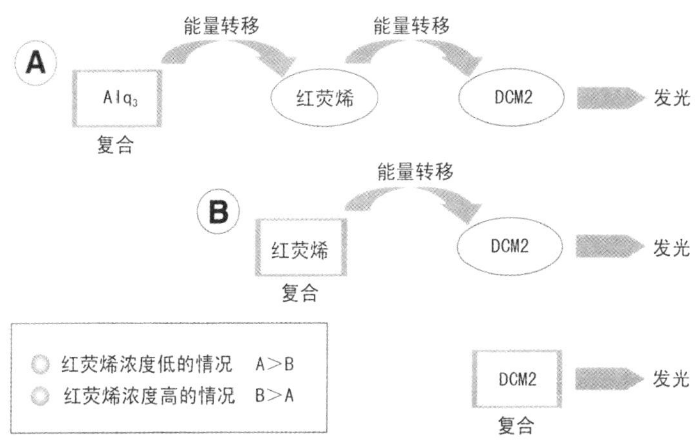

图 5-20　采用发光辅助（EA）掺杂的红光 OLED

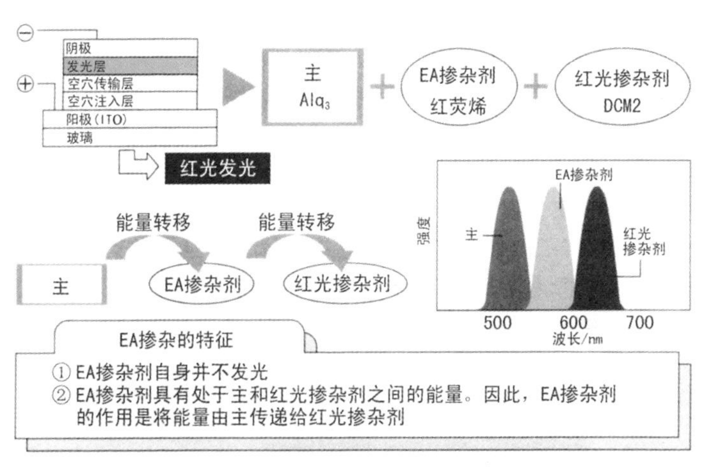

5.2.7　利用遮挡掩模分涂 RGB 三原色有机色素

首先在基板前面放置一个按尺寸要求开好窗口的金属板——遮挡掩模（Shadow Mask），被蒸发的 RGB 染料（即有机发光层材料）只能透过窗口，在预定的部位沉积。例如，如图 5-21 所示，先由掩模蒸镀沉积 R（红），将掩模向右移动一个亚像素间距，蒸镀沉积 G（绿），再将掩模向右移动一个亚像素间距，蒸镀沉积 B（蓝）。

上述方法，通过带窗口遮挡掩模的精细移动，可实现 RGB 染料（色素）的依次沉积，作为低分子系的彩色化方式，目前已被普遍采用。但是，这种方法存在下述难以解决的问题：

① RGB 染料的大部分材料沉积在掩模金属板之上，随着材料堆积增厚，既影响掩模寿命，又影响掩模的精度。实际上，在掩模蒸镀过程中，95% 以上的有机染料（色素）材料沉积在蒸镀室的侧壁及掩模上。

② 随着 OLED 分辨率的提高，由于掩模整体的热膨胀，其精确定位越来越难。特别是随着显示屏尺寸的增大，这一困难更加突出。

利用掩模蒸镀制作 RGB 发光层的难点是不容易对应精细化的要求。例如，对于 30μm×50μm 亚像素并排的情况，掩模移动的精度必须保持在 ±5μm 之内。

但是，在真空蒸镀过程中，坩埚被加热到 200～300℃（电阻加热蒸发），在其辐射热作用下，掩模受热膨胀。对于小尺寸基板来说，由掩模膨胀引起的积累偏差尽管不大，但为提高效率而采用大尺寸基板时，这种由掩模热膨胀引起的累积偏差则会成为严重问题。例如，采用 400mm×400mm 的金属掩模，由于蒸镀时的受热膨胀，掩模四周边将产生数十微米的偏差。即使掩模以 ±5μm 的精度移动，由于掩模自身的膨胀，四周边 RGB 的对位也要发生数十微米的偏移，结果发生“张冠李戴”现象。

实际上，对于低分子系来说，除遮挡掩模方式之外，还可由其他方式实现彩色化。例如，采用“发白色光的元件与彩色滤光片相组合”的方式等。

本节重点

(1) 如何利用遮挡掩模对三原色有机色素进行分涂。
(2) 利用遮挡掩模对三原色有机色素进行分涂有什么优缺点。
(3) 如何解决遮挡掩模的热变形问题。

图 5-21　利用遮挡掩模分涂 RGB 三原色有机色素（用于 OLED）

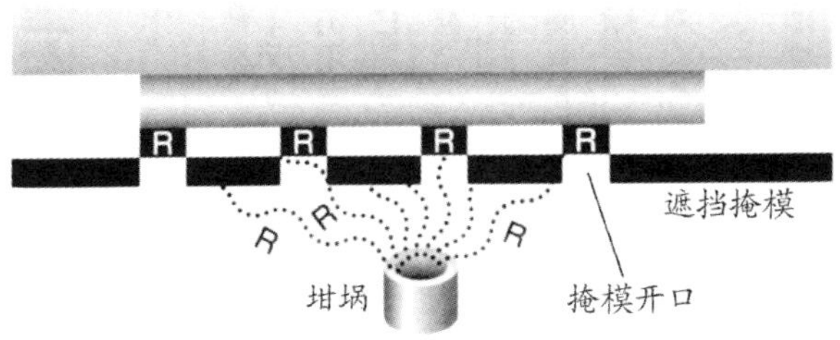

(a) R（红）色素的蒸镀

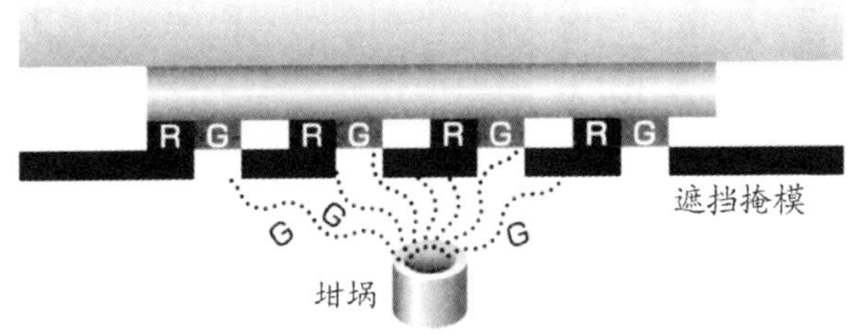

(b) G（绿）色素的蒸镀

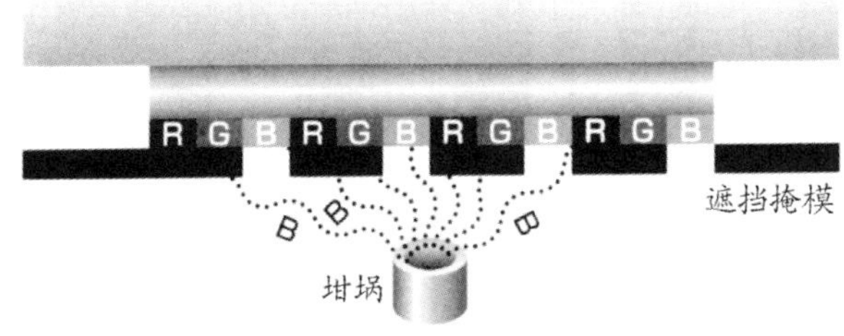

(c) B（蓝）色素的蒸镀

5.2.8 OLED 各种膜层的蒸镀成膜

OLED 中的有机层通常由电阻加热的真空蒸镀法形成。图 5-22 所示为各种膜层的形成过程。将加工好图形的 ITO 基板固定在蒸镀室的基板台上，将需要蒸发的低分子镀料（多为颗粒状）放入坩埚中，通常 ITO 基板位于坩埚的正上方。对真空室抽真空，达到所需要的真空度（如 1×10^{-4}Pa），加热坩埚到达所需要的温度（如 200 ～ 300℃），坩埚中的镀料气化，有机材料分子飞向 ITO 基板并沉积在其表面之上。

如图 5-22 所示，OLED 中有机层的沉积按下述顺序进行：①蒸镀空穴注入层（HIL），膜层沉积在 ITO 电极之上；②蒸镀空穴传输层（HTL），膜层沉积在空穴注入层之上；③蒸镀红（R）色发光层，掩模蒸镀，膜层沉积在空穴传输层之上；④蒸镀绿（G）色发光层，掩模蒸镀，膜层沉积在空穴传输层之上；⑤蒸镀蓝（B）色发光层，掩模蒸镀，膜层沉积在空穴传输层之上；⑥蒸镀电子输运层（ETL，图 5-22 中其兼做电子注入层），膜层沉积在 RGB 发光层之上；⑦最后是阴极（金属层）的沉积。

上述各有机膜层的膜厚大多数在 20 ～ 50nm，有些元件中的膜厚分布范围更大些，但都属于纳米超薄膜范畴。

为了解决因掩模受热膨胀而引起的 RGB 亚像亚“张冠李戴”问题，可以增加基板与蒸发源（热源）之间的距离，以减少基板的辐射受热，从而减少热膨胀。但是，距离过大，蒸发材料的利用效率变得极差；而且，沉积到一定的膜厚所需时间变长；结果，生产效率大大下降。因此，对于尺寸超过 1m（1000mm）的基板，要采用掩模法进行 RGB 颜料的分别涂敷是相当困难的。

与高分子系（聚合物系）PLED 采用湿法成膜技术相对，小分子系 OLED 采用上述干法成膜技术。

本节重点

(1) 介绍 OLED 各种膜层的分涂次序。
(2) 介绍 OLED 各种膜层分涂的工艺参数。
(3) 调研分涂的改进和最新进展。

图 5-22　OLED 各种膜层的形成过程

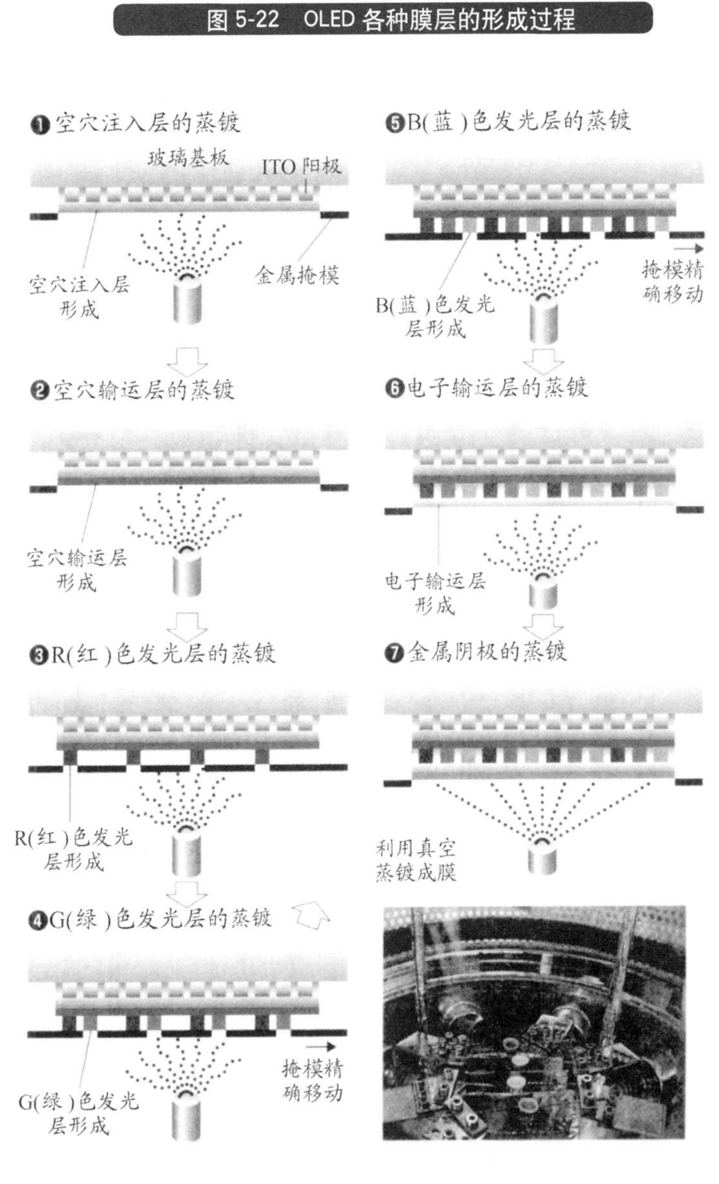

5.2.9　透明电极的形成与溅射法

溅射法对于有机材料来说基本上不用，但作为金属和陶瓷等无机材料的成膜方法还是经常采用。所谓溅射法，是在低真空下，通过施加直流或高频电压，在产生并维持辉光放电的同时，在阴极侧场强高的区域，由于正离子被加速而碰撞阴极。此时阴极材料（靶）表面会有中性粒子被碰出。这种中性粒子向着靶反对侧的电极运动并在其上沉积，形成薄膜。与此同时，加速离子对阴极电极会产生削除（刻蚀）作用，故称这种现象为溅射（Sputtering）。对于构成 OLED 的部件来说，透明电极及封装膜的形成就是采用溅射法来实现的。在玻璃基板乃至柔性基板（塑料膜片）上，形成作为氧化物导体的透明电极，就是采用溅射方法制作的。

对于 OLED 来说，如 6.1.2 节所述的上出光方式经常使用的方法是，在形成有机膜后，形成半透明的上部阴极，再形成透明电极。这种方法正逐步得到推广普及。在有机层上，如果由靶飞来的原子团带有很高的动能，对于结合力很弱的有机分子材料来说，原子团到达时，若其动能不丧失，对表面分子会有削除作用。这种作用并非是由正离子，而是由与体积相关的原子团引起的消除。

因此，要利用半透明电极的金属层的耐性，还要抑制发生溅射的电源的功率，以便使动能的影响变小等，需要采取多种措施解决上述问题。另外，一般情况下，在溅镀法中，是将基板布置在与靶相对的阳极（通常靶为上部电极，而基板为下部电极），也有在侧面布置电极的情况。图 5-23 所示为溅镀法。

本节重点

（1）给出溅射镀膜的定义。
（2）溅射对靶材有切削蚀刻作用。
（3）注意溅射对沉积物也可能发生蚀刻作用。

图 5-23　溅镀法

靶(想要沉积的材料)

电极

放电等离子体

电极

放电气体

基板

为了引起溅射，先要发生气体放电产生等离子体，在靶电压作用下，等离子体中的离子加速撞靶表面，将靶原子或原子团被碰出，进而沉积在基板表面。溅射用电源可以是直流，也可以是高频的(13.56MHz)。与真空蒸镀不同的是，大多数情况基板置于靶的下方，由于溅射气压较高，成膜条件和膜层平整度等不如真空蒸镀

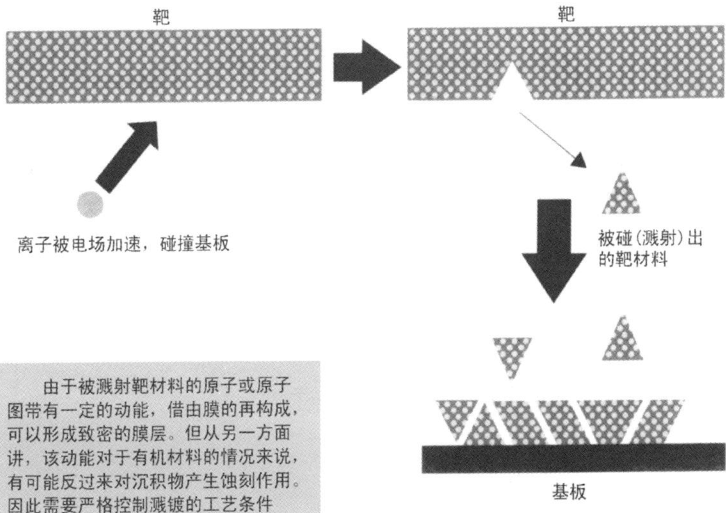
靶
靶
离子被电场加速，碰撞基板
被碰(溅射)出的靶材料
由于被溅射靶材料的原子或原子图带有一定的动能，借由膜的再构成，可以形成致密的膜层。但从另一方面讲，该动能对于有机材料的情况来说，有可能反过来对沉积物产生蚀刻作用。因此需要严格控制溅镀的工艺条件
基板
基板表面由靶材料的原子或原子图沉积成膜

溅镀不仅用于电极形成，在封装膜制作中也要用到

名词解释

等离子体(Plasma)：含有被电离带电粒子的气态物质(内含电子、离子、活性基、中性分子等)。

5.3 OLED 器件的制作工艺（3）——量产系统

5.3.1 小分子系 OLED 量产系统的一例

图 5-24 所示为小分子系 OLED 量产系统的一例。该系统基本上是全自动化运行，从基板进入到完成最终产品[封装图 5-45（b）]，一直在真空中操作。该系统的工艺流程如下：

① 由真空传输机器人（见图 5-24 ①）将 ITO 玻璃基板由基板贮存室（见图 5-24 ②）取出。

② 对玻璃基板进行前处理——等离子体清洗（见图 5-24 ③）。

③ 将洗净的玻璃基板依次放入不同的蒸镀室（见图 5-24 ④～⑥），分别沉积注入层、传输层、发光层；

④ 完成金属电极膜的沉积（见图 5-24 ⑦）。

在完成上述成膜工程之后，将基板由转运室传送到下一道工程，进行封装操作。上述系统既可用于小批量生产线，又可用于大批量生产线。图 5-24 所示的蒸镀室一般要设 7 或 8 个，有的还设预备室。

如前所述，低分子系的 OLED 都采用多层结构，但一般多采用四层结构——空穴注入层、空穴传输层、发光层兼电子传输层、电子注入层。为此，需要在生产线上串行排列多台真空镀膜机，每台真空镀膜机只蒸镀同一种材料。这样，同一基板按顺序传输，依次完成不同膜层的沉积。以全色 OLED 量产系统为例，在一条生产线上，从空穴注入层到电子注入层共四层，若 RGB 各染料（色素）分别涂敷，再加上备用蒸镀，总共需要 7 或 8 台真空镀膜机。

本节重点

（1）了解小分子系 OLED 量产系统的构成及成膜设备概况。

（2）结合图 5-24 中所示，说明了解小分子系 OLED 量产过程。

（3）请对环形生产线与直线生产线加以对比。

图 5-24　小分子系 OLED 量产系统的一例

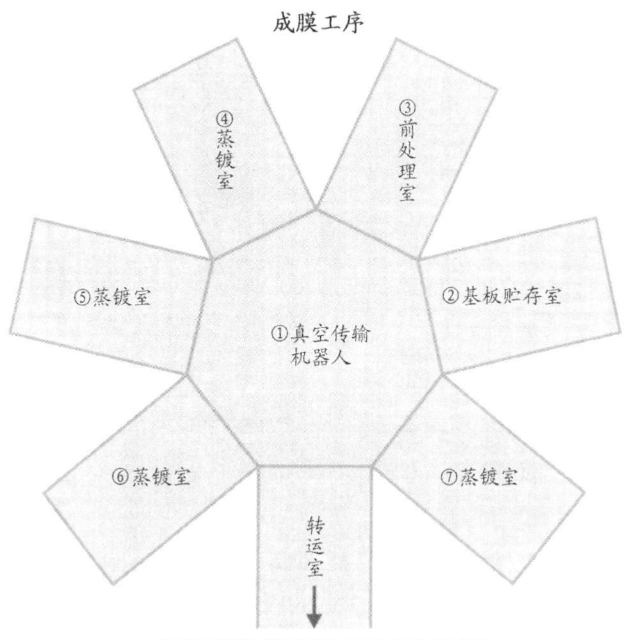

到封装工序(下图接P239图5-45(b))

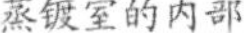
蒸镀室的内部

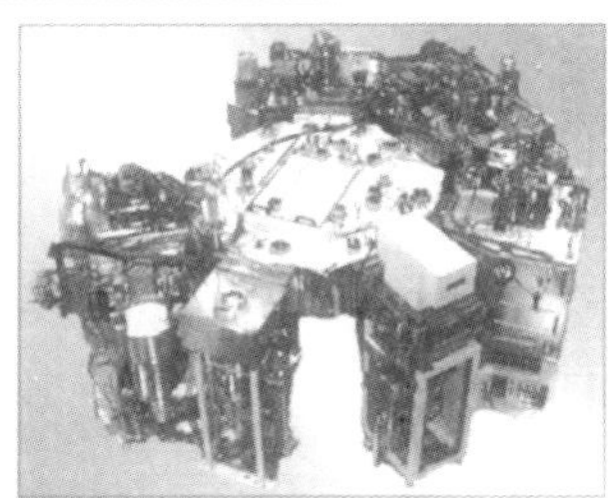
成膜设备

5.3.2 小分子系 OLED 量产制造装置及流程

图 5-25 所示为小分子系 OLED 量产制造装置及流程，图中所示是量产所需的最低限度设备。量产装置生产线由成膜 A 段、成膜 B 段、封装段及封装罐自动供应线组合连接而成。每段中央的机器人用于蒸镀室及封装室中玻璃基板的投入、送出，直至全色有机 EL 完成的全部自动化过程。每块玻璃基板的生产周期为 4 ～ 5min，生产线可连续运行 5 ～ 6 天。

① **成膜 A 段和成膜 B 段** 如图 5-25 所示，在成膜 A 段中，利用设于外部的机器人从玻璃基板储存室中将玻璃基板取出，经过镀室，自动投入到真空室中。依次经过氧等离子体清洗，空穴注入层（HIL）、空穴传输层（HTL）、红（R）色发光层有机薄膜的蒸镀沉积，而后传输到成膜 B 段中。在成膜 B 段中，依次经过绿（G）色发光层、蓝（B）色发光层、电子传输层（ETL）蒸镀成膜后，再经两个蒸镀室进行金属阴极的蒸镀成膜，至此成膜工程结束。接着将成膜后的基板传输到封装段准备封装。蒸镀用的金属遮挡掩模连续使用，因掩模上会有材料的堆积，其使用有一定的周期，故在 A、B 段中各设一个可储存 10 块金属掩模的储存室，掩模可自动交换。

② **封装段** 将载有多个金属封装罐的传送托盘送入由两个封装室构成的封装工序中。以托盘为单位，对其上的所有封装罐与同一块玻璃基板扣合、加压，再用 UV 照射进行封装。封装工程完成后的玻璃基板与使用过的托盘由设置于封装段外部的机器人拾取并取出。这样，成膜与封装按流水线自动进行。

③ **封装罐自动供应线** 用来向封装段自动供应金属封装罐的全自动线。以手机用显示屏的情况为例，将 60 ～ 200 个封装用金属罐自动整齐排列在传送托盘中，经 UV 洗净，填充干燥剂；贴附胶带以防止干燥剂飞散；涂布 UV 硬（固）化型封接剂；再经过多个真空室对封接剂进行脱泡除气；最后经过渡室进入封装段中。

本节重点

(1) 调研小分子系 OLED 最新量产装置及制作工艺流程。
(2) 结合图 5-25 按膜层顺序介绍各层膜的形成过程。
(3) 有源驱动和无源驱动在哪道工序体现出区别。

图 5-25　小分子系 OLED 量产制造装置及流程

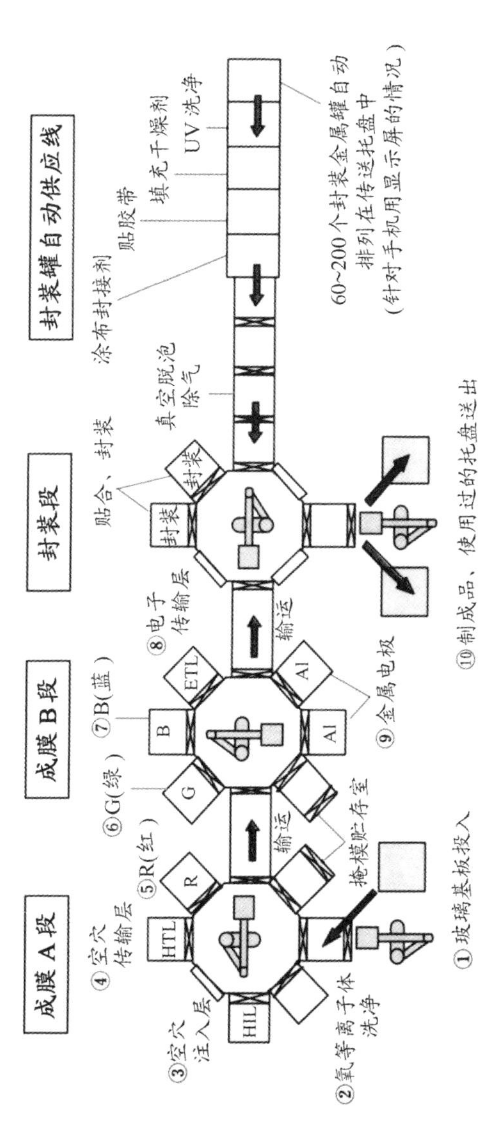

5.3.3 小分子系 OLED 量产制造工艺过程

OLED 镀膜设备设计主要分为串联式（In-line）和群集式（Cluster），串联式的好处在于可以依工艺需要增加或减少镀膜腔体，另外维护比较容易。群集式的好处在于各个腔体间的传输较有弹性，可采用并行处理程序。

OLED 器件需要在高真空腔室中蒸镀多层有机薄膜，薄膜的质量关系到器件质量和寿命。在高真空腔室中设有多个放置有机材料的蒸发舟，加热蒸发舟蒸镀有机材料，并利用石英晶体振荡器来控制膜厚。ITO 玻璃基板放置在可加热的旋转样品托架上，其下面放置的金属掩膜板控制蒸镀图案。

图 5-26 表示小分子系 OLED 量制造工艺过程。按图中所示的顺序，①是空穴注入层（HIL）蒸镀，在形成 ITO 透明阳极的玻璃基板上，通过其下方的金属掩模板进行蒸镀；②蒸镀空穴传输层（HTL），膜层沉积在 HIL 之上；③蒸镀红（R）色发光层，掩模蒸镀，膜层沉积在 HTL 之上；④蒸镀绿（G）色发光层，掩模蒸镀，膜层沉积在 HTL 之上；⑤蒸镀蓝（B）色发光层，掩模蒸镀，膜层沉积在 HTL 之上；⑥蒸镀电子传输层（ETL）图中其兼做电子注入层，膜层沉积在 RGB 发光层之上；⑦是阴极（金属层）的蒸镀；⑧是将封装用金属罐扣合、加压，用 UV 照射，完成封装。

图 5-27 照片显示的是京东方数年前就已公开展出的 55in 超高清 AM-OLED 显示屏。该显示屏采用的是铜镓锌氧化物（IGZO）薄膜晶体管驱动（6.1.5、6.1.6 节），故显示屏上方的标题是 Oxide Display OLED。

本节重点

(1) 说明掩模分涂法制作 RGB 像素的过程。
(2) 为什么掩模分涂法不适合大画面显示屏制作。
(3) 如何保证掩模分涂法的对位精度。

图 5-26 小分子系 OLED 量产制造工艺过程

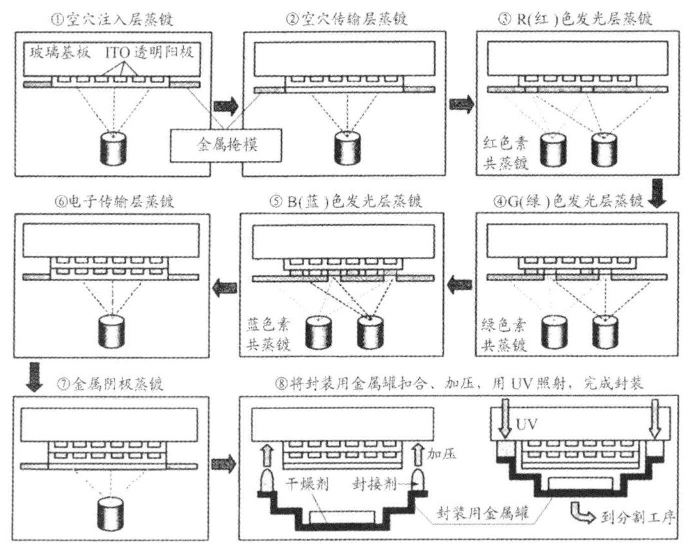

图 5-27 京东方展出的 55in 超高清 AM-OLED 显示屏

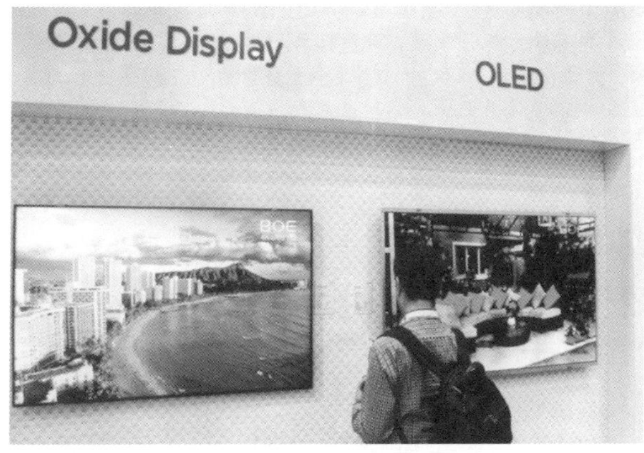

5.3.4 OLED、PLED——材料和结构均不同的两种有机 EL 器件

按有机 EL 中所用有机材料种类不同，有机发光二极管显示器分小分子型和高分子型（聚合物型）两大类。目前，一般称前者为小分子型有机发光二极管显示器（Organic Light Emitting Diode，OLED），而后者称为高分子型（聚合物型）有机发光二极管显示器（Polymer Light Emitting Diode，PLED）。二者的结构示意如图 5-28 所示。

按有机 EL 中所用的材料，在图 5-28 中也同时给出，OLED 中采用小分子有机材料，如 CuPc（铜酞菁染料），Alq_3（8- 羟基喹啉铝）等金属有机配合物；PLED 中采用高分子材料，如 PPV（聚对苯撑乙烯）等 π 共轭系聚合物，PVK（聚乙烯咔唑）等含有低分子染料（色素）的聚合物等。

OLED 是将粉末状小分子有机材料利用金属掩模蒸镀（见图 5-29），在制备好 ITO 阳极的透明基板上积层成膜，再利用真空蒸镀法沉积金属阴极，最后经封装制成器件。

PLED 是将溶于有机溶剂中的浆料状高分子有机材料，利用浆料喷射（Ink-jet，喷墨）或甩胶（Spin-coat，也称旋涂）涂布成膜，再利用真空蒸镀法沉积金属阴极，最后经封装制成器件。

PLED 也有 40 型宽屏试制品面市，但若达到实用化，尚需要在高分子材料改善、喷墨及甩胶技术等方面获得突破性进展。但是，如图 5-28 所示，与 OLED 采用 4 层，甚至 5 层的复杂结构相对，PLED 只采用 2 层，结构简单，可在常温、常压下由浆料成膜，不需要昂贵的真空设备，可实现低价格。特别是适用于大型玻璃基板，生产效率高。这对于那些可发挥有机 EL 优势，需要超薄、轻量、高清晰度、动态画面逼真的电视及计算机监视器等大画面应用，具有良好的发展前景。

本节重点

（1）针对小分子系 OLED 和高分子 PLED 所用材料进行对比。
（2）针对小分子系 OLED 和高分子 PLED 成膜工艺进行对比。
（3）对比小分子系 OLED 和高分子 PLED 发展现状进行对比。

图 5-28 小分子型有机 EL 和高分子型有机 EL 的构造

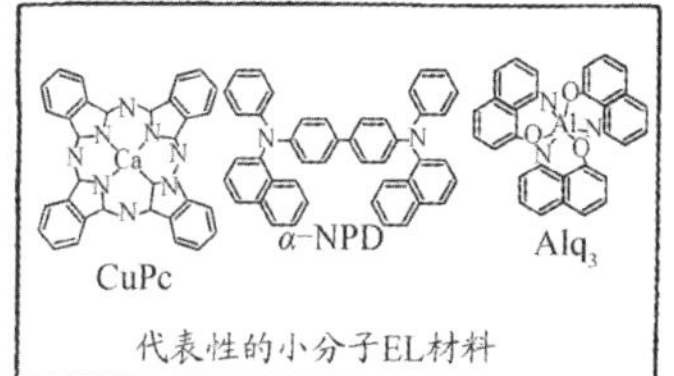

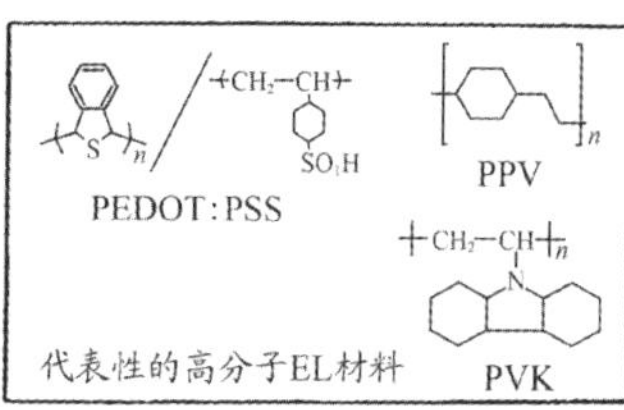

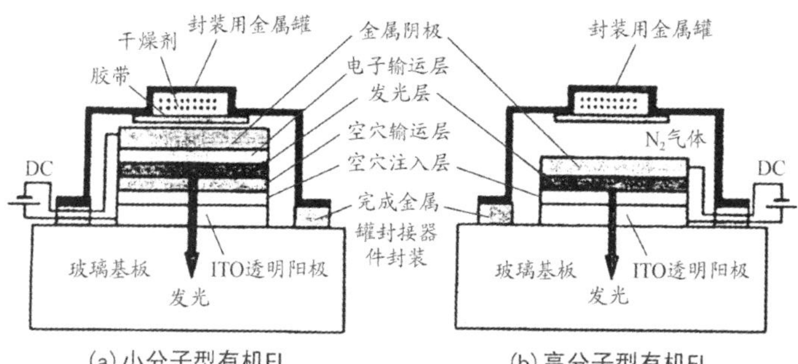

(a) 小分子型有机EL (b) 高分子型有机EL

图 5-29 像素布置及金属掩模的对位

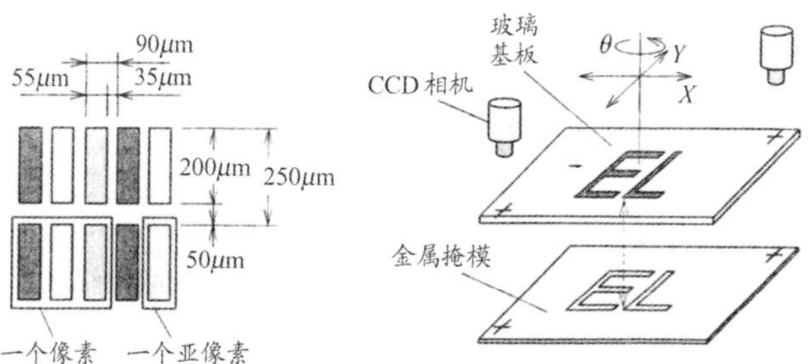

(a) 全色有机EL的像素布置

(b) 利用CCD相机对金属掩模进行调整与对位

5.4 PLED 器件的制作工艺（4）——喷墨印刷

5.4.1 由溶液制作薄膜的涂布法

这里，所谓涂布（Cast，铸造）法，可以理解为是从溶液实现薄膜化（固体化）的方法的总称，包括各种不同的实现方法，但无论哪一种都需要使用溶液。图 5-30 所示为各种各样的涂布法。

甩胶涂布法是使基板旋转，与此同时使溶液向基板滴下。溶液受离心力作用向着周围部位扩散。因此，溶液与基板间的融合度是实现均匀膜厚的重要因素。在融合度差的场合，像水珠在荷叶表面滚动那样，空有溶液移动而不能在整个表面铺展，而且还需要对基板表面的气氛进行通风换气（实际上大多数情况是使环境气氛静止，而使对象物运动），以使膜层迅速干燥固化。膜层中分子的长轴沿半径方向择优取向。

甩胶涂布法的膜厚藉由以下方法进行控制：①改变溶液的黏度（黏度高膜层厚，黏度低膜层薄）；②改变转速（转速低膜层厚，转速高膜层薄）。除此之外，还有改变基板温度和溶液温度的方法。基本上讲，关于黏度的因素更为重要。膜厚可调整的范围应在百分之几以内。

浸渍涂布法不是利用旋转，而是借由将基板浸入溶液中，并以一定的速度向上提拉来实现的。除了基板的表侧（电极侧），背（里）侧也会形成薄膜，因此用得较少。这种方法的优点是，有别于甩胶法，其材料的利用率高。采用甩胶法，若想获得均质膜层，必须将胶液甩遍整个试样表面，结果有大量胶液甩到甩胶机的四壁上，造成胶液浪费。

在浸渍涂布法制作的膜层中，分子的长轴沿提拉方向择优取向。关于膜厚控制，与甩胶涂布法相同，通过改变提拉速度也可以实现（高提拉速度可以获得厚膜）。

除此之外，还有在基板上展平溶液的流延法。

本节重点

(1) 甩胶涂布法——利用了离心力的作用。
(2) 浸渍涂布法——浸渍后以一定速度向上提拉。
(3) 溶质溶于溶剂是关键所在。

图 5-30 各种各样的涂布（Cast）法

1. 甩胶涂布法

使放置基板的甩胶台旋转，
在溶液滴下的同时展成膜状

工艺参数

- 滴下量
- 溶液浓度
- 旋转速度/rpm
- 蒸发速度（基板温度，气氛中的浓度等）

有机分子的长轴容易沿径向，即从中心向着远离中心（取向）排列。材料的浪费多

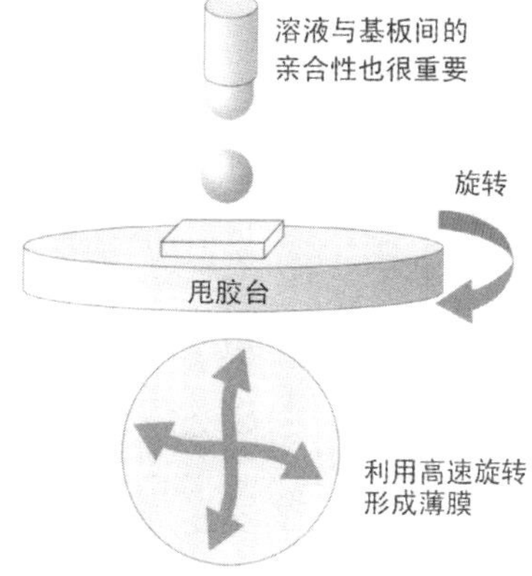

2. 浸渍涂布法

将基板在溶液中浸渍后，以一定速度向上提拉

工艺参数

- 溶液浓度
- 向上提拉速度
- 蒸发速度（基板温度，气氛中的浓度等）

有机分子的长轴容易沿提拉方向，即上下方向（取向）排列

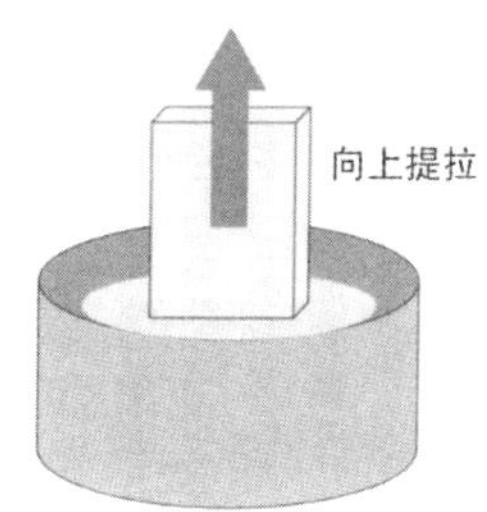

涂布法共同的问题

涂布法的关键是溶质在溶剂中是否溶解。对于不能采用真空蒸镀的高分子材料，通过赋予其可溶基，就能提高溶解度。小分子材料若溶解性高，当然可以采用涂布法。但是，在形成多层膜的过程中，要保证下层不发生再溶解，因此对每种材料必须选用特质化的溶剂

名词解释

甩胶机（台）：通过基板旋转，使滴下的胶液展平的装置。IC芯片制程中必不可缺的装置。

5.4.2 何谓印刷电子

印刷电子的优势之一，是可以根据个人需求灵活生产少量多品种的产品，即可以按需生产。

印刷电子是一项非常贴近应用的新兴技术。研究开发印刷电子技术的最终目的是借由印刷制造大面积、柔性化且低成本的各种电子或光电产品。国外近年来对印刷电子的高度重视主要基于这一技术向实用化与市场化发展的前景。

凡是能够用印刷方法取代传统电子学制程的领域都可以纳入印刷电子的范畴。所谓传统电子学制程，即目前硅基微电子集成电路的制造方法，包括光刻与刻蚀等一系列微纳加工技术。印刷方法带来的不仅仅是终端产品的大面积、柔性化和低成本，而且包括制程本身的绿色环保特征。由此可见，印刷电子可以产业化的领域相当广泛。最直接的应用实例是印刷取代印制线路板（PCB）的制造工艺。

从长远来看，印刷电子还可以创造出新的市场，因为印刷电子产品的大面积、柔性化，包括透明化等新颖特性有可能培育出新的消费需求。苹果公司 iPhone 的成功就是最好的例证。

高质量聚合物薄膜的制备是 PLED 器件制作的关键。旋涂法无疑是最简便快捷的，而且成膜质量较好。但是这种方法一般只适于制作简单的单层器件，对于多层结构器件，聚合物溶液中的溶剂往往会溶解损坏前一层薄膜。旋涂法虽然也可用于制作大尺寸显示屏，但材料浪费严重，导致生产成本较高。此外，这种通过将溶液滴在衬底上，利用离心力原理直接涂覆的方法需要借助其他技术才能实现彩色显示。

一个典型的旋涂过程主要分为滴胶、高速旋转和干燥（溶剂挥发）三个步骤。首先，滴胶是将旋涂液滴注到基片表面上，然后经高速旋转将其铺展到基片上形成均匀薄膜，再通过干燥除去剩余的溶剂，最后得到性能稳定的薄膜。施涂法成膜如图 5-31 所示。对于各种黏度、润湿性不同的旋涂液，通常使用的滴胶方法有两种，即静态滴胶和动态滴胶，旋涂法中的高速旋转和干燥是控制薄膜厚度、结构等性能的关键步骤，因此这两个阶段中工艺参数的影响成为研究的重点。

本节重点

(1) 何谓印刷电子，介绍它的应用现状。
(2) 试对 IC 制程中的光刻电子和印刷电子进行比较。
(3) 指出印刷电子的优点及应用前景。

图 5-31　旋涂法成膜

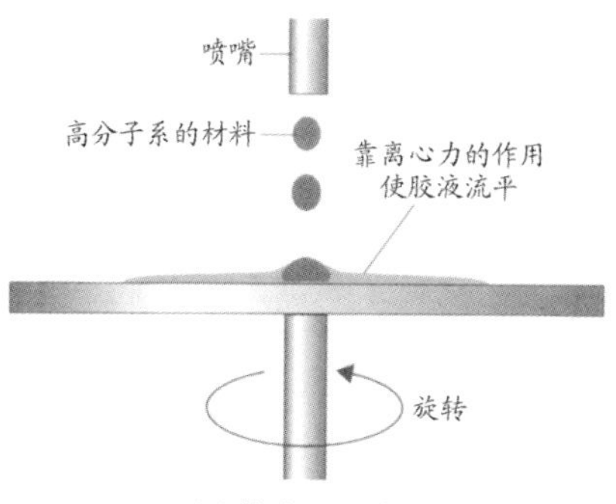

(a) 旋涂法示意

(b) 实验室水平的旋涂机

(c) 大部分胶液附着在旋涂机的内壁上

5.4.3 喷墨法形成图形

常见的喷墨打印机有两种方式，如图 5-32 所示，一种是气泡喷墨方式，另一种是压电喷墨方式。前者是通过将贮液罐中的一部分墨水气化，靠气体压力将墨水喷出；后者是利用逆压电特性，通过使贮液罐伸缩将墨水喷出。对于有机材料来说，更方便地是利用压电喷墨方式。

OLED 的制作也与通常的打印机相同，但多少有些差异。首先，为了使 RGB 各自的发光色独立，要采用凸台（Bank）使 RGB 贮液罐分别对准 RGB 亚像素位置的中心，通常亚像素的形状以长方形居多。

从打印头吐出的液滴（几个皮升）在展平之前，要使溶液一点一点地蒸发，使浓度浓缩。如果展平过程中浓度过高，则会形成向上隆起的山包状（材料成分固形化，由于惯性而不能扩展），而若浓度过低则会形成中间低而四周高的环形山状（由于材料成分软，因惯性中部塌陷变低，而四周首先固化保持较高的高度）。为了制作出尽量均质的膜层，需要控制的工艺参数主要有：①吐出量；②黏度（溶剂量，溶剂种类）；③吐出速度；④吐出氛围（溶剂的饱和蒸气压，湿度）；⑤凸台的表面处理等。

①～④这几个因素在保证如何形成最合适的液滴且均匀展开方面相互制约，其间的关系相当复杂，想求出最佳搭配并非容易。实际上，有机电子学用的喷墨打印机已有市售产品，但用户要根据各自的应用条件灵活运用，必要时还要改变打印机的工作参数。

上述⑤的凸台表面处理，基本要求是提高 ITO 表面的亲水性，提高凸台表面的疏水性。溶液从梯形凸台斜面滑落，流入亚像素形成膜层的过程也十分重要。

本节重点

(1) 喷墨法形成图形的原理与喷墨印刷法相同。
(2) 梯形凸台斜面的表面处理等极为重要。
(3) 喷墨法形成图形的材料利用效率高，工艺简单，备受期待。

图 5-32　喷墨法

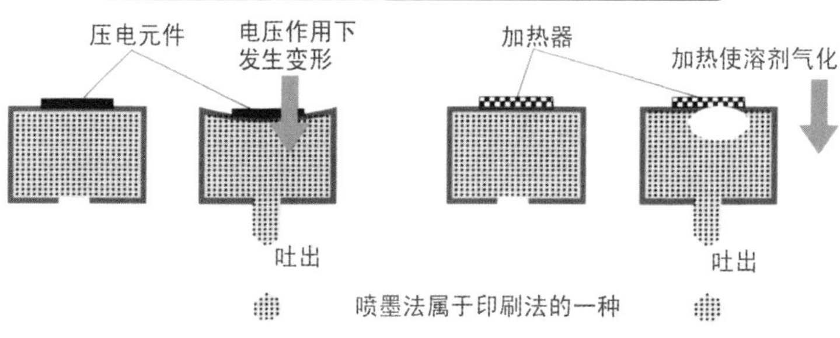

喷墨法属于印刷法的一种

压电方式

藉由压电元件对油墨盒实施压缩，使油墨吐出

热驱动方式

利用加热器实施局部加热，藉由气体的压力使油墨吐出

采用喷墨法若能精准、完备地制作亚像素，则不会造成材料浪费。作为备受期待的方法，目前正大力研发中

- 每次吐出的量只有几个皮升（Pl，即10^{-12}L）
- 为了能以均匀膜的形式加以利用，需要最佳的工艺条件（溶剂种类、黏度、气氛等）

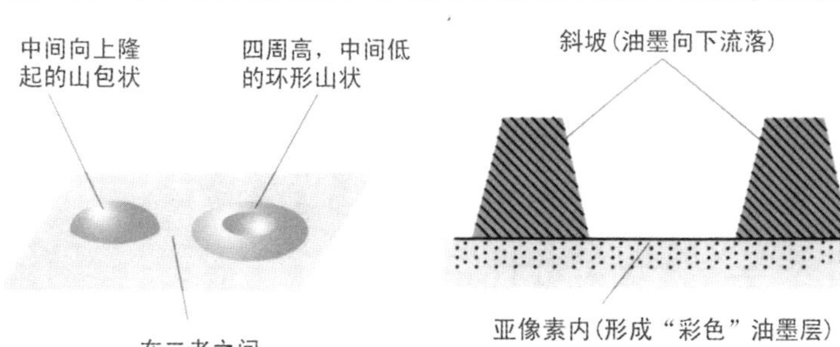

为了防止RGB油墨相混合，需要在亚像素之间形成梯形凸台。即使斜坡(Bank)上附着油墨，也会流落下来，在亚像素内形成膜层

名词解释

斜坡(Bank)：呈圆台状，表示滴下的油墨保持凸起状，不会向四周扩散漫延。

亚像素(Sub-pixel)：显示R、G、B发光的最小单元。一般由三个亚像素RGB构成一个全色像素。

5.4.4 喷墨法制作 RGB 像素单元

喷墨打印技术是通过微米级的打印喷头将空穴传输材料，如 PEDOT/PSS（掺杂聚苯胺），以及红、绿、蓝三色发光材料的溶液分别喷涂在预先已经图案化了的 ITO 衬底上的亚像素坑中，形成 RGB 三基色发光像素单元。膜层的厚度由打印在像素内的溶质数量决定，通过调整溶剂的挥发性可得到厚度均匀的膜层。这种非接触式打印方式避免了对功能溶液的接触性污染。由于这种方法能极大地节省昂贵的发光材料，而且通过使用多个喷射口的喷头打印（128 或 256 个喷射口）可以大幅缩短制膜时间，因此，喷墨打印彩色图案化技术在 PLED 制造领域已被确认为向产业化发展的主流技术，设备、原材料和器件制造工艺等在近几年都取得了很大的进展。图 5-33 所示为喷墨法（浆料喷射法）形成 RGB 像素的过程，喷墨装置以及喷头的控墨原理。

喷墨打印技术不仅在 PLED 制造领域有所应用，现在也是 LCD 彩色滤光膜的新一代制造技术，与现有技术相比，在节约原料、降低成本方面优势显著。喷墨打印技术需要准确的定位系统才能提高像素分辨率，对设备的精度要求较高。另外，如何配制可打印的高效率发光材料溶液，实现厚度均匀的聚合物膜层是这种技术的关键。

喷墨法制作大尺寸 OLED 不需昂贵真空装置，投资成本低。以共轭性高分子为材料的高分子元件，采用溶液旋转涂覆或喷墨印刷制造，设备成本低、在大尺寸化的发展有绝对优势，元件可耐受较高的电流密度与温度环境、技术领导商 CDT 采用较开放式的专利授权受限于红绿蓝三色定位困难、目前蓝光寿命不理想。

本节重点

(1) PLED 的量产系统中，哪些膜层可以由非真空方法制作。
(2) 喷墨法中喷墨压力如何获得。
(3) 喷墨法中图形形状如何保证。

图 5-33　喷墨法（浆料喷射法）形成 RGB 像素过程

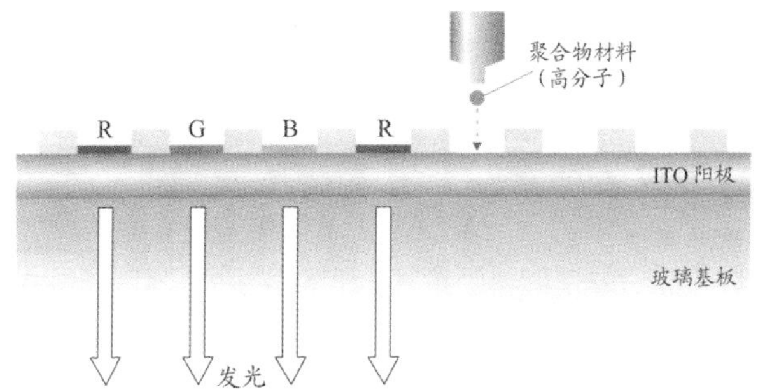

(a)利用浆料喷射法进行RGB分涂(高分子系)

(b)浆料喷射法采用的装置(制作有机EL元件的采用浆料喷射装置的外观)

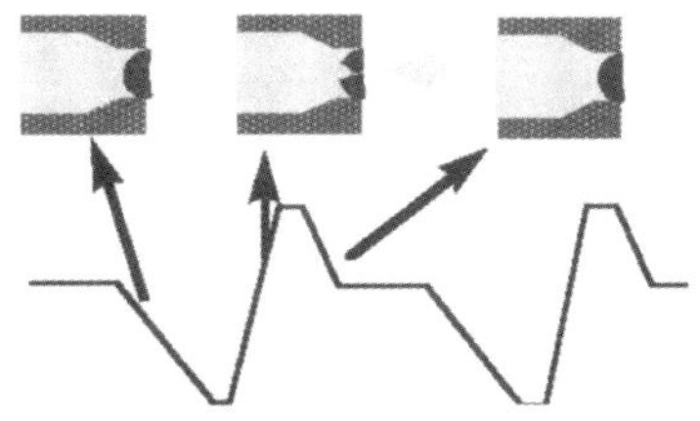

(c)EL浆料弯曲液面的控制(借助压力，使喷嘴处的弯曲液面强制振动而喷射)

5.4.5 印刷法制作 OLED 元件简介

5.4.3 节介绍了喷墨打印法，喷墨打印法是印刷法的一种（无版印刷）。印刷法的种类可按如何在原版上使用油墨并在印刷物上转印来划分（见图 5-34）。

① 凸版印刷（Relief Printing） 中国的四大发明之一，又称为活版印刷或苯胺印刷术（Flexography）。凸版印刷是通过在原版的凸部涂上油墨，再施加压力转写于印刷物上。版画的原理即是如此。由于施加压力，纸质等印刷物容易发生皱褶，但其具有价格低廉的特征。

② 凹版印刷（Intaglio Printing） 也又称为 Gravure 印刷。不是在凸部，而是在凹部流入油墨，通过施加压力转写于印刷物上。其过程与凸版印刷完全相同。凸版印刷在凸部载有油墨，而凹版印刷在印台部位也会残留油墨，因此也会转写在印刷物上。因此，印刷后必须将其消除掉。适合用于表现照片的印刷方式，但制作原版的价格高，由于采用其他方式也能完成清晰的照片印刷，因此早前这种方法的优点并不明显。

③ 平版印刷（Lithographic Printing） 别名 Offset 印刷，是目前广泛采用的印刷方式。在完全平整的原版上，使要印字的部分变为亲油性的，不印字的部分变为亲水性的。再由水润湿后涂布油性油墨，由此会形成泾渭分明的油墨图案，再将其转印。目前在报纸印刷中广泛采用。

④ 孔版印刷（Screen Printing） 又称丝网印刷或丝网漏印。在制作原版时，将欲涂油墨的部分开孔，油墨会从孔中漏出而转写在印刷物上。丝网印刷在印制线路板（PCB）制作中应用广泛。现在简易贺卡的印刷都采用孔版印刷。

目前，凸版印刷、凹版印刷和孔版印刷工艺都可用于 OLED 元件的生产。

本节重点

(1) 印刷方法按油墨的涂布方法分类。
(2) 喷墨法是印刷方法之一。
(3) 价格便宜是印刷法的特征之一。

图 5-34 印刷法分类

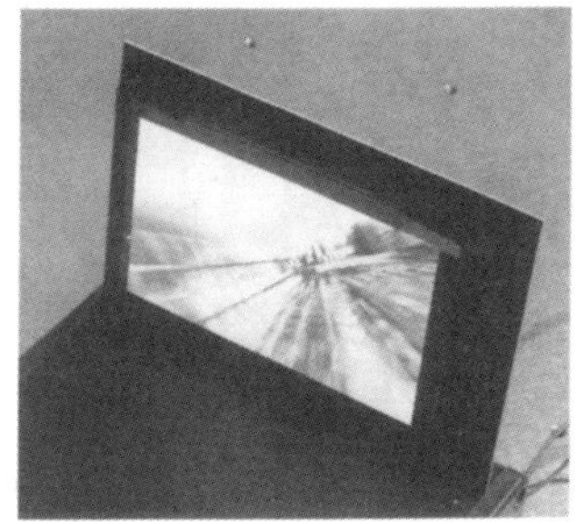

对于印刷法来说，无论采用下面图示的哪种方法，油墨的黏度、印刷速度、干燥时间等都是重要参数。在OLED的制作中，除了平版印刷之外，其他方法都有人成功采用。左图是由日本凸版印刷公司开发的OLED显示器

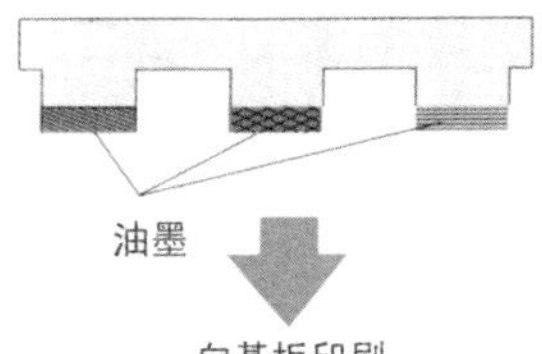

在版的凸部涂布油墨，然后压印在基板上

1. 凸版印刷(活版印刷)

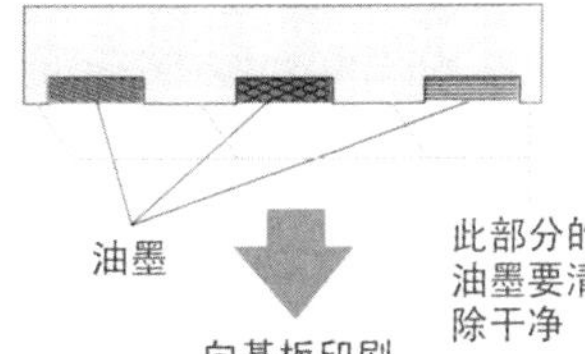

油墨流入版的凹部，然后向基板压印。最后要把凸部的油墨清除干净

2. 凹版印刷(Gravure印刷)

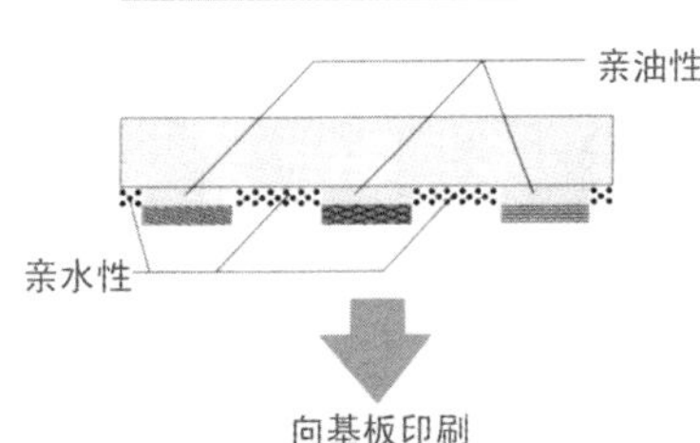

先在平板基板表面形成亲油性和亲水性区域，用以控制油性油墨的附着。至今未用于OLED元件的制作

3. 平版印刷(Offset印刷)

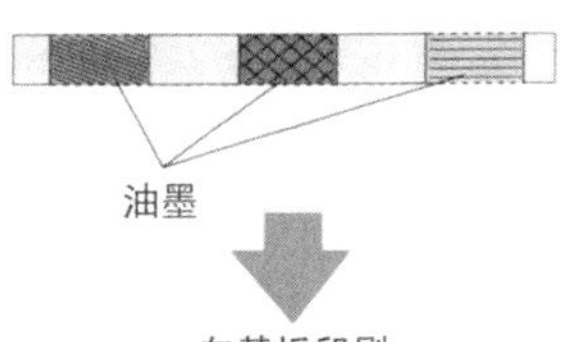

在预先开孔的部位流入油墨，再将其转印在基板上

4. 孔版印刷(丝网印刷)

5.4.6 凹版印刷法制作大尺寸 OLED

凹版印刷法（见图 5-35）是用图案化的浮雕固定在滚筒上，粘上聚合物功能材料转印在衬底上形成三基色发光像素的方法，雕版的精度决定器件的分辨率。凹版印刷在操作上具有非常好的可连续性，使该技术有望成为产业化技术，并且适用于制备柔性器件。这种技术需要控制溶液在干燥过程中形成的有可能与相邻像素相连的不均匀突起，其关键是要适当调整溶液的黏度，控制溶液在衬底上的铺展性及溶剂的挥发性，才能得到均匀的聚合物膜层。膜层的厚度也依赖于印在衬底上的溶液量及溶质的含量等因素。在技术实施过程中，每次都需要对浮雕进行彻底的清洗以避免浮雕与溶液及衬底间的交叉污染，从而降低器件的发光性能。

无源驱动的 PLED 工艺流程为：基板清洗→ TO 制作→ ITO 电极图形制作→隔离柱制作→空穴传输层涂覆→有机发光层制作→电子传输层制作→阴极制作→电子封装。

有源驱动的 PLED 工艺流程相比无源驱动的 PLED 工艺来说，在最开始的基板清洗前面还有一步 TFT 电路制作。

由贺利氏公司主推的聚二氧乙基噻吩聚苯乙烯磺酸（PEDOT ：PSS）——Clevios 早已作为防止电磁干扰（EMI）的屏蔽膜（Shielding Film）或是静电防护膜在面板行业广泛使用，由于 Clevios 拥有极高的透明度，相较于其他 ITO 替代材料，Clevios 的弯曲及折叠弹性也较佳，且导电率并不会受弯折程度所影响。更为重要的是，Clevios 的功函数为 5.2eV，比 ITO 更高，非常适宜做阳极材料，或作为掺杂剂对 ITO 阳极进行修饰改性。如今，Clevios 已广泛应用于触控式荧屏、感测器、OLED、有机太阳能电池，以及防伪涂料等产品中，也许在未来它将成为金属氧化物阳极的合格替代品。

图 5-36 所示为 AUO 公司利用喷墨技术试制的 65in OLED 显示器，其在性能价格比方面已取得显著进展。

本节重点

（1）试对比 PLED 和 OLED 的量产系统。
（2）介绍凹版印刷法形成图形的过程。
（3）调研凹版印刷法在大尺寸 OLED 显示器制作中的应用。

图 5-35 凹版印刷法

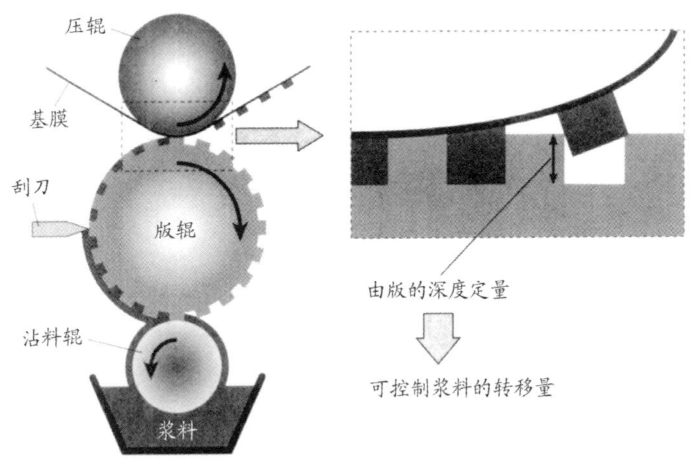

图 5-36 AUO 公司利用喷墨技术试制的 65in OLED 显示器

5.4.7 PLED 的量产系统

图 5-37 所示为采用高分子系（聚合物系）材料实现 PLED 量产的工艺流程一例。早期的高分子系采用更为简单的“单层结构”，近年来更多采用另设空穴注入层的“双层结构”。如图中所示，首先涂布空穴注入层，此后连续喷墨印刷作为发光层（R 层 /G 层 /B 层）的全色色素。由于 PLED 结构层数少，而且都在非真空条件下利用喷墨印刷法完成，因此工艺简约，产品价格便宜。

透明导电膜也是在印刷电子中开发竞争日益活跃的部材之一，其用途广泛，包括触控面板、OLED 面板及太阳能电池用电极等。候补的材料和技术中，除了以往在涂布工艺中采用 ITO 的技术之外，还包括 CNT 薄膜、石墨烯片、称为 PEDOT:PSS 的有机导电性材料以及纳米金属粒子油墨等，种类繁多。不过，ITO 薄膜的耐机械弯曲性较弱，而 PEDOT:PSS 存在耐湿性课题。而在这些材料中，最近光透射性和薄膜电阻值两方面特性均得到大幅提高的是 CNT 薄膜和石墨烯片。

对采用印刷技术制造的触控面板、太阳能电池和 OLED 面板等均很重要的透明导电薄膜的特性最近有了大幅提高。其中，东丽公司采用双层 CNT 的技术和采用石墨烯的技术在高光透射性和低薄膜电阻值方面展开了竞争。

例如，东丽正在开发用涂布双层 CNT 工艺的透明导电薄膜，其可用于电子纸的薄膜已进入量产。要点是分散到溶液中时，使双层 CNT 带电。其薄膜电阻值在光透射率为 90% 时约为 500Ω/□，“在研发水平上获得了光透射率为 90%、薄膜电阻值约为 200Ω/□的结果。东丽公司计划 12 年后的目标是将电阻值降至 10Ω/□”。

而石墨烯由于载流子较少，直到最近都难以将薄膜电阻值降至 30Ω/□以下。英国埃克塞特大学（University of Exeter）2012 年 5 月使采用石墨烯的透明导电膜“GraphExter”在 87% 的光透射率下实现了约 15Ω/□的低薄膜电阻值。其要点是在两片石墨烯间夹入三氯化铁（$FeCl_3$）。

本节重点

（1）按图 5-37 所示介绍 PLED 的量产工艺过程。
（2）对用于喷墨印刷法的高分子材料有哪些要求。
（3）喷墨印刷法相对于真空镀膜法有哪些优势。

图 5-37　PLED 的量产工艺流程图

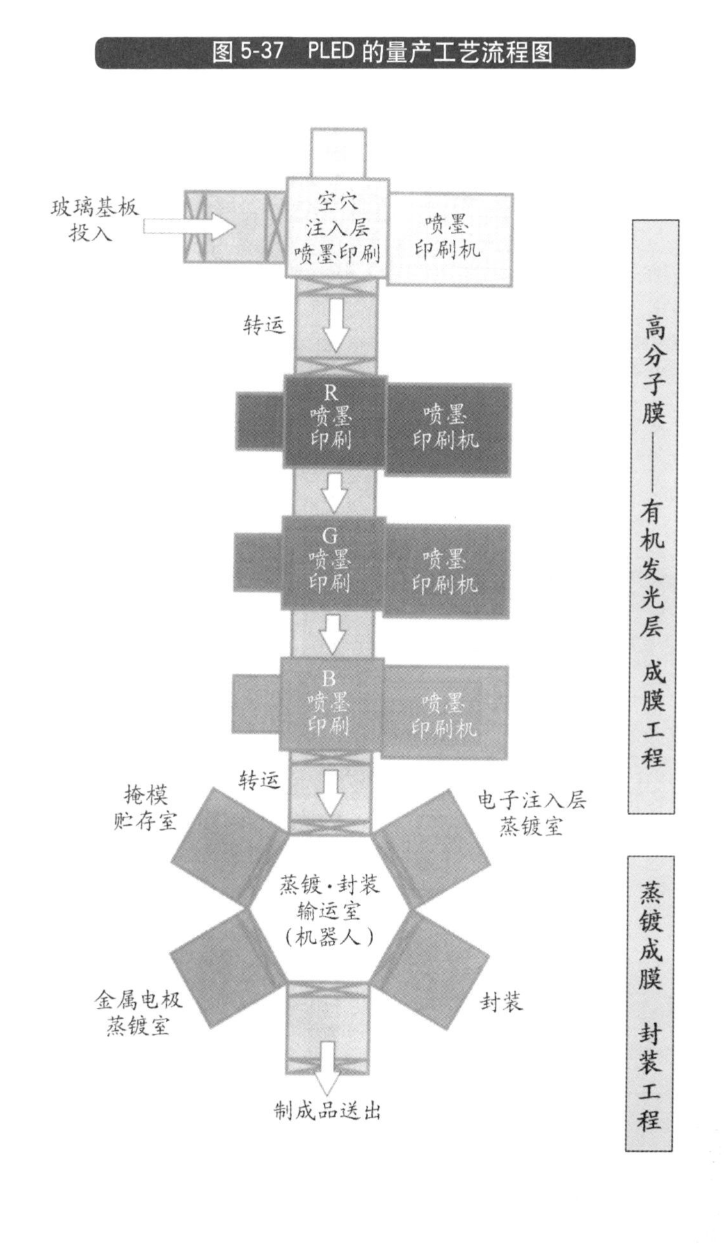

5.4.8 制作大屏用的激光转印法

OLED 显示器的价格主要取决于制造装置的价格、材料价格、产品良率等因素。从功能、稳定性角度，希望采用真空蒸镀法。考虑到每一次的制作效率等因素，采用大尺寸基板是必然之路。

顺便指出，用于 TFT LCD 的第 10 代玻璃基板尺寸已达到 2850mm×3050mm（见图 5-38）。考虑到这样大的玻璃基板进出真空蒸镀装置，由其大尺寸和高重量引起的问题在所难免。从这种意义上讲，可在大气压下进行的喷墨法和印刷法是极具魅力的。但从现状看，实际产品大半以上都是由真空蒸镀法制造的。

摆脱上述困境的方法之一是采用激光转写法（见图 5-39）。所谓激光转写法也可以看作是真空蒸镀法的一种。但普通真空蒸镀法的问题是，如果采用大面积基板，掩模的对准精度以及掩模与基板间的密着性都难以保证。

采用激光转写法，利用了在激光吸收层上形成的有机膜。图形预先由光刻法制成。亚像素的大小本身为 100μm 左右。这对于半导体领域的光刻技术来说，图像分辨率是相当粗的，不存在任何问题。

利用切好图形的基板，作为共同部分的有机膜，全表面覆盖。此后，将此图形基板与有机形成层贴合，二者之间留有很窄的间隙，按照图形用激光照射，被激光照射的部分，激光吸收层将光能转换为热能，该部分被加热。这样，利用此热能使有机膜再蒸发，将蒸发的有机材料转移到下部层中（完成转写）。这便是激光转印法的原理。

事前在转写基板上将图形做好，并在接近状态使有机层蒸发是激光转印法的关键所在。

本节重点

(1) 喷墨法和印刷法具有吸引人的魅力。
(2) 可维持高功能的激光转印法。
(3) 图形事前由光刻制成。

图 5-38　玻璃基板尺寸的大型化和显示像素的微细化

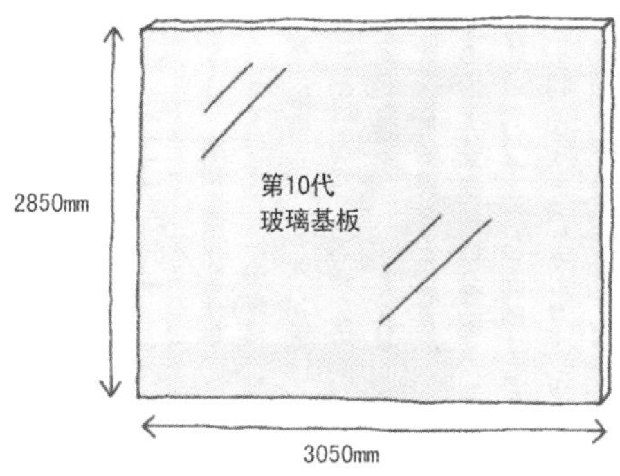

在液晶显示器产业化领域，第10代玻璃基板的尺寸为2850mm×3050mm。采用大尺寸基板既节省基板材料又能提高生产效率，即切割面板时无用的四边沿比例更小，且在同一时间内可得到面板块数最多

图 5-39　激光转写法

半导体激光器

扫描

加热

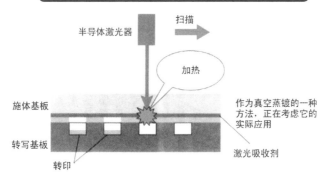

施体基板

转写基板

转印

作为真空蒸镀的一种方法，正在考虑它的实际应用

激光吸收剂

随着基板的大型化，掩模蒸镀法逐渐不能适应。激光转写法是正在考虑的方法之一。微细化可以通过转写与基板事前准备，有机层先沉积在施体基板上，再由激光加热，使有机层蒸发后，向转写基板进行转写

名词解释

光刻(Lithgraphy)：借由感光体曝光，形成图形的微细加工工艺。为使图形微细化，需要使用短波长的光。

5.5 OLED 器件的制作工艺（5）——OLED 的封装

5.5.1 OLED 和 PLED 的制作工艺流程

OLED 和 PLED 是两种材料和结构均不同的有机 EL 元件。按有机 EL 所用有机材料种类不同，有机发光二极体显示器分小分子型和高分子型（聚合物型）两大类。目前，一般称前者为小分子型有机发光二极体显示器（Organic Light Emitting Diode，OLED，而称后者为高分子型（聚合物型）有机发光二极体显示器（Polymer Light Emitting Diode，PLED）。OLED 生产工艺流程——蒸镀封装如图 5-40 所示。

OLED 和 PLED 的制作工艺流程（见图 5-41）如下：

OLED 是将粉末状小分子有机材料通过金属光罩蒸镀，在制备好 ITO 阳极的透明基板上积层成膜，再利用真空蒸镀法沉积金属阴极，最后经封装制成。

PLED 是将溶于有机溶剂中的浆料状高分子有机材料，通过喷墨（Ink-jet）或甩胶（Spin-coat，亦称旋涂）涂布成膜，再利用真空蒸镀发沉积金属阴极，最后经封装制成。

从生产和工程实际的角度，可以将 OLED 的整个技术流程具体地分为前处理工程、成膜工程和封装工程三大部分。其中，前处理工程包括 ITO 阳极的图形化、辅助阳极及绝缘膜的图形化、阴极障壁的形成和基板的等离子体清洗等；成膜工程包括依次形成空穴注入层、空穴输运层、RGB 三色发光层、电子输运层（以及电子注入层）和最后沉积为阴极的金属膜；封装工程包括金属封装罐的自动传输（见图 5-41 及 P179 图 5-1，P211 图 5-25），干燥剂填充，框胶印刷、干燥，完成封接，划片、分割，通电检查，最终完成显示模块等。除了传统的金属封装形式之外，为了配合可挠曲式显示器及有机 EL 显示器轻量、超薄的要求，交互采用聚合物膜与陶瓷的多层膜封装方式也已成功应用。

本节重点

(1) 介绍 OLED 和 PLED 的制作工艺流程。
(2) OLED 和 PLED 制作工艺流程的主要差异是什么。
(3) PLED 比之 OLED 简约化在何处。

图 5-40　OLED 生产工艺流程——蒸镀封装

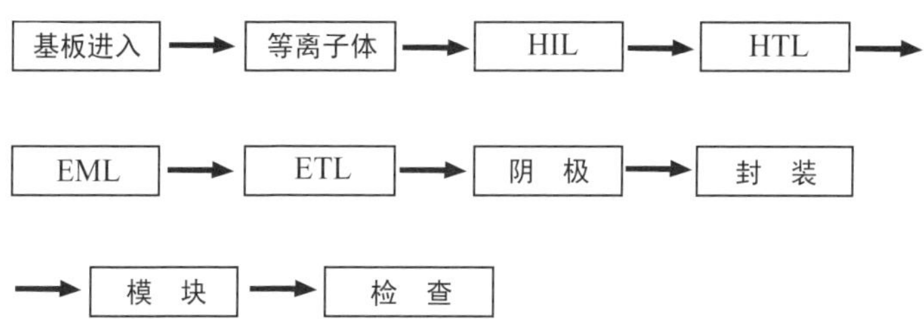

图 5-41　OLED 和 PLED 的制作工艺流程图

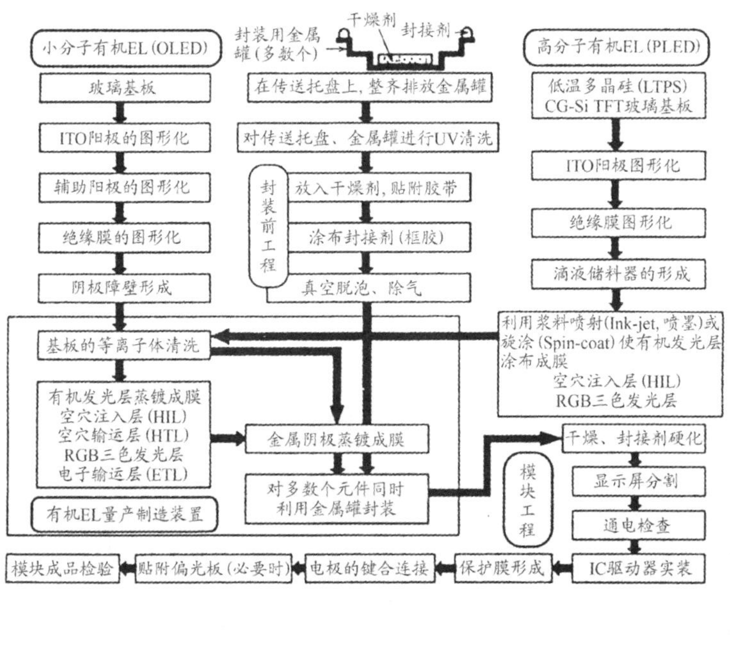

5.5.2 至关重要的封装和干燥剂

在OLED中，由于阴极金属采用的是低功函数的活性金属，因此必须严防水、氧等进入。活性金属与水、氧等反应变成金属氧化物一定是绝缘体。在导体金属变成绝缘体的过程中，电流逐渐变得不能流动。一层一层薄薄的有机材料一旦遇到水和氧等，会发生反应而产生致命的“黑点”。因此，OLED除了要在真空蒸镀装置中制作之外，还必须放置在非活性气氛中。但是，OLED 作为常用器件必须能在大气中随意使用。因此，对元件必须进行可靠封装以与大气隔绝。常用的封装方法有金属盒封装和有机膜与陶瓷膜多层叠层封装。基板与封装材料之间的封接，需要采用黏接剂。一般的 OLED 元件不允许加热，故多采用光桥架高分子。但是，只利用封装材料和黏接剂，若在手套箱中进行封装后取出，元件仍然会在较短的时间内发生劣化。如果采用的是不适合用于 OLED 的黏接剂，在高分子化（聚合，特别是缩聚）的过程中，会有气体发生。在发生的气体中，由于可能有水和乙醇等，对于 OLED 来说都是相当有害的。进一步，即使是所谓的黏接剂，大多数属于高分子材料体系。实际上，高分子膜对于气体而言，如图 5-42 所示，透过性是相当高的，说明其内部是布满间隙的，尽管作为包装材料仍广泛使用高分子膜。在选用高分子膜作为食品包装材料时，必须仔细分析，例如，食品袋的包装中有没有气体进入？气密性高的膜层是如何实现的？

食品袋中一般要放入干燥剂和脱氧剂。气密性高的往往是不透明的，金属便属于此。对于 OLED 的密封更有必要下一番功夫。实际上可采用的措施有，通过在黏接剂中加入填料，在封装内部加入干燥剂等。由于在实际的封接面上往往集中分布着大量缺陷结构，水和氧等由此渗入是元件劣化的最大原因。

本节重点

(1) 通过封装将元件与大气隔离。
(2) 由黏接剂产生的气体如何处理。
(3) 高气密性材料的开发。

图 5-42　可靠封装是 OLED 的生命线

封接材料(金属，玻璃)

OLED器件的厚度是
基板加封装的厚度

干燥剂

封入气体

约600nm

有机薄膜

光桥架型聚合物
(UV固化型树脂)

黏接剂

约200nm

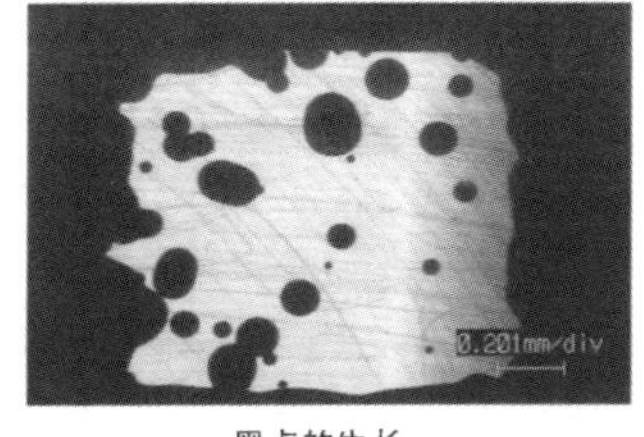

黑点的生长

片状干燥剂

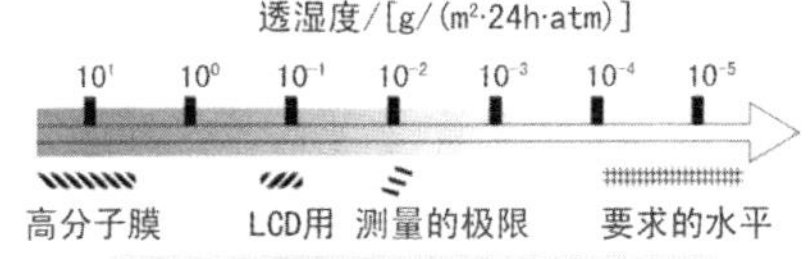

对透湿度的要求极为严格

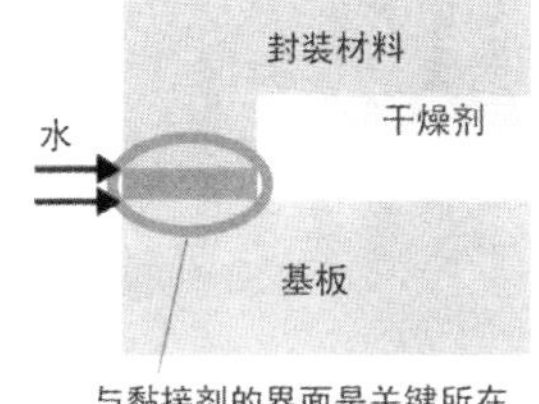

与黏接剂的界面是关键所在

干燥剂(Gettr)对以下情况起辅助作用

- 吸附浸入的水
- 吸附源于黏接剂的气体

注：atm表示在1个大气压下1atm≈101kPa

名词解释

手套箱(Glovebox)：隔断外部气体，内充特殊气氛的装置。利用手套箱可进行内部作业。由于处于正压(内部压力高)，手套会凸出设备之外，活像一双伸出的手臂。

5.5.3 正常发光和黑点缺陷

成膜之后的积层有机薄膜不能与水蒸气接触，若在大气中放置，有机层会与水蒸气发生剧烈反应，进而在所显示的画面上出现“黑点缺陷”（见图 5-43），造成元件失效。为了防止这种现象发生，我们必须采取可靠的封装，而且要求成膜与封装处于真空状态的生产线上连续完成，以保证元件与大气隔绝。

电子封装具有机械支撑、电气连接、物理保护、外场屏蔽、应力缓和、散热防潮、尺寸过渡、规格化和标准化等多种功能，所以半导体元件总要进行电子封装。早期的电子封装多采用金属封装、陶瓷封装和玻璃封装等，现在 98% 以上都采用塑料封装。有机 EL 元件的金属封装类似于早期半导体元件的金属封装，但是有机 EL 元件的封接不能采用玻璃料而只能采用高分子材料，原因是玻璃封接料需要较高温度烧结，玻璃化之后才能起密封作用，而有机 EL 元件难以承受这样的高温。但是，高分子材料结构不够致密，强度低、易吸潮，而且其热膨胀系数和金属、陶瓷不匹配，所以，我们用显微镜进行观察，可以看到高分子材料封接剂内含不少气孔和微裂纹等，水蒸气很容易经过这些缺陷进入封装罐内部。

为了除湿，不但在封装罐中充入干燥的 N_2，还在封装罐的凹部填充被称为捕集器的干燥剂（一般采用 CaO、BaO 等），与进入的水蒸气反应生成氢氧化物，避免水蒸气与有机层反应，从而保证有机 EL 元件稳定工作。

图 5-44 所示为金属封装罐的自动供应线（可参考图 5-25 和图 5-41）。

本节重点

(1) OLED 元件为什么必须封装。
(2) OLED 有机层中的“黑点”是如何产生的。
(3) 封装有哪些作用，如何保证其可靠性。

图 5-43 正常的发光和黑点缺陷

正常的EL发光

在大气中成膜的有机层会与湿气发生激烈反应，产生黑点缺陷，造成元件失效。因此必须进行封装。成膜与封装应在处于真空状态的生产线上连续完成

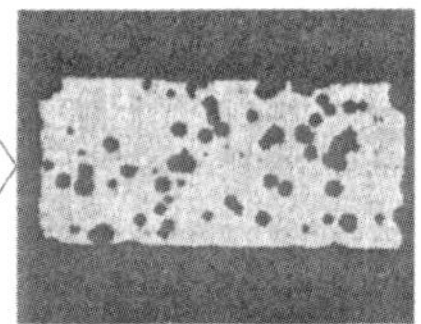

黑点缺陷

图 5-44 金属封装罐的自动供应线

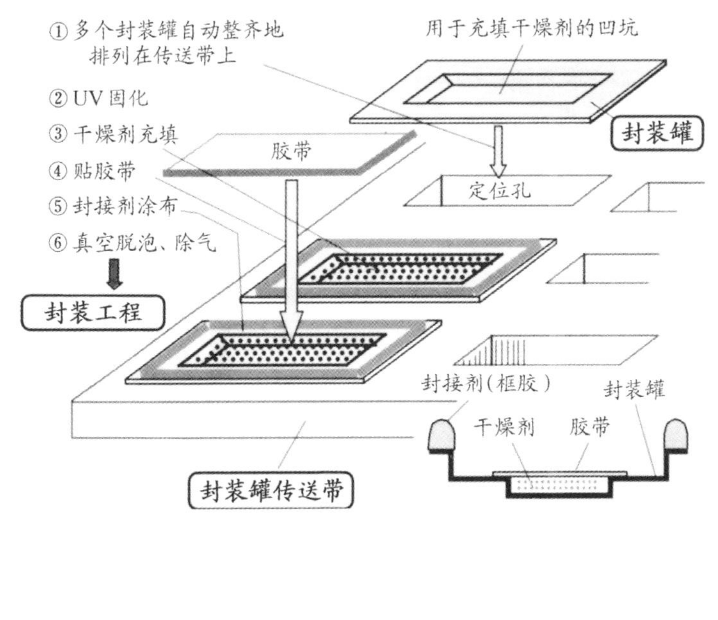

5.5.4 封装用金属封装罐的自动供应线

图 5-45(a) 所示为封装罐的构造，图 5-45(b) 所示为量产规模金属罐封装工艺流程图。图中针对的是小分子有机 EL(OLED) 的封装，实现上是 P209 图 5-24（上）所示制作工艺流程的继续。

OLED 的量产系统基本是全自动化运行，从基板进入到完成最终产品（封装）一直在真空中操作。封装罐自动供应线是自动提供金属封装罐的全自动线。

在成膜之后，我们先让搬运机器人将成膜后的玻璃基板送入检查室⑩，在此对封装前的有机 EL 元件进行检查。完成检查后，将合格的元件送入封装室⑪，与预先准备涂好封接剂的封装罐进行对位、压合，再经 UV 照射、封接剂固化，完成封装。

封装过程不仅需要用 UV 照射，使高分子封接剂固化封接，还要对露点温度、充 N_2 量等严格控制。完成封装后还要对同一块基板上多个带有封装罐的元件进行分割，最后对每个分立的元件安装驱动 IC，完成制品出货。

顺便指出，尽管在半导体积体电路制作中，由硅圆片（Wafer）经划片、裂片分割为一个一个晶片（Chip）的过程，各个公司都有自己的专用设备和特殊技能（Know—how），可是由完成封装的玻璃基板切割为一个一个有机 EL 元件的过程则不需要什么特殊的设备，仅有金刚石切割刀就可完成。

本节重点

(1) 介绍金属罐的封装的结构。
(2) 采用金属罐的封装有什么缺点。
(3) 如何保证金属罐封装的可靠性。

图 5-45 封装罐封装

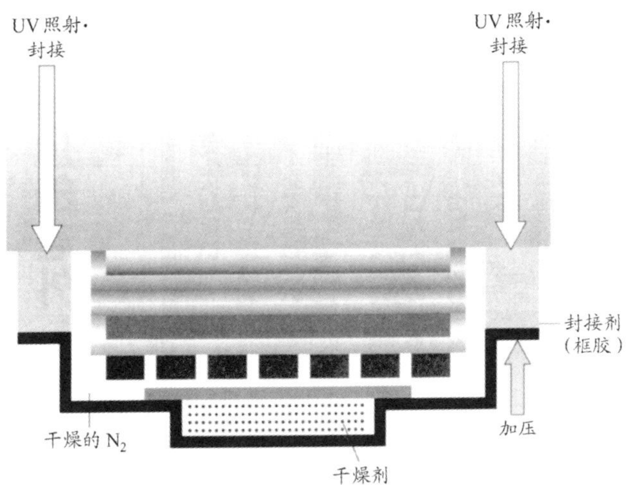

(a) 封装罐的构造

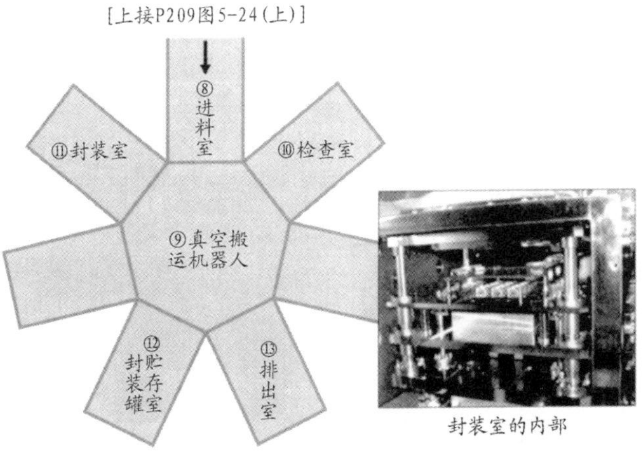

(b) 量产规模金属罐封装工艺流程图

5.5.5 封装膜封装的成膜工艺和封装方式

有一些产品并不适合用封装罐进行封装。平面显示器要具有平面结构，人们希望有些有机 EL 显示器（屏）像纸（电子纸）那样薄，既可弯曲，又可折叠；实际上，有机膜部分四层加起来的总厚度也只有 100 ~ 200nm，电极和基板也相当薄。而金属罐封装使用的“罐”又厚又硬，且非平面结构。这样，对于金属罐封装的有机 EL 显示器来说，封装罐的“厚”使上述发光部分之薄的优势化为乌有。因此，人们正在研究开发利用封装膜进行封装。

目前看来，金属氧化物和氮化物的薄膜是第一候选。不妨认为这些是极薄的玻璃或陶瓷膜层，对空气阻挡能力强，足以隔绝水蒸气。一般在有机 EL 元件上沉积这种膜层可以考虑溅射镀膜法或化学气相沉积法（CVD），但基于以下原因，无论哪种方法都存在一定困难。

① 有机 EL 元件本身柔软、娇嫩，在这种基体上沉积玻璃基陶瓷薄膜以获得所要求的膜质和附着强度。

② 采用溅射镀膜，技术环境，特别是离子的反溅射效应有可能对元件造成损伤。

③ CVD 法需要一定温度，如何在不损坏有机 EL 元件的低温下，采用 CVD 法沉积玻璃及陶瓷保护膜，需要进一步研究。

封装膜的成膜工艺 [见图 5-46(a)]：以完成有机发光层及金属电极蒸镀的有机 EL 元件为基体，首先在真空室中使液体单体（Monomer）蒸发沉积，而后经 UV 照射使单体发生聚合反应形成聚合物膜层，再由溅射镀膜法或 CVD 法在聚合物膜层表面沉积玻璃及陶瓷膜。实际上，作为最终的保护层，仅一层氧化物膜是远远不够的，因此，上述过程要重复 4 ~ 5 次，以达到满意效果。

封装膜的封装方法如图 5-46(b) 所示。相对于有机发光层等四层有机膜总厚度 0.2μm 来说，封装膜总厚度约 5μm 算是厚的。但是 5μm 远低于人眼解析度，相对于玻璃基板厚度（0.7mm）是微不足道的。

本节重点

(1) 介绍封装膜封装的成膜工艺和封装方式。
(2) 封装膜封装采用了哪些膜层，为什么采用这些膜层。
(3) 说明封装膜封装的优点。

图 5-46 封装膜的成膜工艺和封装方法

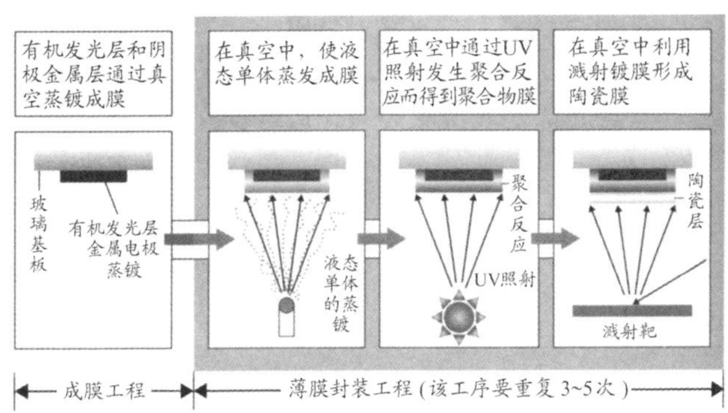

(a) 封装膜的成膜工艺

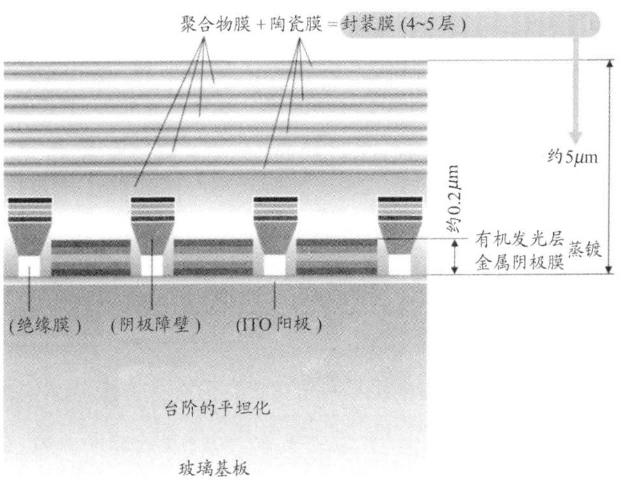

(b) 封装膜的封装方法

书角茶桌

OLED 与 TFT LCD 的竞争

从原理上来讲，OLED 可以在一块玻璃基板上完全制造出来，而 LCD 需要 2 块，这也就意味着 OLED 会更加轻薄，OLED 可以做到 LCD 显示厚度的 1/3，甚至更薄，适应了未来显示的轻薄要求。OLED 作为自发光显示器件，由于不需要背光源，避免了视角的问题，也降低了功耗，提高了色彩表现力，而且对比度和黑度也要好于 LCD 显示。全固态结构，可靠性强，可弯曲。OLED 器件为全固态结构，无真空、液体物质，抗震性优于 LCD 器件，并且可以做在柔性材料基板上，因而可实现可弯曲显示。

OLED 的响应速度也非常快，每个像素的响应速度是液晶的 1000 倍，不存在拖尾现象，适应可穿戴技术应用需求。此外，OLED 也具有比较好的高温特性和较强的环境适应能力。但是目前 OLED 的生产成本还比较高，蓝色有机物的寿命较短，使得 OLED 器件的整体寿命也不够长。OLED 显示的色彩的纯度不良，绿色比较好，但是红色不纯，比较接近橘红色，而蓝色接近于浅蓝色。此外 OLED 还存在着 TFT 背板均匀度、OLED 全彩化等工艺上的难点，有待进一步的发展解决。

OLED 和 LCD 性能对比如图 5-47 所示。

图 5-47　OLED 和 LCD 性能对比

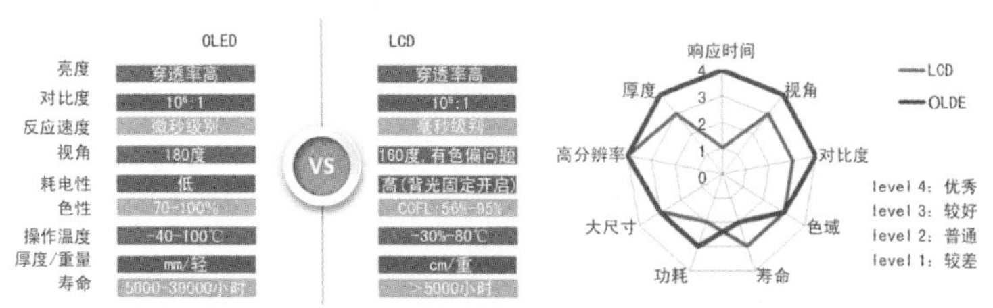

在显示市场方面，由于上述优势，OLED 被业界认为是最理想和最具有发展前景的下一代显示技术。可用于 VR 显示、柔性显示、可穿戴设备、智能手机、电视等多个领域。

OLED 的另一个市场是在照明领域。OLED 作为面光源，发光不刺眼，接近自然光，色彩丰富。未来将在普通照明、医疗照明、装饰照明、汽车照明、背光源等方面得到广泛应用。但是目前 OLED 制造成本太高，短期内大规模应用到普通照明市场困难，因此早期重点应用将是车载系统、医用照明系统等高端专业领域的照明。

第 6 章

OLED 的现状和未来

6.1 OLED 的改进——上发光型面板和全色像素

6.1.1 OLED 需要开发的技术课题

图 6-1 和图 6-2 汇总了 OLED 需要开发的技术课题，而无论对于显示器还是照明光源来说，最大课题是亮度与寿命的折中（Trade-off）。对于**自发光型**的 OLED，加大驱动电流可以提高亮度。但是，这样做会使得 OLED 元件寿命（亮度降低到当初一半所用的时间）变短。

手机显示器显示屏幕的寿命最低要求为 5000h，目前 OLED 的寿命与这个要求不相上下。但是对于 TV 来说，最低寿命应为 30000h。

仅利用荧光的发光效率（内部发光效率）最大只有 25%，为提高光转换效率，在研究开发 OLED（有色染料）技术的同时，应大力研发利用磷光（发光）的技术。这是当前 OLED 需要开发的最大课题。如果能从三线激发态返回基态的过程中取出磷光发光，从理论上讲，荧光与磷光加在一起可实现 100% 的发光效率。

为了提高发光效率，除了提高内部量子效率之外，还应该提高载流子注入效率和光取出效率（外部量子效率）。

为提高载流子注入效率，需要设法将电子、空穴高效率地送入发光层一侧，并使其无损失地迁移。因此，输运层（还有注入层）与电极之间的相容性极为重要。

提高光取出效率（外部量子效率），意味着如何将光从发光层无衰减地向外取出。发光层发出的光，由于层间折射率不同等因素，会发生全反射而被封闭在元件之中，从而造成出射光的衰减，必须要防止这种现象的发生。

此外，有 OLED 元件成膜之后若不加保护地放置，会吸收大气中的水分，从而产生工作失效的隐患。因此，在考虑工程生产效率的前提下，对薄膜进行可靠的与外界隔绝的保护，即封装工程也是极为重要的。

本节重点

（1）OLED 需要开发的技术课题有哪些。
（2）为提高 OLED 的发光效率，应采取哪些措施。
（3）为提高 OLED 的寿命，应采取哪些措施。

图 6-1　OLED 需要开发的技术课题

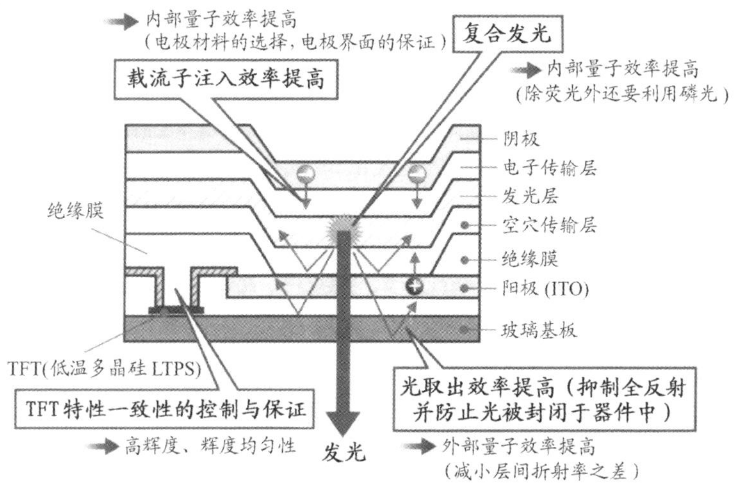

图 6-2　OLED 需要开发的技术课题汇总

① 载流子注入效率提高。

② 复合发光效率提高（除荧光外还要利用磷光）。

③ TFT 特性一致性的控制与保证。

④ 光取出效率提高（抑制全反射并防止光被封闭于器件中）。

⑤ 显示屏的大面积化。

⑥ 制作工艺简单化和价格降低。

6.1.2 下出光方式和上出光方式

大部分器件都是以某种基板作为基础结构而构成的。OLED也不例外，仅靠器件芯部难以自立，需要以基板作为支撑和根基。最通用的基板是玻璃基板，而以柔性为开发重点的是采用塑料基板。通过不同的基板都要取出光（见图 6-3）。而按取出光的方式，有图 6-3 ①所示的底部取出光方式（Bottom-emission，下出光方式）。因此，基板要采用对可见光透明性高的材料。

与之相对，索尼公司提出如图 6-3 ②所示的顶部取出光方式（Top-emission，上出光方式）。这种方式对基板透明性则没有限制，不透明的，例如金属等也可以采用。但是，对于底部取出光方式来说，作为阴极一侧的封装材料来说，当然可以采用金属等不透明的材料。而对于顶部取出光方式来说，这些封装材料必须是透明的。作为发光器件，无论采用何种材料，能取出光的透明性不可或缺。

下面仔细看看图 6-3 ②所示的顶部取出光方式。一般说来，之所以称其为顶部取出光方式，是由于与底部取出光方式同样，都是从基板一侧起，依次由 ITO 阳极、有机层、极薄阴极金属层、透明电极等构成。利用注入特性、稳定性都特别优秀的 ITO，在极薄的阴极金属材料中，采用的是 Mg ：Ag 等。在不采用极薄金属的情况，也有的在与透明电极相接触的有机层中，通过化学掺杂，使其载流子注入特性提高的方法。

另一个是按照从开始就曾考虑的思路，“若能在上部布置 ITO 电极不是很好吗”的方法。如图 6-3 ④所示，按下部阴极、有机层、ITO 透明电极的顺序积层。作为一例，是富山大学发表的利用 Al ：Nd 阴极的元件。

本节重点

(1) 由下部基板侧取出光的下出光方式。
(2) 由上部电极侧取出光的上出光方式。
(3) 在上部设置 ITO 阳极的逆构造型 OLED。

图 6-3　器件结构和取出光的不同方式

①底部出光方式

金属阴极

发光元件

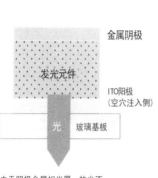

ITO阳极
（空穴注入侧）

光

玻璃基板

由于阴极金属相当厚，故光不能透过。必须在透明基板一侧（透过ITO膜）出光

②顶部出光方式

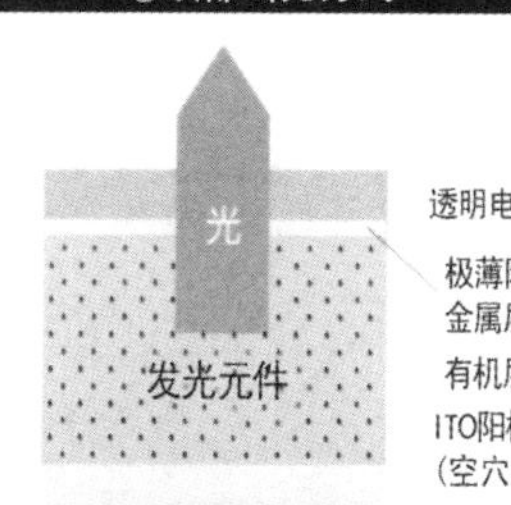

由于阴极金属极薄而称为透明电极，故光可以由上部透过。这样，基板也可以采用不透明的

③驱动电路布置与发光区域的关系

所示为驱动电路的区域，这样做的结果，可大大减少不发光区域的面积。一般称为发光面积与显示面积之比为开口率，下部射出光方式的开口率，最大以50%为限

④逆结构型OLED

为保持阴极金属的活性，通常是在有机膜形成之后再蒸镀金属膜。但在逆结构型OLED中，采用的是Al:Nd金属阴极，而阳极位于元件的上部

6.1.3 下出光型和上出光型面板的对比

普通 TFT 主动式矩阵驱动的 OLED 显示器一般采用下出光（Bottom Emission）面板技术，即从 TFT 玻璃基板一侧，由发光层取出光[见图 6-4（a）]。而上出光（Top Emission）面板技术与其不同，而是采用从基板的上方取出光的结构。在上出光面板结构中，位于像素内的 OLED 元件驱动电路（作为开关元件的 TFT、作为电流驱动元件的 TFT 等）都布置在发光像素的下面，每个像素几乎在整个区域都可作为发光像素来使用。如图 6-4(b) 所示，与传统的下出光面板结构相比，上出光面板结构的开口率要大得多。

由于上出光面板结构显著提高发光像素的开口率，因此可以进一步提高亮度。而且，由于开口率提高，在保持亮度的前提下，可以实现各个像素的微细化，进而增加像素数，实现高精密化。即高亮度、高精密化同时兼得。

上出光面板结构同下出光面板结构的出光方向正好相反，由于不是透过下电极（阳极）而取出光，因此下面电极不是必须采用 ITO 透明电极，而且基板也不一定非要采用透明的玻璃不可。相反，阴极则必须采用透明电极（透光性阴极）。

在采用上出光面板结构的前提下，为了进一步解决亮度不均匀的问题，产品开发者由原来采用两个 TFT 的 OLED 器件驱动电路，变成采用四个 TFT 的带亮度均匀性补偿的电流写入回路 TAC（top emission adaptive current drive），采用这种结构，达到良好的亮度均匀性效果。而且，采用上出光面板结构可以排除过去成为增厚原因的封装金属罐等带有中空部分的结构，代之以超薄封装结构，即采用遮断性优良的钝化膜保护结构等。

本节重点

（1）何谓上出光型和下出光型面板。
（2）试对上出光型和下出光型面板进行对比。
（3）上出光型面板应解决哪些问题。

图 6-4　下出光型与上出光型面板的对比

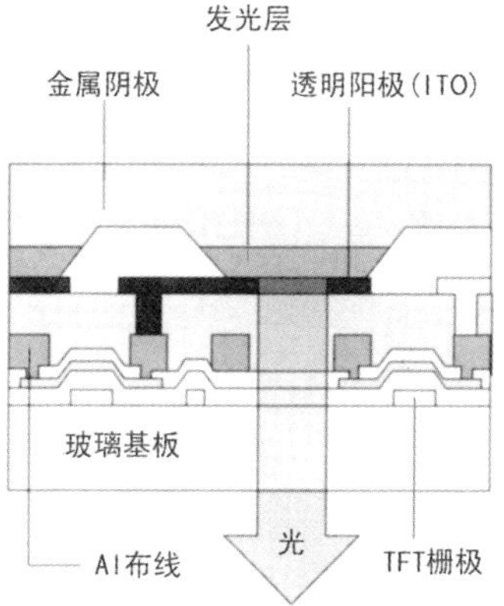

(a) 下出光型面板

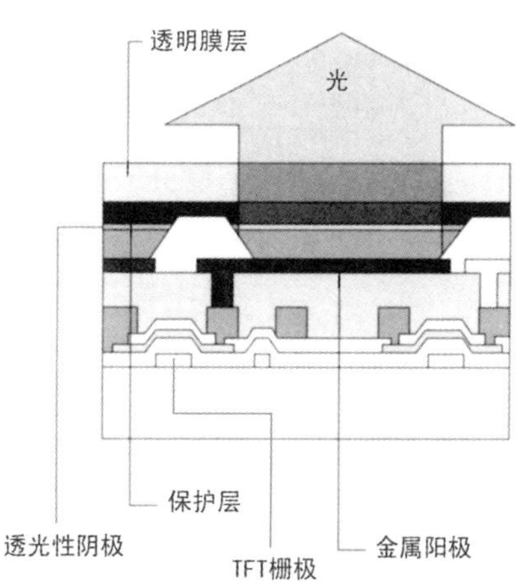

(b) 上出光型面板

6.1.4 SOLED 的全色像素技术与发光时间控制电路技术

在众多新成果中，SOLED 的全色像素技术为制造高清显示器指明了前景。

传统的全色化像素无论对有机 EL 还是对液晶显示器而言都是在同一平面内布置的。SOLED（Stacked OLED）或称为串联式 OLED 是将 RGB 三原色的发光层与透明电极沿纵向堆叠，并由此构成一个像素。SOLED 的全色像素与传统全色像素的对比如图 6-5 所示。在发光过程中，RGB 的发光层通过各自对应的透明电极分别进行控制。

与 RGB 横向平面布置的情况相比，RGB 纵向堆积布置的图像解析度至少提高到 3 倍。因此，这种方式适用于非常精致的便携设备以及超高精密的画面显示。在透明电极、发光层的堆积技术中，今后有机薄膜层积技术是不可缺少的，如果能成功实现，则会促进有机 EL 显示技术的更大进步。

传统有机 EL 中的调灰（调节显示的明暗水准）是通过控制发光体的亮度来实现的。而发光时间控制电路技术（见图 6-6）是通过在发光体亮度一定的条件下对发光体的发光时间进行控制，以实现亮度调节，可大幅度提高画面质量。其中包括发光时间控制电路技术和峰值亮度控制两项关键技术。

发光时间控制电路技术：像素的调灰方法是在亮度为 100% 的状态下，针对每个像素对发光时间轴（发光时间）进行控制。在驱动回路中，每个像素都采用 4 个 TFT。

峰值亮度控制技术：由于是通过发光时间控制进行灰阶调节，100% 亮度水准与调灰可以独立控制。因此，画面上区域亮的部分可以达到通常白色 2 倍以上的亮度，即可实现峰值亮度控制。除此之外，还实现了 26 万色（64 灰阶）的高精密度发光，以及平滑的动画显示。

本节重点

（1）何谓 SOLED 全色像素技术。
（2）SOLED 全色像素与传统全色像素技术相比有何优缺点。
（3）何谓发光时间控制电路技术和峰值亮度控制技术。

图 6-5 SOLED 的全色像素与传统全色像素的对比

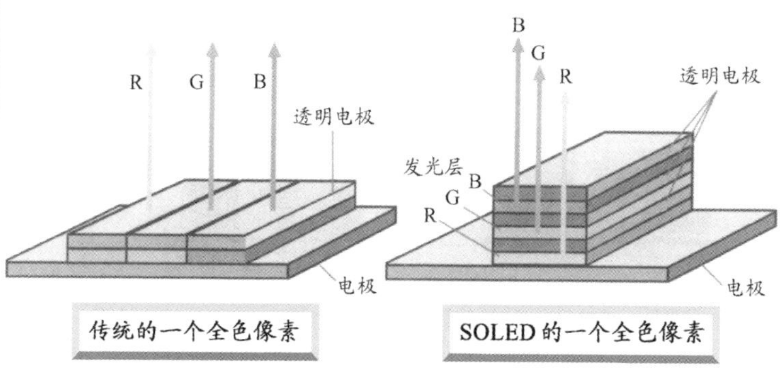

图 6-6 可大幅度提高画面质量的发光时间控制电路技术

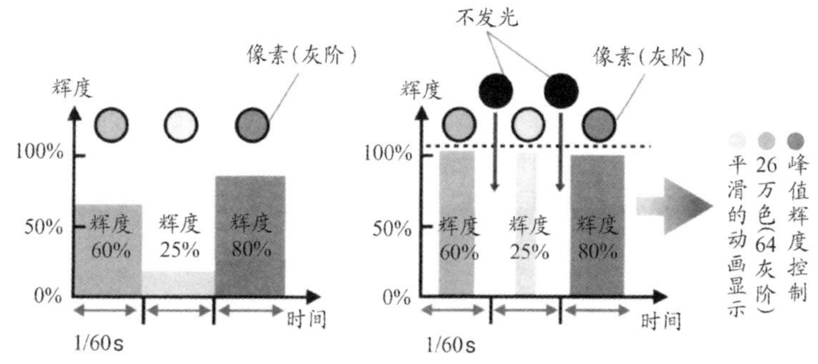

6.1.5 铟镓锌氧化物（IGZO）薄膜晶体管驱动

IGZO 中文名为氧化铟镓锌，是将铟、镓、锌的氧化物按一定的比例混合而构成的。图 6-7、图 6-8 所示为 IGZO 面板结构、电路图及薄膜三极管结构。

传统的 TFT 是将 IGZO 换成了 a-Si（非晶硅）。当然，IGZO 采用的也是非晶态形式。什么是非晶（Amorphous）？理想晶体中原子的排列不仅短程有序，而且长程有序，而非晶态材料中原子的排列不具有长程周期性，只在短程上是有序的。多晶材料介于二者之间：由大量取向不同的晶粒所组成，晶粒与晶粒之间存在晶界。

这里的 IGZO 同样是采用非晶。为什么要用非晶，而不是单晶或多晶？大家都知道，单晶和多晶的导电性都强于非晶。这是因为单晶的制备非常困难而昂贵，而多晶的导电性很不均匀，很容易造成像素点之间亮度不一致。当然，多晶的制备也并非容易。非晶的优势在于制备工艺相对简单，导电性均匀、价格又便宜，尽管性能有待提高，但在应用于普通电视等平板显示器目前是足够的。

传统 TFT 采用非晶硅材料，非晶硅不透明，而且禁带宽度（导带、价带间不含电子的能带称为禁带）较 IGZO 窄，在可见光下很容易将价带电子激发到导带上。这在 TFT 控制中是不想要的，必须用黑矩阵遮挡光线。所以在每个像素点中，非晶硅 TFT 都会占用像素的一定面积，使透光面积减小。而 IGZO TFT 则是透明的，而且对可见光不敏感，所以大大增加了器件开口率，从而提高了亮度，降低了功耗。

既然 IGZO 那么好，为什么迟迟不能量产呢？看来寿命是关键因素。非晶态金属氧化物 IGZO 在空气中很不稳定，特别是对氧气和水蒸气很敏感，使用寿命很短。所以必须在 IGZO 表面镀上一层保护层。所以，怎么镀，镀什么保护层才能使使用寿命比得上传统 TFT，成了现在量产的障碍。而且，还需要优化工艺，使制造成本下降。

一个 AM-OLED 显示器需要搭配一片 LTPS（低温多晶硅）面板来驱动，但 LTPS 成本太贵，需要经过 7 ～ 11 道掩模来制造，而 IGZO 只需要经过 5 ～ 7 道掩模，成本要低得多。因此，业内希望改用 IGZO 的面板来驱动 AM-OLED。而 AM-OLED 若用在电视等大尺寸面板上，一定要使用 IGZO，否则成本将会非常高。但是，LCD 的 TFT 驱动电路结构无法直接用于 OLED。因为 LCD 采用电压驱动，而 OLED 却是依赖电流驱动，其亮度与电流大小成正比。若想用 a–SiTFT 驱动 OLED，即使每个像素采用多个 TFT，效果也比不上 IGZO。

本节重点

（1）谈谈你对“半导体显示”概念的理解。
（2）“半导体显示”包括哪些内容。
（3）面板中的薄膜三极管与 IC 芯片中的三极管有何差异。

图 6-7　IGZO 面板结构示意图

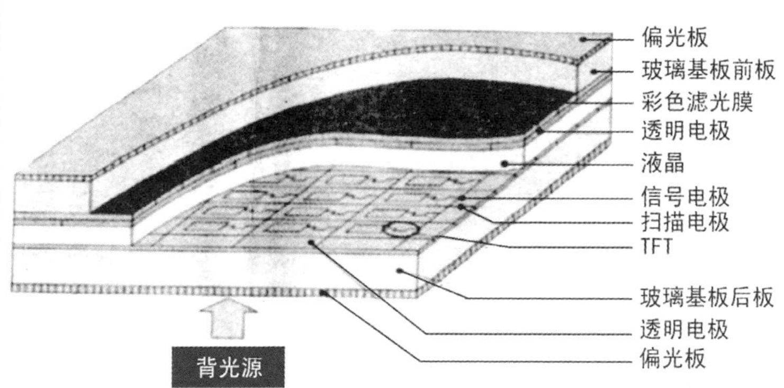

图 6-8　IGZO 的电路图（上）和薄膜三极管结构图（下）

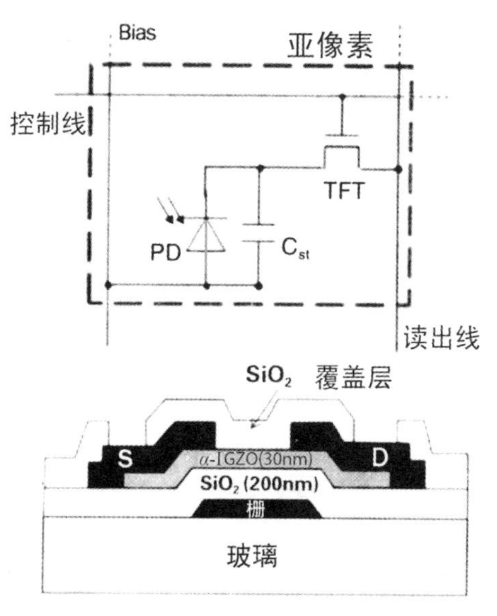

6.1.6 IGZO 薄膜三极管驱动的优势

IGZO 薄膜三极管作为显示有源驱动的优势如下：

① 高精度 由于 IGZO 的电子迁移率大约是 a-Si TFT 的 20 ～ 50 倍，可提高背光利用率，因此分辨率可以是普通 TFT 屏的 2 倍以上；因为采用栅源极布线细线化技术，驱动晶体管的面积可以降低到原来的 1/4（见图 6-9），并保持原有的透光率。

② 低功耗 图 6-10 表示 IGZO 薄膜三极管的结构，由于其载流子沟道层采用 a-IGZO 薄膜，IGZO-TFT 与 a-SiTFT、LTPS TFT 相比，漏电流只有不到 1pA，驱动频率由原来的 30 ～ 50Hz 减少到了 2 ～ 5Hz，虽然减少了 TFT 的驱动次数，还是可以维持液晶分子的配向不影响画面，所以可以达到原来液晶面板 1/5 ～ 1/10 耗电量（不包括背光组件）。

③ 提高触控性能 IGZO-TFT 与电容型触控面板组合时，还可提高触控检测灵敏度。这是由于在 TFT 驱动休止时仍然会检测触控，此时抑制了 TFT 驱动产生的噪声影响，提高了触控精度。

最为重要的是，IGZO-TFT 制作工艺简单，为这一技术推广应用奠定了坚实的基础。目前制备有源层 IGZO 的方法主要有磁控溅射法和脉冲激光沉积法等。磁控溅射法具有温度低，附着性好，薄膜厚度均匀等优点，适应于制备大面积以及柔性材料显示面板，故被广泛应用于 TFT 的制备。由于 IGZO 薄膜可以使用磁控溅射法制备，所以导入时无需大幅改进现有的液晶面板的生产线，大大降低了生产线更新换代的成本，因此各大面板厂商以及研究机构纷纷开始致力于以 IGZO 为代表的透明非晶氧化物 TFT 的研究。

图 6-11 表示 IGZO 分子结构。与 Si 相比，IGZO 的晶体结构要复杂得多，要想获得理想单晶很难，但由这种复合氧化物形成非晶态（玻璃）却有得天独厚的优势。正因为如此，IGZO 形成非晶态较硅容易，方法也多，这为 IGZO-TFT 的制造提供了方便。

本节重点

（1）何谓 IGZO，画出 IGZO 薄膜三极管的结构。
（2）OLED 有源驱动电路与 TFT LCD 驱动电路有何区别。
（3）IGZO 比之 a-Si 有哪些优势。

图 6-9　IGZO 对比 a-Si TFT 的优势

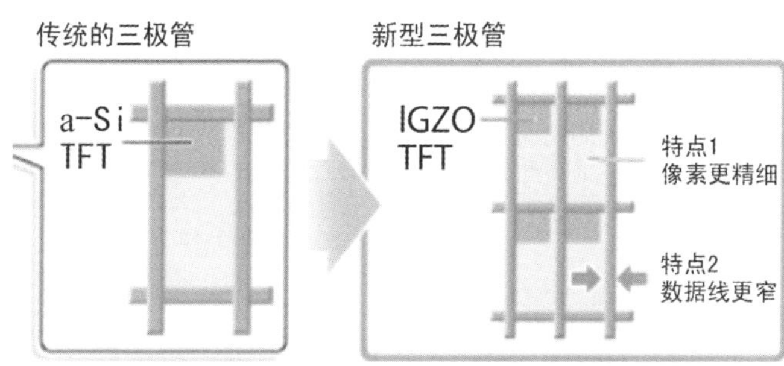

图 6-10　IGZO 薄膜三极管的结构

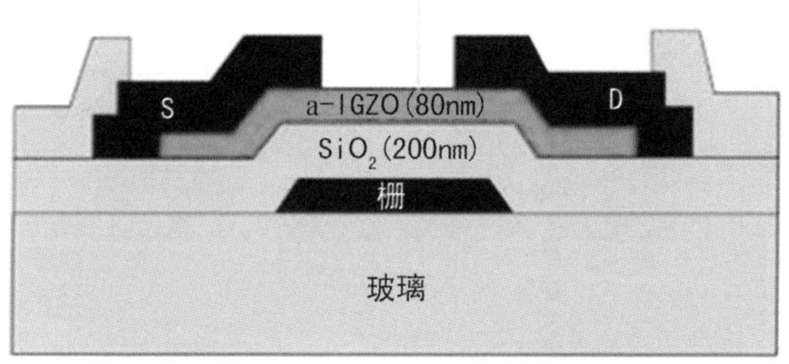

图 6-11　IGZO 分子结构

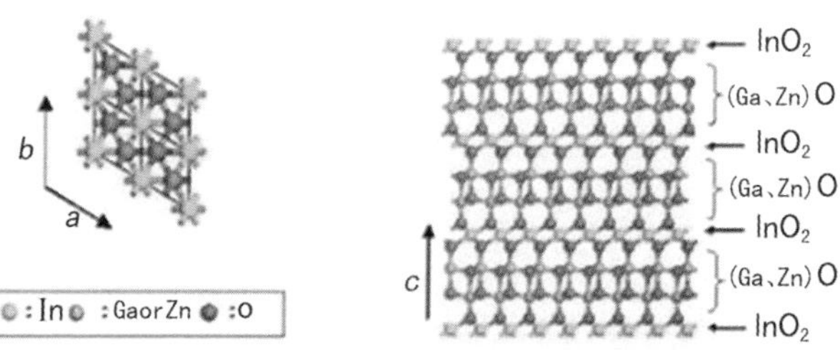

(a) 从 c 轴方向开到的晶体结构　(b) 从垂直与 c 轴方向开到的晶体结构

6.2 OLED 将与 LCD 长期共存

6.2.1 轻量、柔性 OLED 器件

目前，OLED 在智能手机、智能穿戴、车载显示、VR 等终端产品中的应用（见图 6-12、图 6-13）占比已超过 TFT LCD。

柔性显示器即可曲折的显示器。狭义的柔性显示器是可以随用户的需要反复曲折的显示器。广义上的柔性显示器也包括曲面屏这类在加工过程中曲折并定型、在使用中不能改变形状的显示器。有学者（Slikkerveer，2003）给出柔性显示器的定义：一种由薄的、柔性的基板构成的，可以弯曲、变形或卷曲至于曲率半径仅有几厘米而不丧失其功能的显示器。

OLED 柔性屏最早进入人们视野是在 SID 2008 展会上，当时 Sony 展出了柔性、全彩、有源驱动的 2.5in OLED 显示器件，像素数 120×160，1680 色。虽然该显示屏没有真正运用到任何实际产品中，但是意义非凡，标志着 OLED 柔性屏真正进入到人们的视野之中，取代了过去的柔性电子屏的思路。

2008 年底，台湾工研院展示了 0.2 mm 的超薄柔性 OLED 显示器件。2012 年，美国亚利桑那州立大学开发出 7.4in 柔性 OLED。在 CES 2013 展会上，三星展出了使用柔性 OLED 屏的手机原型，该屏为 5in，高宽比 16 ∶ 9，720p。在之后的几年内，LG 率先推出了全球第一款 55in 柔性 OLED 电视产品，这是全世界第一款得以量产的大屏幕柔性显示器件。三星也正式推出了 55in 的大型柔性 OLED 显示电视。华南理工大学发布了 4.8in 全彩柔性 OLED 显示器件。在 CES 2016 年展上，LG 展示的 18in OLED 柔性屏可以像报纸一样卷起来，而且还能正常显示，视觉效果非常惊艳。

根据耐弯曲的程度不同，所能利用的范围很广，一般可分几个等级。如果能缓慢地弯曲，则可以用于柱状电光广告牌。如果能弯曲成柱状或球状，就可以用于像电影屏幕那样的显示器，其收纳性极好。各种各样的应用正急速扩大。

进一步，如果能大曲率弯曲，将无所不能。但是，在能弯曲的同时，应确保牢固可靠，这就存在机械耐久性问题。如果是具有柔软性的金属，由于反复弯折会造成金属疲劳，最终将导致断裂。若采用塑料膜层，就有可能实现既可以完全折叠，而且打开之后不留任何痕迹。为了实现这种要求，低分子材料的机械耐久性恐怕难以达到要求，只能寄希望于采用高分子材料的 PLED。

本节重点

(1) 何谓柔性显示器，它有哪些特点。
(2) 举出柔性显示器的应用领域。
(3) 柔性显示器的选材有哪些要求。

图 6-12　搭载 OLED 的产品种类繁多

搭载OLED的头盔显示器：
轻量、图像清晰、逼真、响应速度快(由Sony公司提供)

可平滑逼真地再现快速移动画面

图 6-13　要求节能及高画质的产品中正越来越多地采用 OLED

Galaxy Note Edge
(由三星公司提供)

Galaxy Tab S 10.5"

6.2.2 OLED 的技术发展和产业化现状

AM OLED 制程包括 TFT 背板、有机发光器件和封装等三部分。其中，TFT 背板对产品性能影响很大，也是成本的重要部分。TFT 背板技术包括非晶硅（a-Si）TFT、微晶硅（uc-Si）TFT、低温多晶硅（LTPS）TFT、氧化物（Oxide）TFT 等。

OLED 器件制作工艺方式有很多，目前主要的路线有 RGB 金属精细掩模版（Fine Metal Mask，FMM）、白光加彩膜、激光热转印(Laser Induced Thermal Imaging,LITI)以及喷墨打印等。

目前，AM-OLED 还处于产业化发展初期，尚存不少问题需要解决。归纳起来主要包括以下几个方面：① AM-OLED 背板技术工艺尚不成熟；② AM-OLED 显示像素技术路线的选择；③ AM-OLED 成膜工艺路线的选择；④综合以上三个方面，AM-OLED 成本还很高，由于装备制造效率或单位产能、良率、材料利用率等方面的问题，AM-OLED 虽然理论上有结构简单的优势，但目前阶段 AM-OLED 的成本依然居高不下，难以同 TFT LCD 竞争。

目前发展 AM-OLED 的主要有三股力量（图 6-14、图 6-15 所示为其产品），主力军团为 TFT LCD 面板企业，如三星、LG、JDI、京东方、天马、友达、奇美等厂商；其次为传统的 OLED 企业及研究机构，如维信诺、台湾铼宝、广州新视界等企业；第三为投资机构，如和辉光电、信阳激蓝等企业。目前国内企业大多数采取的经营模式为“自有资金、进口设备、自主技术团队、进口原材料”或“中方资金、进口设备、雇佣技术团队、进口原材料”。

虽然大尺寸 OLED TV 在超薄、快速响应、色彩等方面有 TFT LCD TV 无法比拟的独特优势，但距离大规模普及还很遥远。其主要因素有三：一是金属氧化物背板技术不成熟，目前只有三星、夏普在技术上量产；二是其白光 + 彩色滤光片的模式虽然破解了分辨率的难题，但大尺寸 OLED 成膜量产难度依然很大；三是大尺寸 OLED TV 的寿命问题还很难达到电视机使用的要求。

本节重点

(1) 请介绍 OLED 技术方面的发展现状。
(2) 请介绍 OLED 产业化方面的发展现状。
(3) 请对 OLED 与 TFT LCD 的竞争前景作出评论。

图 6-14　商品化的无源（被动）驱动 OLED 面板产品

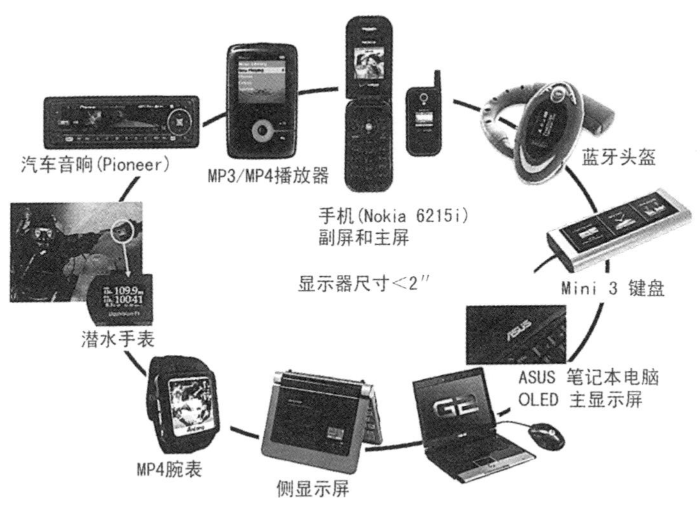

图 6-15　商品化的有源（主动）驱动 OLED 面板产品

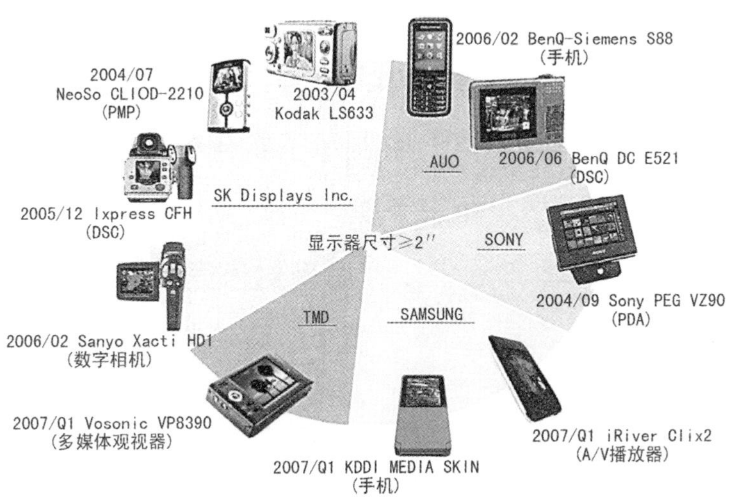

6.2.3 柔性 OLED 器件的耐弯折特性

柔性显示屏的“弯折”可分为两类，即内弯折叠（In Folding，见图 6-16）和外弯折叠（Out Folding，见图 6-17）。内弯折类似老式翻盖功能手机，转动半径足够小，因此对显示屏冲击力大。外弯折叠是显示屏在最外侧，转动半径足够大，表面变形大，故面板朝外弯折时存在屏幕掉落破碎的风险。

柔性显示屏弯折会带来什么问题呢？随着转动半径的变化，弯折后的显示屏可能会造成蒸镀膜层的剥落（Peeling），金属层断裂，显示屏边缘裂纹扩大，显示视角改变，甚至弯折变形造成不可恢复等问题。在一弯一折的过程中，显示屏在外力作用下发生了物理变形；显示屏内部各部分间因相对位置发生改变，从而引起相邻各部的相互作用力；在弯折过程中，柔性屏截面同时存在剪力和弯矩。显示屏在荷载的作用下，受力的大小及分布不同，如何将弯折过程中产生的能量合理转移并保证不影响柔性显示屏的使用，便是摆在开发者面前的课题。

在柔性屏设计过程中，可以合理调节显示屏内部的堆叠结构，优化显示屏电路线路设计；并对显示屏边框区域和 AA 区域的抗弯折能力进行深入研究。此外，甄别地选择柔性材料，将抗弯折能力强的材料筛选应用也是目前的可行办法。

在整个柔性屏的生产线中，严加检查的制程点和项目还很多，比如清洗制程确认基板无崩角、刮痕无水痕残留；CVD 成膜制程中确定膜厚准确性、均一性等。柔性显示屏对显示面板的设计和生产制程无疑都带来了更多的挑战。

柔性显示屏的极限弯折次数是多少呢？在实验室，使用弯折测试仪器对屏幕进行弯折实际测试。在 CES 2018 非公开场合亮相的三星 7.3in OLED 软式屏幕，据悉至少可承受 20 万次开合的弯折。柔性显示屏应具备的极限弯折次数保守认为是 20 万次。假设每天弯折显示屏 80 次，当使用 7 年后，总计弯折次数是 20 万零 4400 次，接近极限弯折次数。可见，弯折次数可以满足消费者每天频繁使用手机的需求。

与传统手机相比，可折叠手机的显示范围几乎翻了一倍，你可以在一台手机上同时完成更多的事情，未来必定是可折叠手机的天下（见图 6-18）。

本节重点

（1）柔性显示屏的“弯折”分为哪两类，各有什么要求。
（2）在设计和制造中如何确保柔性显示屏的性能。
（3）柔性显示屏的极限弯折次数是如何确定的。

图 6-16　柔性显示屏内弯折叠示意图

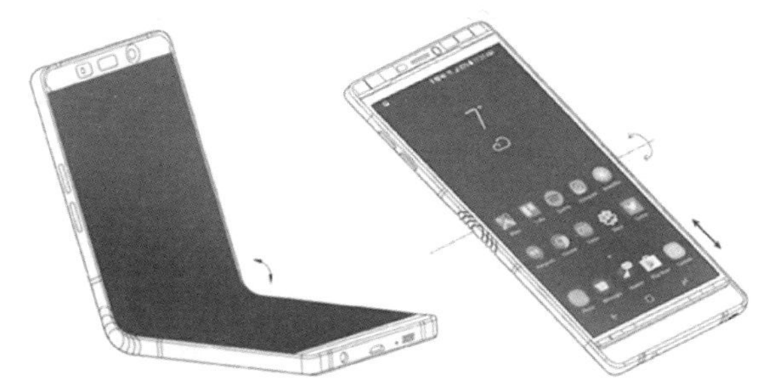

图 6-17　柔性显示屏外弯折叠示意图

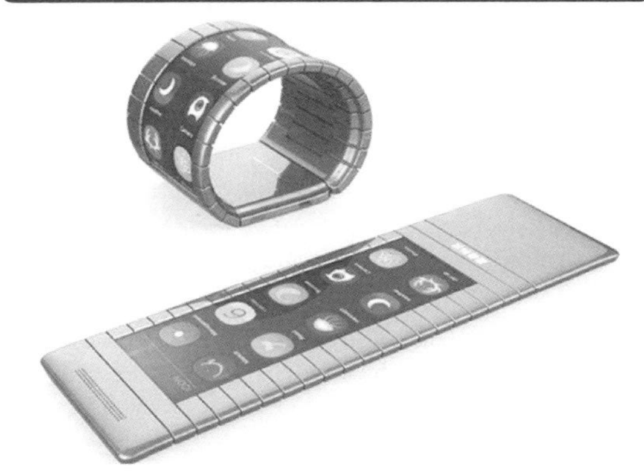

图 6-18　国产柔性显示屏实例（可在弯曲与折叠状态下实现图像和视频显示）

6.2.4 柔性显示器应具备的条件

OLED 要想打破现有照明及显示器件的概念，作为新的器件加以普及，必须具备新的特征（附加值）。OLED 元件具有高效率面状光源的特征，有可能实现的新特征包括：①柔性；②轻量；③薄型；④不破不碎；⑤透明器件。其中，柔性意味着可弯曲，可折叠。而且，为了实现柔性，多数情况下轻量、薄型、不易破碎也要同时具备。因此，一般将含有上述①～④特征的器件统称为“柔性”器件。图 6-19 所示为柔性 AMO-OLED 显示屏截面示意图。

OLED 实现柔性化有许多得天独厚的条件。OLED 是全固态的，其与非全固态的 LCD 相比，实现柔性化要容易得多，使用中也不容易出现问题。再者，形成 OLED 的有机薄膜（例如空穴传输层、电子传输层等）不必采取任何措施本身就是柔性的。与之相对，构成 LED 的无机膜采用的是无机单晶膜，膜层也厚。因此，无机功能层自身并无挠性（一旦弯曲，晶体会破损）。

虽然 OLED 元件具有由透明电极和多层有机薄膜，以及金属反射阴极构成的简单结构，但支撑这些结构需要基板，为了实现柔性 OLED 屏，柔性基板不可或缺。对柔性基板（特别是元件基板）的性能要求主要包括以下四个方面：①水分透过率；②平坦性；③耐热性；④光透过率。而且为了防止有机薄膜的有机化合物的劣化以及金属反射阴极的氧化，必须采取封装结构。

表 6-1 是可应用于柔性 AM-OLED 显示器的基板特性比较；表 6-2 是各种薄膜晶体管特性比较，可以看出，有机半导体的载流子迁移率有相当大的差距。

本节重点

(1) 柔性显示器应具备哪些条件。
(2) OLED 实现柔性化有哪些有利条件。
(3) 对柔性基板的要求有哪些。

图 6-19　柔性 AM-OLED 显示屏截面示意图

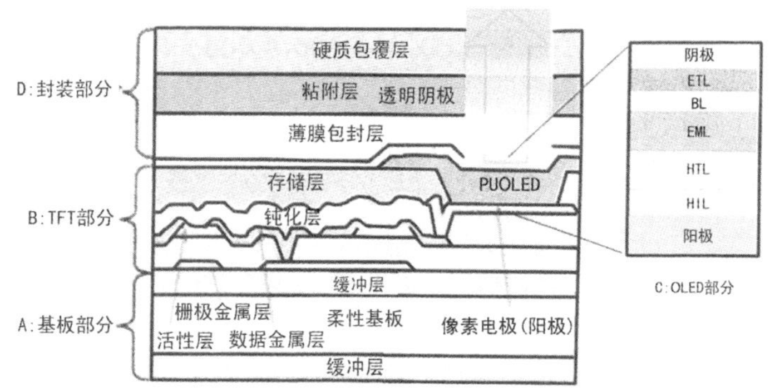

表6-1　可应用于柔性AM-OLED显示器的基板特性比较

柔性基板材料(商标)	PET (Melinex)	PEN (Teonex)	PC (Lexan)	PES (Sumilite)	PI (Kanton)
玻璃化温度T_g/℃	78	121	150	223	410
CTE(-55~85℃)/10^{-6}•$℃^{-1}$	15	13	16~70	54	30~60
透射率(400~700nm)/%	89	87	90	90	黄色
吸湿率/%	0.14	0.14	0.4	1.4	1.8
弹性模量/GPa	5.3	6.1	1.7	2.2	2.5
抗性强度/MPa	225	275	—	83	231
相对密度	1.4	1.36	1.2	1.37	1.43
折射率	1.66	1.5~1.75	1.58	1.66	—
发生双折射波长/nm	46	—	1.4	1.3	—

表6-2　各种薄膜晶体管特性比较

沟道层材料	a-IZO	a-Si	Poly-Si	有机半导体
载流子迁移率/(cm^2/V•s)	10~50	0.5~1	30~300	0.1
工艺温度/℃	RT	RT	450℃	<150℃
透光性/%	>80	>80	<20	>80
可采用的基板	玻璃，聚合物	玻璃	石英玻璃	玻璃，有机物

6.2.5 极薄型壁挂式 OLED 显示器

人们梦想中的极薄型壁挂式显示器（见图 6-20）便是大尺寸柔性 OLED 显示器。它是在柔性基板上采用薄膜晶体管等电子元件向像素位置提供电信号，通过显示方案将电信号转变为光信号，此外还需要薄膜导电层、光学涂层等实现其显示性能。

① 柔性基板 可以用作柔性基板的有超薄玻璃、高分子材料和金属箔等，由于高分子材料适合“卷到卷生产”（Roll-to-Roll Production），是研究开发的重点。柔性基板应具有良好的热稳定性、透光性、阻氧和阻水汽性、尺度可扩性。高分子对氧和水的高透过性会严重影响器件耐久性，需要施加硬度高的薄膜涂层提供保护。塑料表面被突刺会刺穿 OLED 结构，可通过抛光或涂层改善。为了实现背板像素精准对应，需要小的热膨胀系数。目前已有的 PET、PEN、PC、PES 等高分子背板均不具备完美的预期性能。

② 薄膜导电层　显示技术中传统上使用氧化铟锡（ITO）。由于其所要求的加工温度和塑料基板不兼容，因此如果要用 ITO，则需要发展更低温度的加工工艺。此外，ITO 在拉伸、压缩时可能发生开裂等问题。高分子导电层的电导率和透光率不如 ITO，但力学性能好、加工温度低。

③ 光学涂层　传统的滤色片、抗反射膜等都具有好的柔性，故而可以沿用传统技术。

④ 显示方案 有机发光二极管显示是自发光型显示，OLED 中具有空位输运层、发光层、电子输运层等有机半导体层，当外部施加电压时，电子和空穴发生复合，并根据能带差发出特定颜色的光。有人称 OLED 是“终极显示方式”，它面临的问题是有机半导体层的阻氧、阻水汽能力差，耐久性差。

⑤ 薄膜晶体管（TFT）　有机薄膜三极管（OTFT）可通过浸泡涂敷（Dip Coating）的方式在溶液中进行加工处理，可以在室温下加工完成，且柔性好，故实用于高分子基板。在浸泡涂敷中控制涂层增长速率，可以使涂层中高分子平行排列，从而大大提高在平行方向的迁移率。目前，OTFT 和 OLED 是显示器方面目前最有前景的组合。

本节重点

(1) 介绍 OLED 显示器近年薄形化、柔性化的趋势。
(2) OLED 显示器实现柔性化需要那些材料保证。
(3) OLED 显示器实现柔性化需要那些工艺保证。

图 6-20　“薄薄亦善”的家用电视

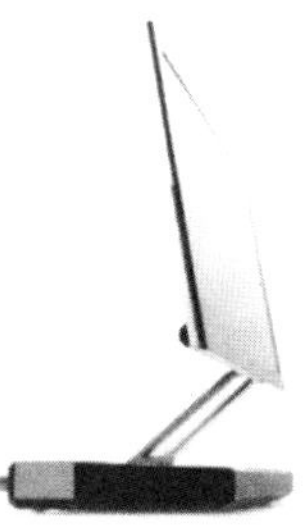

索尼公司最先推向市场的OLED电视XEL-1，最薄处厚度仅3mm

如果能实现像电影屏幕那样大小的显示器，则起居室需要扩大。好在OLED很轻，不需要对墙壁进行补强

为了制作大尺寸电视，包括驱动电路在内，其周边技术也需要与之匹配

柔性大画面显示器也许需要与有机TFT相组合

采用有机TFT驱动的AM方式有机EL全色显示器
（由Sony公司提供）

6.2.6 无时不有、无处不在的显示器

最早出现的“便携电话”又笨又重，需要扛在肩上，不久就可以放入衣服口袋，进而持于手中，成为名副其实的“手机”，当今的智能手机更是无所不能。

计算机曾经大到占据一个房间的大小（当然，时至今日最先进的大型计算机仍需要在有效空调保证下，占据一个房间以上）。具有同等能力的计算机变得像笔记本那样可随时携带。尽管计算机通过 0 和 1 处理海量数字信号能力超强，但与人的交流（人机对话）则离不开显示器。如图 6-21 所示，所谓“Ubiquitous”是指无论何时、何地、对于谁来说，都不可或缺的意思。

世界的变化总是快于想象。现在手机已经包揽了报刊和图书的功能，实体书店、报刊亭销售量大幅度下滑；微软发布的增强现实（AR）眼镜 Hololens 更是让我们不禁想象，当眼镜的摄像头可以捕捉并理解外部世界的景象，并通过直射人眼的光束实现“虚拟实体”的显现或信息窗口的叠加，那么我们为何还需要实体的教学模型、实体的海报、实体的艺术品呢？信息的传递不应当是完全不再需要借助质量了的吗？在那样一个世界，可以卷曲、内容自动更新，但仍然需要随身携带的报纸会不会已经过时了呢？

2018 年 5 月 17 日，维信诺（固安）6 代全柔 AMOLED 线启动运行。该生产线将能够持续产出“柔性固定弯曲显示屏、柔性卷曲显示屏、柔性折叠显示屏、全柔显示屏等大、迭代型柔性 AMOLED 显示产品”，不仅打破了显示产业固有的产品形态，也将为诸如消费电子、物联网、互联网、人工智能、大数据等产业链的显示应用提供定制化的解决方案，进而重塑全产业创新局面。

它的投产加速了上游企业核心材料、关键设备的国产化进程，也有利于下游企业在智能手机、智能穿戴、车载显示、VR 等终端产品的创新应用，拓宽显示产业链，引领显示方式变革。

本节重点

（1）对显示器无时不有无处不在的现状加以介绍。
（2）何谓 Ubiquitous、VR、AR。
（3）显示器如何参与新兴产业的发展。

图 6-21　Ubiquitous 显示器

Ubiquitous表示无时不有、无处不在、对任何人都如此之意

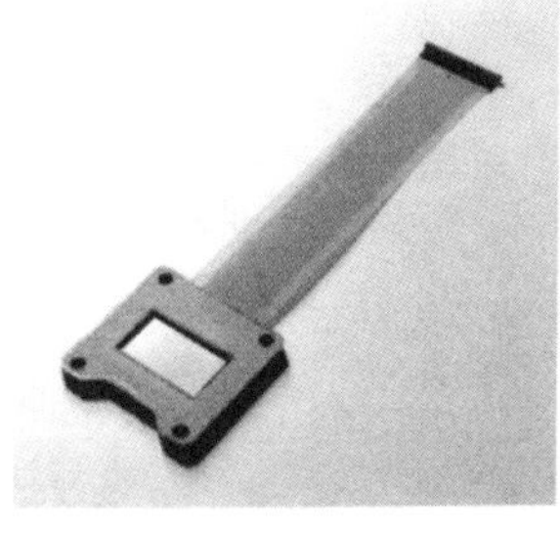

实现头盔显示器的小型OLED
(由Sony公司提供)

世界上最早实现的柔性有机EL全色显示器

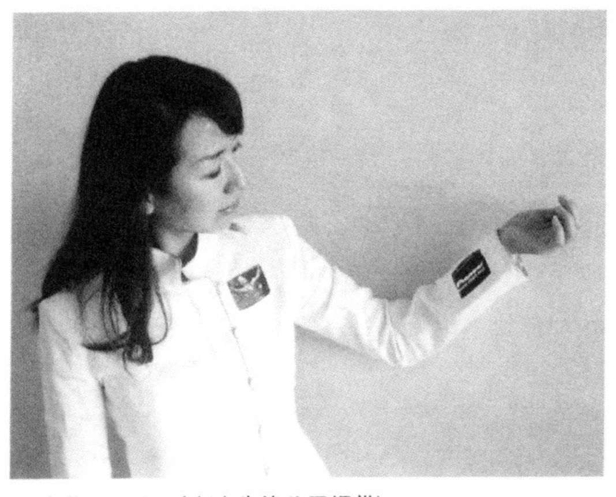

可穿戴显示器一例(由先锋公司提供)

为实现Ubiquitous，
显示器要作成自然
携带型或可穿戴型

6.2.7 OLED 与 LCD 长期共存，共同发展

“透明”“柔性”“OLED”已成为近年来显示领域的热点词。2012 年美国拉斯维加斯消费电子展（CES）上，三星、LG 均展出 55in 大尺寸 OLED 电视（见图 6-22），三星在 2013 年上半年推出柔性 OLED 显示器（见图 6-23）。而就在 2012 年 10 月，京东方成功研制出全球首块融合了氧化物 TFT 背板技术和喷墨打印技术的大尺寸 AM OLED 彩色显示屏—— OLED 时主动发光器件，无需背光源，响应速度快，有机材料的发光光谱可调，其发光层是薄膜结构，因此在动态图像显示和色彩方面具有更大的优势，也更容易实现透明、柔性的显示方式。OLED 目前的主要应用还集中在手机和照明方面，未来将渗透至电视及更广的领域，可折叠弯曲的特性使其可以戴在手上、穿在身上，窗户、镜子、桌子与显示功能合二为一的愿景也将成为现实。

这样的产品形态对技术的要求是什么？三个关键词：一是 Smart，即智能，人与机器间可以互动交流，机器和机器间可以互联互通，TV（电视机）、NB（笔记本电脑）、Mobile（手机）等产品的功能性界限将变得越来越模糊；二是 Vivid，即真实感、生动感、鲜艳感、栩栩如生感，如中小尺寸屏分辨率为 500ppi 的移动产品，大尺寸 UHD 级产品，裸眼 3D 以及透明显示等；三是 Flexible，即产品是柔性的，更轻、更薄，可弯曲，甚至可卷曲，生产工艺是柔性的（Roll-to-Roll，卷对卷），甚至产品功能也能实现柔性。某些时候它是显示产品，但同时它也可以成为建筑物的窗户、镜子等。

在满足 Smart、Vivid 和 Flexible 的要求方面，AM OLED 有更大的优势。即使 AM OLED 目前在成本、工艺、材料及技术路线上还存在很多问题，但随着产业界投入加大、产业规模扩大，这些问题将得到解决和改善。

因此，TFT LCD 与 AM OLED 在技术上不是对立关系，也不是纯粹的替代关系，而是相通和延展的关系。TFT LCD 产业的基础和核心竞争力是发展 AM OLED 最重要的基础。

本节重点

OLED 有哪些优势？

图 6-22 LG 电子推出首款 55in 曲面 OLED 电视

图 6-23 三星 OLED 曲面电视

书角茶桌

如何理解“半导体显示”

世纪交替之际，TFT LCD、OLED 显示器以不可阻挡之势替代了 CRT、PDP 等显示器，正像 20 世纪 70 年代晶体管替代真空管一样，是半导体显示替代了真空管显示，这种技术的更新换代，具有划时代的意义。

半导体显示是通过半导体器件独立控制每个最小显示单元的显示技术总称。它有三个基本特征：一是以 TFT 阵列等半导体器件独立控制每个显示单元的状态；二是采用非晶硅（a-Si）、低温多晶硅(LTPS)、氧化物、有机材料(Organic)、碳材料(Carbon Material）等半导体材料；三是采用半导体制造工艺。与半导体显示技术和产品相关的材料、装备、器件和应用终端产品链统称为半导体显示产业。

可以通过 TFT LCD 和 AM OLED 的结构比较，进一步说明上述定义。多年的技术进步和市场应用驱动，TFT LCD 正从 a-Si 向 LTPS 和 Oxide 进展。TFT LCD 由六个部分组成，从观视者的视线方向往里看分别为：偏光片、彩色滤光片、液晶、TFT 阵列、偏光片、背光源。顶发光 AM OLED 由三个部分组成，从观视者的视线方向往里看分别为：密封层、有机发光层、TFT 阵列。但 TFT 阵列的半导体材料已发生变化，其采用的是 LTPS 或 Oxide。材料和工艺发生了革命性进步，器件结构也简单多了，但半导体显示的基本特征和技术基础并没有改变，柔性显示也同理。所以我们说从 TFT LCD 到 AM OLED 是技术的延伸和发展。它们之间技术相关性和资源共享性高达 70%。

从 a-Si TFT LCD、LTPS TFT LCD、Oxide TFT LCD 到 AM OLED，半导体显示产业的关键驱动力有两个：一是技术进步，二是市场应用。而市场应用是最根本的驱动力。随着市场应用的拓展和进一步细分化，客户对显示器件的性能要求更高：图像更真美、更省电、更轻薄、更便利、更时尚、更好的性价比。而传统 a-Si TFT LCD 尽管仍在进步，但总体上尚不能满足细分市场显示产品性能提升的要求，在这种形势下，LTPS TFT LCD、Oxide TFT LCD 和 AM OLED 应运而生。

近期新 AMOLED 生产线建设情况

（截至 2018 年 10 月）

厂　商	代	总产能／（千片／月）	地点	具体状况
维信诺	G6	30	固安	启动运行
京东方	G6	48	成都	建设中
京东方	G6	48	绵阳	建设中
天马	G6	30	武汉	建设中
上海和辉光电有限公司（简称“和辉光电”）	G6	30	上海	建设中
信利（惠州）智能显示有限公司（简称“信利”）	G4.5	30	惠州	建设中
信利（惠州）智能显示有限公司（信利）	G6	30	仁寿	计划中
昆山国显光电有限公司（简称“国显光电”）	G6	30	固安	建设中
深圳市华星光电技术有限公司（简称“华星光电”）	G6	45	武汉	建设中
深圳市柔宇科技有限公司（简称“柔宇科技”）	G5.5	15	深圳	建设中
三星	G6	120	天安	建设中
三星	G6	30	天安	建设中
三星	G6	160	天安	建设中
LGD	G6	30	龟尾	建设中
LGD	G6	45	坡州	建设中
LGD	G6	30	坡州	计划中
夏普	G4.5	30	龟山	建设中
夏普	G6	30	龟山	建设中
JDI	G6	13	白山	计划中

参考文献

[1] 田民波. 集成电路（IC）制程简论. 北京：清华大学出版社，2009.

[2] Kasap S O. Principles of Electronic Materials and Devices, 3rd ed. 清华大学出版社（影印版），2007.

[3] Michael Quirk, Julian Serda. Semiconductor Manufacturing Technology. Prentice Hall, 2001.

[4] 菊地 正典. 半導體のすべて. 日本實業出版社，1998.

[5] 前田 和夫. はじめての半導體プロセスへ. 工業調查会，2000.

[6] 岡崎 信次，鈴木 章義，上野 巧. はじめての半導體リソグテフ技術. 工業調查会，2003.

[7] 還藤 伸裕，小林 伸長，若宮 互. はじめての半導體制造材料. 工業調查会，2002.

[8] 张厥宗. 硅单晶抛光片的加工技术. 北京：化学工业出版社，2005.

[9] 菊地 正典. やさしくわかゐ半導體. 日本實業出版社，2000.

[10] 西久保 靖彦. てれで半導體のすべてがわかる！秀和システム，2005.

[11] 張勁燕. 電子材料. 臺北：臺灣五南圖書出版有限公司，2004.

[12] 張勁燕. 半導體制程設備. 臺北：臺灣五南圖書出版有限公司，2004.

[13] 李世鸿. 积體電路制程技術. 臺北：臺灣五南圖書出版有限公司，1998.

[14] Betty Lise Anderson, Richard L. Anderson. Fundamentals of Semiconductor Devices. McGraw-Hill, 2005.

作者简介

田民波，男，1945年12月生，中共党员，研究生学历，清华大学材料学院教授。邮编：100084，E-mail：tmb@mail.tsinghua.edu.cn。

于1964年8月考入清华大学工程物理系。1970年毕业留校一直任教于清华大学工程物理系、材料科学与工程系、材料学院等。1981年在工程物理系获得改革开放后第一批研究生学位。其间，数十次赴日本京都大学等从事合作研究三年以上。

长期从事材料科学与工程领域的教学科研工作，曾任副系主任等。承担包括国家自然科学基金重点项目在内的科研项目多项，在国内外刊物发表论文120余篇，正式出版著作40部（其中10多部在台湾以繁体版出版），多部被海峡两岸选为大学本科及研究生用教材。

担任大学本科及研究生课程数十门。主持并主讲的《材料科学基础》先后被评为清华大学精品课、北京市精品课，并于2007年获得国家级精品课称号。面向国内外开设慕课两门，其中《材料学概论》迄今受众近4万，于2017年被评为第一批国家级精品慕课；《创新材料学》迄今受众近2万，被清华大学推荐申报2018年国家级精品慕课。

作者书系

1. 田民波，刘德令．薄膜科学与技术手册：上册．北京：机械工业出版社，1991.
2. 田民波，刘德令．薄膜科学与技术手册：下册．北京：机械工业出版社，1991.
3. 汪泓宏，田民波．离子束表面强化．北京：机械工业出版社，1992.
4. 田民波．校内讲义：薄膜技术基础，1995.
5. 潘金生，仝健民，田民波．材料科学基础．北京：清华大学出版社，1998.
6. 田民波．磁性材料．北京：清华大学出版社，2001.
7. 田民波．电子显示．北京：清华大学出版社，2001.

8. 李恒德.现代材料科学与工程词典.济南:山东科学技术出版社,2001.
9. 田民波.电子封装工程.北京:清华大学出版社,2003.
10. 田民波,林金堵,祝大同.高密度封装基板.北京:清华大学出版社,2003.
11. 田民波.多孔固体——结构与性能.刘培生,译.北京:清华大学出版社,2003.
12. 范群成,田民波.材料科学基础学习辅导.北京:机械工业出版社,2005.
13. 田民波.半導體電子元件構裝技術.臺北:臺灣五南圖書出版有限公司,2005.
14. 田民波.薄膜技术与薄膜材料.北京:清华大学出版社,2006.
15. 田民波.薄膜技術與薄膜材料.臺北:臺灣五南圖書出版有限公司,2007.
16. 田民波.材料科学基础——英文教案.北京:清华大学出版社,2006.
17. 范群成,田民波.材料科学基础考研试题汇编:2002—2006.北京:机械工业出版社,2007.
18. 西久保 靖彥.圖解薄型顯示器入門.田民波,譯.臺北:臺灣五南圖書出版有限公司,2007.
19. 田民波.TFT 液晶顯示原理與技術.臺北:臺灣五南圖書出版有限公司,2008.
20. 田民波.TFT LCD 面板設計與構裝技術.臺北:臺灣五南圖書出版有限公司,2008.
21. 田民波.平面顯示器之技術發展.臺北:臺灣五南圖書出版有限公司,2008.
22. 田民波.集成电路(IC)制程简论.北京:清华大学出版社,2009.
23. 范群成,田民波.材料科学基础考研试题汇编:2007—2009.北京:机械工业出版社,2010.
24. 田民波,叶锋.TFT 液晶显示原理与技术.北京:科学出版社,2010.
25. 田民波,叶锋.TFT LCD 面板设计与构装技术.北京:科学出版社,2010.
26. 田民波,叶锋.平板显示器的技术发展.北京:科学出版社,2010.
27. 潘金生,仝健民,田民波.材料科学基础(修订版).北京:清华大学出版社,2011.
28. 田民波,呂輝宗,溫坤禮.白光 LED 照明技術.臺北:臺灣五南圖書出版有限公司,2011.
29. 田民波,李正操.薄膜技术与薄膜材料.北京:清华大学出版社，2011.
30. 田民波，朱焰焰．白光LED照明技术．北京：科学出版社，2011.
31. 田民波．创新材料学．北京：清华大学出版社，2015.
32. 田民波．材料學概論．臺北：臺灣五南圖書出版有限公司，2015.
33. 田民波．創新材料學．臺北：臺灣五南圖書出版有限公司，2015.
34. 周明胜，田民波，俞冀阳．核能利用与核材料．北京：清华大学出版社，2016.
35. 周明胜，田民波，俞冀阳．核材料与应用．北京：清华大学出版社，2017.